高职高专"十一五"规划教材
——煤化工系列教材

煤气化制甲醇技术

彭建喜　主编

化学工业出版社

·北京·

本书根据煤气化制甲醇技术的发展现状和推广应用实际，按照高职高专教育的职业针对性和技术实用性，教学环节重实践、重操作、重技能的特点编写。内容包括甲醇的性质、煤气化制备甲醇合成气、甲醇合成原料气的净化处理、甲醇的合成、甲醇的精制、甲醇成品的化学检验、甲醇的安全生产及污染防治、甲醇的化学利用等技术，并将国内典型工艺流程作为工程示例介绍。每章附有思考题。

本书可作为煤化工、煤炭深加工及利用、应用化工技术等高职高专专业教材，也可作为职工培训教材，还可供相关专业技术人员参考。

图书在版编目（CIP）数据

煤气化制甲醇技术/彭建喜主编 . —北京：化学工业出版社，2010.9（2023.8重印）

高职高专"十一五"规划教材 . 煤化工系列教材
ISBN 978-7-122-09181-9

Ⅰ. 煤… Ⅱ. 彭… Ⅲ. 煤气化-甲醇-生产工艺-高等学校：技术学院-教材 Ⅳ. ①TQ54②TQ223.12

中国版本图书馆 CIP 数据核字（2010）第 140173 号

责任编辑：张双进　　　　　　　　　文字编辑：荣世芳
责任校对：蒋　宇　　　　　　　　　装帧设计：王晓宇

出版发行：化学工业出版社（北京市东城区青年湖南街 13 号　邮政编码 100011）
印　　装：北京七彩京通数码快印有限公司
787mm×1092mm　1/16　印张 14¼　字数 364 千字　2023 年 8 月北京第 1 版第 5 次印刷

购书咨询：010-64518888　　　　　　　售后服务：010-64518899
网　　址：http://www.cip.com.cn
凡购买本书，如有缺损质量问题，本社销售中心负责调换。

定　　价：39.00 元　　　　　　　　　　　　　　　　版权所有　违者必究

前　言

甲醇是重要的化工合成原料，广泛用于有机合成、染料、医药、涂料和国防等工业，是仅次于烯烃和芳烃的重要基础有机原料。甲醇同时也是环保型发动机燃料，可以单独或与汽油混合作为汽车燃料。大力发展煤制甲醇技术，可以改善中国富煤贫油的能源格局，缓和中国石油过分依赖进口的压力，保障能源安全，促进国民经济的可持续发展。目前中国煤气化制甲醇发展迅速，编写《煤气化制甲醇技术》教材，以满足煤化工类高职专业教学需要。

随着中国煤炭工业产业结构调整和对循环经济及环境保护的日益重视，开展煤化工提高煤炭资源洁净高效利用是煤炭工业延伸产业链的主要方向和途径。煤气化是重要的煤化工基础技术，煤气化制甲醇是拓展其下游化工产品的关键和基础。甲醇作为煤炭加工的一个主要方面得到了迅速的发展。甲醇生产已从过去的小规模联醇生产发展到大规模的单醇生产，从传统的天然气、重油制甲醇转变到煤气化制甲醇。

本书根据煤制甲醇技术的发展现状和推广应用实际，依照高职高专的培养目标以及教学环节重实践、重操作、重技能的特点编写，内容包括甲醇的性质、甲醇合成气的生产、甲醇合成原料气的净化、甲醇的合成、甲醇的化学利用、煤制甲醇工业污染防治等技术，并将国内典型工艺流程作为工程示例介绍。每章附有思考题，以帮助提高学生分析问题、解决现场实际问题的能力。

本书由彭建喜任主编，姚有利任副主编。山西大同大学郝临山教授编写第一章，承德石油高等专科学校李爱红编写第二章、第五章，山西大同大学彭建喜编写第三章、第六章、第七章、第八章、第十一章和第十二章，呼和浩特职业学院韩漠编写第九章、第十三章，山西大同大学姚有利编写第四章、第十章、第十四章，山西大同大学宁掌玄编写第十五章，全书由山西大同大学冯锋教授主审。

在本书的编写过程中得到郝临山教授的热忱帮助和同煤集团煤气厂的大力支持，在此一并表示感谢。

由于编者时间和水平有限，书中不妥之处在所难免，敬请读者批评指正。

编者

2010 年 5 月

目　　录

第一章　绪　论

中国富煤贫油，以煤为主的能源结构带来不断严重的环境污染，已成为中国经济发展和社会进步的严重障碍，影响到社会经济的可持续发展，尽管在相当长时期内难以改变中国一次能源以煤为主的格局，但通过转化使终端能源结构实现高效洁净利用是大有可为的。根据中国资源条件及现阶段科技水平，采用煤炭综合利用技术、保护生态环境、发展洁净能源、建立现代能源系统，是实现中国社会与经济可持续发展的现实选择。

第一节　C_1 化学

一、C_1 化学概念及发展历程

C_1 化学又称一碳化学，是研究以含有一个碳原子的化合物（CO、CO_2、CH_4、CH_3OH 及 $HCHO$）为原料合成含一个或多个碳原子化合物的一门新兴学科，C_1 化学的主题是合成气的制取及其转化。

1923 年，德国巴登苯胺-纯碱公司（Badische Anilin and Soda Fabrik，BASF）由水煤气合成甲醇获得成功并实现工业化。第二次世界大战期间，由合成气制取液体燃料（煤炭液化）的技术如费托（F-T）合成已得到应用。但战后，除南非因其特殊条件，继续建设以煤为原料由 F-T 合成法生产液体燃料的工厂外，其它国家（地区）由于有廉价的石油及天然气供应，该项技术没有得到发展。20 世纪 70 年代石油大幅度涨价后，廉价丰富的石油、天然气稳定供应的形势受到冲击。石油进口国为寻找"化工原料多样化"和替代能源的途径，纷纷重新考虑从合成气制取基本有机化工原料和发动机燃料。20 世纪 70 年代中期，首先在日本提出了 C_1 化学的概念。与此同时，美国孟山都公司（Monsanto）用低压甲醇羰基化制取醋酸技术获得工业应用；美国莫比尔化学公司（Mobil）应用 ZSM-5 分子筛催化剂由合成气直接制取汽油获得专利；中东、加拿大等天然气产量丰富的国家和地区，由天然气制甲醇生产能力加速提高，导致大量甲醇进入市场。因此，近年来 C_1 化学不仅研究甲醇的生产技术，而且逐步开展甲醇转化技术的研究。具有重要意义的 C_1 化学技术发展过程见表 1-1。

影响原油价格的因素很复杂，对今后原油价格的走向各国看法也不尽相同，但从能源后备资源分析，煤及天然气均较石油丰富，世界油气储量比已从 20 世纪 70 年代的 2.55:1 降至目前的 1:1。未来一段时间，天然气将成为世界能源的重要支柱之一。天然气是清洁能源，热值高，易燃烧，污染少，是优质的民用和工业燃料，也是生产合成气的理想原料。当天然气价格适宜时，以天然气为原料生产化工产品，建设投资省，具有很强的竞争能力。以合成氨为例，使用天然气为原料的氨产量约占世界总产量的 70%；美国和俄罗斯两大天然气生产国以天然气为原料的合成氨和甲醇约占其本国总产量的 90% 以上。我国与世界情况略有不同，天然气价格高，比中东地区高出 4~8 倍，约为美国的 1.2~1.5 倍，而其产量则仅为美国的约 1/20，俄罗斯的约 1/30，因此在利用和开采上都受到一定的限制。我国煤炭资源较丰富，且煤炭价格便宜，如山西、内蒙古、陕西等几大煤炭基地同等热值的煤价仅为世界煤价的 1/3。因此，我国发展 C_1 化学的主要路线是以煤为原料合成各种化工产品。

表 1-1　C_1 化学发展概要

年　代	内　容
1923	BASF 由水煤气合成甲醇并工业化
1941	BASF 由甲醇制取醋酸(Co 催化剂)获得专利
1955	南非 Sasol 公司采用费托(F-T)合成液体燃料
1960	BASF 由甲醇制取醋酸工业化
1967	美国孟山都公司(Monsanto)由甲醇制取醋酸(Rh 催化剂)获得专利
1970	Monsanto 由甲醇制取醋酸工业化
1971	美国的道化学(UCC)合成气法制乙二醇获得专利
1973	美国莫比尔化学公司(Mobil)甲醇制低级烯烃获得专利
1974	UCC 合成气法制醋酸、乙醇获得专利
1975	德国鲁尔化学公司(Ruhrchemie)合成气法合成烯烃获得专利
1978	日本宇部兴产合成气法制草酸工业化
1979	Mobil 合成气法直接制汽油获得专利
1983	美国伊士曼-哈尔康(Eastman Halcon)公司醋酐工业化

二、以煤为原料合成化工产品的技术路线

1. 煤焦油化工

煤焦油化工是从煤干馏（焦化）所得焦油中回收、加工、制取一系列化工产品。煤焦油化工产品曾满足了半个多世纪的需要，至今仍然占有一定的比重，但是煤焦油化工注定不能再有多大发展，这是因为它的发展取决于其它行业尤其是钢铁工业（焦炭的应用）的发展，而目前世界钢铁生产趋于稳定；焦油中物质种类虽多，但含量都很低，总的回收量不大；焦油只有集中大规模处理时才有较高的经济效益，随产品分离精度加深，投资和成本迅速增大；随着技术的发展，越来越多的复杂有机物将有可能采用人工直接合成。

2. 乙炔化工

焦炭和氧化钙在高温电炉中反应生成的碳化钙（电石）水解制得乙炔，由乙炔制取各种化工产品曾是化工生产的重要途径之一。20 世纪 60 年代中期，世界电石产量曾达到 1000 万吨/年，其中 60% 以上用于乙炔化工。但是电石乙炔的能耗很高，进入 20 世纪 70 年代后，逐渐被石油裂解乙烯的乙烯化工路线取代，当时石油乙烯的成本只有乙炔的 50%。

3. 煤气化合成气化工

由煤气化制取合成气（主要为 CO、H_2），再由合成气直接合成各种化工产品。采用该技术路线的优点主要有：原料来源广；可以借助石油化工的成熟技术；产品种类多；可以大规模独立生产；能满足环保要求。因此，我国发展 C_1 化学的主要技术路线是以煤气化制取合成气，然后合成各种化工产品。

第二节　甲醇作为化学合成原料

一、甲醇的发展历史

甲醇是 C_1 化学的支柱产品，是重要的化工原料。通过甲醇甲基化生产甲胺、甲基丙烯酸甲酯、甲烷氯化物等；甲醇羰基化生产乙酸、乙酐、甲酸二甲酯等；甲醇合成乙二醇、乙醛、乙醇等；甲醇可生产农药、医药、塑料、合成纤维等；甲醇发酵可生产甲醇蛋白的饲料添加剂；甲醇还是清洁燃料，用于发电和汽车燃料。

甲醇技术发展迅速，1992～1996 年世界总生产能力年均增长率达到 4.9%，总产量年均增长率为 7.1%，总消费量年均增长率为 6.7%。1996 年总生产能力为 2931.1 万吨，总产量为 2471.8 万吨，总消费量为 2470.1 万吨，开工率为 84.3%。甲醇迅速发展的主要原因在于全球性汽油无铅化的环保要求。

中国甲醇工业始于 1957 年，20 世纪 90 年代以来，甲醇工业发展很快。1996 年全国甲醇总生产能力为 294 万吨，总产量为 141.19 万吨，总消费量为 182 万吨；1997 年总生产能力为 299.1 万吨，总产量为 174 万吨，总消费量为 197 万吨；1998 年总生产能力为 300 万吨，总产量为 148.9 万吨，总消费量为 215 万吨。1999 年上半年产量仅为 68.5 万吨，这是由于当时碳酸氢铵肥料市场的疲软造成化肥厂的减产，而我国甲醇主要来源于合成氨联产甲醇，致使甲醇产量下降，甲醇需求失衡，只能以进口甲醇调节国内消费市场的增长。特别是 1997 年起，国家再次调整部分化工产品的进口关税税率，甲醇进口税率由 12% 降至 3%，刺激了甲醇进口，如 1997 年进口 24.18 万吨，1998 年进口 69.1 万吨。

目前甲醇化工已成为化学工业中的一个重要领域。甲醇的消费已超过其传统用途，潜在的耗用量远远超过其化工用途，渗透到国民经济的各个部门。今后甲醇的发展速度将更为迅速。

甲醇是一种重要的基本有机原料，也是 C_1 化学的起始化合物，在基本有机原料中，甲醇仅次于乙烯、丙烯和苯而居第四位。甲醇合成目前普遍采用英国帝国化学公司（ICI）和德国鲁奇（Lurgi）的工艺，由合成气合成甲醇，已有多年的工业化实践，技术上已日臻成熟，能量利用效率已接近工艺本身可以达到的最佳化程度。

二、甲醇作为化学合成原料的利用

甲醇是一种重要的有机化工原料，应用广泛，可以用来生产甲醛、合成橡胶、甲胺、对苯二甲酸二甲酯、甲基丙烯酸甲酯、氯甲烷、醋酸、甲基叔丁基醚等一系列有机化工产品，而且还可以加入汽油掺烧或代替汽油作为动力燃料以及用来合成甲醇蛋白。随着当今世界石油资源的日益减少和甲醇单位成本的降低，用甲醇作为新的石化原料来源已经成为一种趋势。目前除了研究开发新技术降低成本，还要不断开拓甲醇应用领域，大力开发甲醇下游产品，从而促进整个甲醇工业的发展。

1. 甲醛

甲醛因其化学反应强烈，价格低廉，100 多年前就广泛用于工业生产。甲醛是一种极强的杀菌剂，在医院和科研部门广泛用于标本的防腐保存，一些低劣的水性内墙涂料及白乳胶也有使用甲醛做防腐剂的，甲醛广泛用于工业生产中，是制造合成树脂、油漆、塑料以及人造纤维的原料，是人造板工业制造使用的黏合剂（脲醛树脂胶、三聚氰胺树脂胶和酚醛树脂胶）的重要原料。目前，世界各国生产人造板（包括胶合板、中密度纤维板和刨花板等）主要以脲醛树脂胶（UF）为胶黏剂。脲醛树脂胶是以甲醛和尿素为原料，在一定条件下进行加成反应和缩聚反应而制成的胶黏剂。甲醛是甲醇最重要的下游产品之一，也是最重要的基本有机化工原料之一。近年来，随着中国经济建设的迅速发展，甲醛产量每年以 4.5% 的速度增长，年需原料甲醇 100 万吨以上。为满足化工市场的需求，应大力开发以甲醇为原料生产甲醛的新工艺，以满足优质工程塑料（酚醛树脂）和乌洛托品等合成的需要。

2. 甲酸甲酯

甲酸甲酯（MF）被誉为万能的中间体，由它衍生出的化学品达几十种。它是当前 C_1

化学发展的热点。甲醇羰基化法制甲酸甲酯成本仅为传统酯化法的 1/3。甲酸甲酯可用于生产甲酸、甲酰胺和其它精细化工产品，还可直接用作杀虫剂、杀菌剂、熏蒸剂、烟草处理剂和汽油添加剂，它的需求量将以每年 10％的速度递增。随着环保要求的不断提高，由甲醇、CO_2 和 H_2 合成甲酸甲酯的工艺值得关注。

3. 甲胺

甲胺是一种重要的脂肪胺，以液氨和甲醇为原料，在催化条件下，通过加压精馏分离不同结构的系列产品（一甲胺、二甲胺、三甲胺），是基本的有机化工原料之一，目前全世界年生产能力为 112 万吨，国内年生产能力为 25 万吨，全球年消费量为 165 万吨，年消费递增率为 12％。随着中国 DMF（二甲醚）的迅速发展，也带动了甲胺特别是二甲胺需求量的不断增加。一甲胺、二甲胺和三甲胺等都是化学工业、农药、医药及涂料的中间体，有相当大的市场前景。比利时联合化学公司开发的甲胺制造工艺以甲醇和氨为原料，通过其开发的高性能催化剂可以制取任意比例的一甲胺、二甲胺和三甲胺，是全部采用计算机控制的一种无公害的连续生产工艺，该工艺总收率在 96.5％以上，最终产品纯度极高，催化剂寿命超过两年。

4. 碳酸二甲酯

以甲醇气相氧化羰基化法合成的碳酸二甲酯（DMC），是近年来受到国内外广泛关注的环保型绿色产品。随着全球环境保护及安全生产要求的日趋严格，硫酸二甲酯、光气、氯甲酸甲酯、氯甲烷等化学品将在世界范围内被淘汰，DMC 化学结构中含有甲基、羰基和甲氧羰基，在化学合成反应中可以起到上述化学品的功能，仅代替上述产品的市场份额就相当可观。而且 DMC 通过了非毒性化学品的注册登记，为其在医药、光电子材料及其它应用领域打开了通道。中科院有机化学研究所开发出的新型甲醇液相氧化羰化合成 DMC 的工艺路线包括新型共沸精细工艺，达到了国际先进水平，显示出良好的工业化应用前景，不仅可以提高我国甲醇和氮肥行业的经济效益，而且可以帮助带动医药、农药和特种行业的技术经济进步，其应用前景十分广阔。

5. 乙二醇

中国乙二醇的消费构成中约 95％用于生产聚酯，5％用于生产防冻剂等方面。近年来，由于聚酯工业需求强劲，国内市场对乙二醇需求保持快速增长的势头。据统计，1995 年，我国乙二醇的表观消费量为 65.7 万吨，目前已经达到 508.8 万吨，已超过美国成为世界第一大乙二醇消费国。2008 年我国聚酯产量已达到 1730 万吨，按聚酯单耗 0.34 吨/吨计算，约需乙二醇 588 万吨；2010 年聚酯产量将达到 1900 万吨，约需要乙二醇 646 万吨，加上防冻液等 5％的需求，2010 年约需要 677 万吨。可以说，乙二醇是近两年来市场表现最活跃的石化中间原料之一。未来几年，中国乙二醇市场将成为国外产品竞争的大舞台，但中国乙二醇生产水平与国外相比还有差距，能耗和物耗要比国外先进水平高，我们应采取措施使之达到国际先进水平，增强产品的竞争力。乙二醇的工业生产方法有乙烯氧化生成环氧乙烷，环氧乙烷再水解生成乙二醇。开发甲醇制甲醛再转化为乙二醇的技术路线，是基于合成气制甲醇技术和甲醇生产甲醛技术都已经非常成熟，因而该工艺很有开发前景。日本原子能研究所大阪放射化学研究室开发了一种在过氧化氢存在下，从甲醇光诱发选择性合成乙二醇的方法，乙二醇产率随紫外光照射时间增加而增加。过氧化氢被紫外线分解成羟基，羟基很快和甲醇反应形成羟甲基，羟甲基迅速聚合成乙二醇。

6. 甲基叔丁基醚

甲基叔丁基醚（MTBE）是甲醇下游产品中增长最快的一个品种，它是一种重要的高辛烷值汽油添加剂，曾被誉为第三代石油化学品。尽管最近一项研究表明：MTBE 极易对土壤、地下水造成污染，且能致癌，但在第四代石油化学品未出现之前它还是较为理想的汽油添加剂。随着我国政府对环境保护的日益重视和汽油无铅化的呼声不断高涨，为 MTBE 提供了广泛的市场。据有关专家预测，今后几年我国对 MTBE 的需求将会有更大的增长，生产 MTBE 所需甲醇将达到 25 万吨/年左右。

7. 醋酸

醋酸是最重要的有机酸之一。主要用于合成醋酸乙烯、醋酐、醋酸纤维、醋酸酯和金属醋酸盐等，也用作农药、医药和染料等工业的溶剂和原料，在照相药品制造、织物印染和橡胶工业中都有广泛的用途。冰醋酸是重要的有机化工原料之一，它在有机化学工业中处于重要地位。冰醋酸按用途又分为工业和食用两种。食用冰醋酸可作酸味剂、增香剂，可生产合成食用醋。用水将乙酸稀释至 4%～5% 浓度，添加各种调味剂而得食用醋，其风味与酿造醋相似，常用于番茄调味酱、蛋黄酱、泡菜、干酪、糖食制品等，使用时适当稀释，还可用于制作番茄、芦笋、婴儿食品、沙丁鱼、鱿鱼等罐头以及酸黄瓜、肉汤羹、冷饮、酸法干酪。用于食品香料时需稀释，可制作软饮料、冷饮、糖果、焙烤食品、布丁类、调味品等，作为酸味剂可用于调饮料、罐头等。洗涤通常使用的冰醋酸，浓度分别为 28%、56%、99% 等。如果买的是冰醋酸，把 28mL 冰醋酸加到 72mL 水里，就可得到 28% 的醋酸。更常见的是它以 56% 的浓度出售，这是因为这种浓度的醋酸只要加同量的水即可得到 28% 的醋酸。浓度大于 28% 的醋酸会损坏醋酸纤维和代纳尔纤维。草酸是有机酸中的强酸之一，在高锰酸钾的酸性溶液中，草酸易被氧化生成二氧化碳和水。草酸能与碱类起中和反应，生成草酸盐。醋酸也一样，28% 的醋酸具有挥发性，挥发后使织物呈中性，就像氨水可以中和酸一样，28% 的醋酸也可以中和碱。碱会导致变色，用酸（如 28% 的醋酸）即可把变色恢复过来。这种酸也常用来减少由单宁复合物、茶、咖啡、果汁、软饮料以及啤酒造成的黄渍，在去除这些污渍时，28% 的醋酸用在水和中性润滑剂之后可将作用发挥到最大程度。

8. 硫酸二甲酯

本品为无色或微黄色透明液体，可燃高毒，常压下 50℃ 便明显挥发。稍溶于水，能溶于乙酸，温度升高或有酸碱存在时水解快，极易氨解。其蒸气有洋葱味，对皮肤有强烈的腐蚀性，对内脏系统等有较强的刺激作用，影响肝、肾、心、肺、中枢系统功能，进而能导致死亡。硫酸二甲酯系重要的化工原料之一，它是重要的甲基化剂，在化工、医药、农药、军工、染料业有广泛的应用，在国民经济中占有重要的地位。

9. 二甲醚

二甲醚又称甲醚，简称 DME，在常压下是一种无色气体或压缩液体，具有轻微的醚香味。相对密度（20℃）为 0.666，熔点 −141.5℃，沸点 −24.9℃，室温下蒸气压约为 0.5MPa，与石油液化气（LPG）相似，能溶于水以及醇、乙醚、丙酮、氯仿等多种有机溶剂，易燃，在燃烧时火焰略带光亮，燃烧热（气态）为 1455kJ/mol。常温下 DME 具有惰性，不易自动氧化，无腐蚀性、无致癌性，但在辐射或加热条件下可分解成甲烷、乙烷、甲醛等。二甲醚是醚的同系物，但与用作麻醉剂的乙醚不一样，毒性极低；能溶解各种化学物质；由于其具有易压缩、冷凝、气化及与许多极性或非极性溶剂互溶的特性，广泛用于气雾制品喷射剂、替代氟利昂用作制冷剂、溶剂等，另外也可用于化学品合成，用途比较广泛。二甲醚作为一种新兴的基本化工原料，由于其良好的易压缩、冷凝、汽化特性，使得二甲醚在制药、燃料、农药等化学工业中有许多独特的用途。如高纯度的二甲醚可代替氟利昂用作气溶胶喷射剂和制冷剂，减少对大气环境的污染和对臭氧层的破坏；由于其良好的水溶性、油溶性，使得其应用范围大大优于丙烷、丁烷等石油化学品；代替甲醇用作甲醛生产的新原料，可以明显降低甲醛的生产成本，在大型甲醛装置中更显示出其优越性；作为民用燃料气其储运和燃烧安全性、预混气热值及理论燃烧温度等性能指标均优于石油液化气，可作为城市管道煤气的调峰气、液化气掺混气，也是柴油发动机的理想燃料，与甲醇燃料汽车相比，不存在汽车冷启动问题；它还是未来制取低碳烯烃的主要原料之一；二甲醚还可以替代柴油作为燃料，目前需要解决的问题主要有二甲醚对塑料物质的腐蚀和柴油发动机油路的改装。

第三节　甲醇能源

一、甲醇燃料

近年来，随着中国经济的快速发展，石油的需求量持续增长，1993 年，中国已成为石油净进口国，2003 我国已经成为世界第二大石油进口国，预计到 21 世纪中叶，绝大部分石油将依赖进口，在石油储量丰富地区大多动荡不安的情况下，能源问题已成为关系到国家命运的战略问题。我国"缺油，少气，富煤"的国情决定了以煤为原料生产甲醇燃料是缓解石油供应矛盾较为有效措施之一。

甲醇作为内燃机燃料，具有以下特点：

① 甲醇相对分子质量小，分子结构简单，甲醇燃料中含有氧，化学当量比汽油、柴油低，有利于完全燃烧，且燃烧时产生较多的水；

② 甲醇的沸点和凝固点均较低，前者有利于燃料-空气混合气的形成，后者可保证发动机在低温下工作。

甲醇的热值虽然约为汽油的 45％、柴油的 46％，但是在理论空燃比下，单位重量的甲醇-空气混合气的热值与石油燃料混合气的热值相当；甲醇的汽化潜热是汽油、柴油的 4～5 倍。高汽化潜热产生的冷却效应虽然对发动机低速、低负荷时的工作过程会产生不利的影响，但同时可降低压缩负功，提高充气效率。甲醇的辛烷值较高，因而甲醇发动机可适当提高压缩比，以提高热效率。甲醇的着火上下极限都比汽油、柴油宽，有利于稀燃技术的应用和空燃比的控制。甲醇最小着火能量较低，燃烧时火焰的传播速度较快，这些均对燃烧十分有利。

另外，甲醇的毒性比汽油小。中科院工程热物理研究所联合有关部门对甲醇中毒机理进行了立项研究，结果表明，对于长期接触甲醇的人群，只要遵守操作规范，人体的健康不会受到不良影响。此外，汽油、柴油都是烃的混合物，汽油中的苯、丁二烯是强致癌物，柴油燃烧后形成的碳烟微粒也会附着致癌物，而甲醇是单一的化合物，不存在致癌的威胁，而且甲醇的生物降解过程比汽油和柴油迅速得多。由此可见，甲醇的综合环保性能优于汽油和柴油。甲醇在生产价格、储运以及加注等费用方面都具有很大的竞争优势。近期国内的试验表明，甲醇的价格控制在 1400 元/吨左右，是具有较强竞争力的。在拥有煤炭资源优势的地区，煤制甲醇的成本会进一步降低，甲醇汽油用助溶剂复配后可提升为相当于 95 号汽油，且每吨比 90 号汽油成本降低 320 元。甲醇燃烧污染小，具有优良的排放性能，故甲醇作为发动机燃料的发展前景相当远大。

20 世纪 70 年代出现的石油危机以及近年来石油价格的波动，加之严格的环保要求，大大促进了甲醇车用燃料的开发，甲醇汽油是一种液态清洁燃料，在国际上早已经作为清洁汽车燃料使用。从热值上讲，甲醇含氧量更高，与汽油混合燃烧充分，所以动力很足。国际上和国内目前正面临着能源日益紧张、汽车日渐增多、油价持续上涨的难题，而它优越的燃料品质进一步引起了人们的重视。经过多年的研究开发，中国对甲醇燃料的开发及应用已具有了一定的基础，在汽油中掺入 5%、15%、25% 和 85% 的甲醇及用纯甲醇（100%）作为汽车燃料的示范项目已经取得了很大进展，特别是低比例掺烧甲醇，汽车无需做任何改动，可直接掺入汽油中使用。

二、甲醇燃料电池

为适应全球性的能源可持续利用和环境保护的需要，燃料电池技术已经成为国际高新技术研究开发的热点。直接以甲醇为燃料，以甲醇和氧的电化学反应将化学能自发地转变成电能的发电技术称为直接甲醇燃料电池（DMFC）。DMFC 是一种综合性能优良、操作简便、具有广泛应用前景的燃料电池，它的主要特点是甲醇不经过预处理可直接应用于阳极反应产生电流，同时生成水和二氧化碳，对环境无污染，为洁净的电源，它的能量转换率高，实际效率可达 70% 以上，亦即可提高燃料的利用率两倍以上，是节能高效的发电技术。因具备高能源密度、高功率、零污染等特性，致使燃料电池成为近年来最被看好的替代能源供应技术主流。此外，因消费者对于可携式电子产品的功能要求越来越多，又因传统二次电池能提供的使用时数明显不足，故直接甲醇燃料电池已成为近年来最被看好的未来电子用品的主流电源。

三、二甲醚燃料

二甲醚（DME）除了在日用化工、制药、农药、染料、涂料等方面具有广泛的用途外，它还具有方便、清洁、十六烷值高、动力性能好、污染少、稍加压即为液体、易贮存等燃料性能，较好地解决了能源和污染的矛盾这一世界难题，被誉为"21 世纪的绿色燃料"。在中国大力发展二甲醚燃料已经具备较成熟的条件，可通过锅炉改用二甲醚燃料或建设二甲醚为燃料的燃汽轮机发电，目前火力发电中供应越来越紧张的柴油和燃料油也可以考虑用二甲醚来代替。目前甲醇、DME 生产技术和规模使得 DME 作为燃料在经济上是可行的，其发展前景广阔。

四、甲醇应用新技术的开发

1. 以甲醇为原料生产低碳烯烃（MTO/MTP）

甲醇制烯烃的 MTO 工艺和甲醇制丙烯的 MTP 工艺是目前重要的 C_1 化工技术，是以煤基或天然气基合成的甲醇为原料生产低碳烯烃的化工工艺技术，是以煤替代石油生产乙烯、丙烯等产品的核心技术。随着中国国民经济的发展及对低碳烯烃需求的日渐攀升，作为乙烯生产原料的石脑油、轻柴油等原料资源面临着越来越严重的短缺局面。因此，加快甲醇制烯烃的工业应用问题引起了各方面的重视。石油资源短缺已成为中国乙烯工业发展的主要瓶颈之一，国民经济的可持续发展要求我们必须依托自身的资源优势发展石化基础原料生产，国际油价的节节攀升使 MTO/MTP 项目的经济性更具竞争力。年利用 1 万吨甲醇制烯烃工业化试验装置于 2004 年 8 月初在陕西榆林能源化工基地开工建设，标志着我国最大也是惟一的 MTO 项目正式启动，开辟了我国非石油资源生产低碳烯烃的煤化工新路线。甲醇制低碳烯烃（MTO/MTP）项目将成为众多煤化工项目产业链中的重要一环。

2. 甲醇生长促进剂

国外研究实践表明，用甲醇生长促进剂喷施在不同的农作物上，可以大量增产。另外喷施甲醇生长促进剂后，农作物还会保持枝叶鲜嫩、苗壮茂盛，即使是在炎热的夏季也不会枯萎，可大量减少灌溉用水，有利于干旱地区农作物的生长。近几年来，甲醇生长促进剂的肥效作用已经引起国内外专家的高度重视，甲醇的这一用途可以大大缓解我国肥料的供求矛盾。

3. 甲醇蛋白

　　无论从甲醇下游产品开发，还是从饲料工业需求角度分析，甲醇蛋白都是十分重要且极具市场潜力和发展前景的产品。以甲醇为原料经微生物发酵生产的甲醇蛋白被称为第二代单细胞蛋白。与天然蛋白相比，营养价值高，它的粗蛋白含量比鱼粉和大豆高得多，而且含有丰富的氨基酸以及丰富的矿物质和维生素，可以代替鱼粉、大豆、骨粉、肉类和脱脂奶粉。据中国农科院饲料研究所的有关专家分析，到 2010 年和 2020 年，我国蛋白质饲料需求量分别为 0.6 亿吨和 0.72 亿吨，而资源供给量仅为 0.22 亿吨和 0.24 亿吨，供需缺口分别为 0.38 亿吨和 0.48 亿吨。解决好我国蛋白质原料饲料的这一巨额缺口，是摆在我国饲料企业面前的巨大商机。

思 考 题

　　1. 什么是 C_1 化学？

　　2. 简述甲醇的发展历史。

　　3. 甲醇的化学利用有哪些？

　　4. 甲醇的衍生物及下游产品有哪些？

　　5. 甲醇的工业用途有哪些？

　　6. 甲醇作为内燃机燃料有哪些优点？

第二章 甲醇的物理化学性质

甲醇应用广泛，这取决于其特殊的物理化学性质。本章着重讲解甲醇的物理化学性质，它是本课程的基础。

第一节 甲醇的物理性质

甲醇是最简单的饱和醇，分子式为 CH_3OH，相对分子质量为 32.04，常温常压下为有类似乙醇气味的无色、透明、易挥发、易流动的可燃液体，其一般性质见表 2-1、2-2。

表 2-1 甲醇的一般性质

性 质	数 据
密度	0.8100g/mL(0℃)
相对密度	0.7913(d_4^{20})
沸点	64.5～64.7℃
熔点	−97.8℃
闪点	16℃(开口容器),12℃(闭口容器)
自燃点	473℃(空气中),461℃(氧气中)
临界温度	240℃
临界压力	79.54×10⁵Pa
临界体积	117.8mL/mol
临界压缩系数	0.224
蒸气压	1.2879×10⁴Pa(20℃)
黏度	5.945×10⁵Pa・s(20℃)
热导率	2.09×10⁻³J/(cm・s・K)
表面张力	22.55×10⁻⁵N/cm(20℃)
折射率	1.3287(20℃)
蒸发潜热	35.295kJ/mol(64.7℃)
熔融热	3.169kJ/mol
燃烧热	727.038kJ/mol(25℃液体),742.738kJ/mol(25℃气体)
生成热	238.798kJ/mol(25℃液体),201.385kJ/mol(25℃气体)
膨胀系数	0.00119(20℃)
腐蚀性	在常温无腐蚀性,铅、铝除外
爆炸性	6.0%～36.5%(体积)(在空气中爆炸范围)

表 2-2 甲醇密度、黏度和表面张力随温度的变化

温度/℃	0	10	20	30	40	50	60
密度/(g/cm³)	0.8100	0.8008	0.7915	0.7825	0.7740	0.7650	0.7556
黏度/cP[①]	0.817	0.690	0.597	0.510	0.450	0.396	0.350
表面张力/(dyn/cm)[②]	24.5	23.5	22.6	21.8	20.9	20.1	19.3

① 1cP＝10^{-3}Pa・s。

② 1dyn/cm＝10^{-3}N/m。

甲醇的电导率主要取决于它含有的能电离的杂质，如胺、酸、硫化物和金属等。工业生产的精甲醇都含有一定量的有机杂质，其一般比电导率为 $1×10^{-6}$～$7×10^{-7}\Omega^{-1}・cm^{-1}$。

甲醇可以和水以及许多有机液体如乙醇、乙醚等无限地混合，但不能与脂肪族烃类（像汽油）相混合，这是因为甲醇有极性的羟基（—OH）而具有极性，汽油是非极性的，在温度稍低和含水量偏高时甲醇和汽油的混合物容易分层，必须在甲醇汽油中加入助溶剂，提高其相溶性，常用的助溶剂有甲基叔丁基醚、叔丁醇、异丁醇等。另外，低级醇分子与水分子间有氢键生成，醇分子与水分子间的引力可以克服醇分子之间以及水分子之间的引力，因此，低级醇易溶于水。甲醇与水混溶总体积缩小并放出热量，这也是由于甲醇与水发生氢键缔合，分子间结合得比较紧密的缘故。甲醇易于吸收水蒸气、二氧化碳和某些其它物质，因此，只有用特殊的方法才能制得完全无水的甲醇。同样，也难以从甲醇中清除有机杂质，产品甲醇中有机杂质约 0.01% 以下。

甲醇分子中的氢键键能为 25.9kJ/mol，当甲醇从液态变为气态时氢键完全破裂，这就必须供给破裂氢键的能量，因此甲醇的沸点比较高。

甲醇比水轻，是易挥发的液体，具有很强的毒性，内服 5～8mL 有失明的危险，30mL 能使人中毒死亡，故操作场所空气中允许最高甲醇蒸气浓度为 0.05mg/L。甲醇蒸气与空气能形成爆炸性混合物，爆炸范围为 6.0%～36.5%，燃烧时呈蓝色火焰。

在标准状况下，甲醇的饱和蒸气压力并不高，但是随着温度的升高却急剧增高，一般文献报道的甲醇的蒸气压大部为计算值。常用的 Cox-Antine 方程如下：

$$\lg p = \frac{A-B}{T-C}$$

式中　A，B，C——常数；

　　　T——温度，K；

　　　p——蒸气压，mmHg。

表 2-3 为不同温度下的甲醇蒸气压。

表 2-3　甲醇的蒸气压

温度/℃	蒸气压/kPa	温度/℃	蒸气压/kPa	温度/℃	蒸气压/kPa
−67.4	0.0136	20	12.799	130	832.20
−60.4	0.0283	30	21.332	140	1076.04
−54.5	0.0504	40	34.730	150	1378.02
−48.1	0.0936	50	54.129	160	1736.79
−44.4	0.1309	60	83.326	170	2172.08
−44.0	0.1333	54.7	101.33	180	2678.31
−40	0.2666	70	123.59	190	3281.72
−30	0.5332	80	178.78	200	3971.26
−20	1.0664	90	252.91	210	4768.93
−10	2.0662	100	336.10	220	5675.92
0	3.9457	110	474.76	230	6721.30
10	7.2915	120	634.75	240	7953.99

许多气体在甲醇中具有良好的溶解性，工业上广泛利用气体在甲醇中的高溶解性，利用甲醇作为吸收剂，除去工艺气体中的杂质。CO_2 在甲醇中的溶解度随压力的增加而增大，温度低于 −30℃时，溶解度随温度的降低而急剧增加，因此用甲醇吸收 CO_2 宜在高压和低温下进行。在甲醇中 H_2S 比 CO_2 有更大的溶解度，且甲醇对 H_2S 的吸收速度远大于对 CO_2 的吸收速度，而 CO_2 在甲醇中的溶解度又比 H_2、N_2、CO 等惰性气体大得多。

CO_2 等气体在甲醇中的溶解热也很大，因此用甲醇吸收气体时溶液温度会不断升高，为维持吸收塔的正常操作温度（通常不超过－20～－40℃），在吸收塔上安装冷却器，利用冷冻剂（通常为液氨，控制其蒸发温度为－35～－45℃）的换热维持甲醇的吸收温度。

第二节　甲醇的化学性质

甲醇含有一个羟基与一个甲基。含有羟基说明甲醇具有醇类的典型反应；含有甲基使得甲醇又能进行甲基化反应。

一、与活泼金属的反应

甲醇和水都含有羟基，它们都是极性化合物，且具有相似的化学性质。例如，水与金属钠作用生成氢氧化钠和氢气。甲醇与金属钠作用则生成甲醇钠和氢气，但反应比水慢。

$$2CH_3OH + 2Na \longrightarrow 2CH_3ONa + H_2$$

水可以电离出 H^+ 和 OH^-，甲醇也能电离出 H^+，但电离比水难，所以把甲醇看作是比水更弱的酸。另外，甲醇分子组成中虽然有羟基，但也不具碱性，对酚酞和石蕊呈中性。

根据酸碱定义，弱酸失去氢离子后就成为强碱，所以甲醇钠是比氢氧化钠更强的碱。

甲醇钠遇水就分解成甲醇和氢氧化钠，甲醇钠的水解是一个可逆反应：

$$CH_3ONa + H_2O \longrightarrow NaOH + CH_3OH$$

工业上生产甲醇钠，为了避免使用昂贵的金属钠，就利用上述反应的原理，将甲醇和氢氧化钠加苯在85～100℃下进行共沸蒸馏，使反应混合物中的水分不断除去，以破坏平衡而使反应有利于于生成甲醇钠。

二、氧化和脱氢制取甲醛

甲醇可在银催化剂上、在600～650℃下进行气相氧化或脱氢生成甲醛，这是工业上生产甲醛的主要方法。

$$CH_3OH + 1/2O_2 \Longrightarrow HCHO + H_2O$$

$$CH_3OH \xrightarrow{-H_2} HCHO$$

或用其它固体催化剂如铜、铁、钼等。甲醇在铁钼催化剂上的氧化温度为320～350℃。

三、脱水反应

1. 制取二甲醚、乙烯

高温下，在催化剂上进行甲醇的脱水可以制得二甲醚。

$$2CH_3OH \longrightarrow (CH_3)_2O + H_2O$$

二甲醚再脱水生成乙烯。

$$CH_3OCH_3 \longrightarrow C_2H_4 + H_2O$$

2. 制取甲胺

加压下，在370～400℃有脱水催化剂存在时，甲醇与氨生成甲胺。

$$NH_3 \xrightarrow{+CH_3OH-H_2O} \underset{(一甲胺)}{CH_3NH_2} \xrightarrow{+CH_3OH-H_2O} \underset{(二甲胺)}{(CH_3)_2NH} \xrightarrow{+CH_3OH-H_2O} \underset{(三甲胺)}{(CH_3)_3N}$$

然后，经萃取、精馏，将一、二、三甲胺进行分离。

3. 制取二甲基苯胺

在硫酸存在下，甲醇与芳胺作用生成甲基胺。例如，在200℃和 $30.40 \times 10^5 Pa$ 下，它与苯胺反应生成二甲基苯胺。

$$C_6H_5NH_2 + 2CH_3OH \longrightarrow C_6H_5N(CH_3)_2 + 2H_2O$$

4. 制取硝基甲烷

甲醇与亚硝酸作用生成烈性炸药硝基甲烷。

$$CH_3OH + HNO_2 \longrightarrow CH_3NO_2 + H_2O$$

四、酯化反应

1. 制取甲酸甲酯

甲醇与酸反应时，甲醇分子中的甲基易被取代，在有强无机酸存在时反应加快。如甲醇与甲酸反应生成甲酸甲酯。

$$HCOOH + CH_3OH \longrightarrow HCOOCH_3 + H_2O$$

2. 制取氯乙酸甲酯

氯乙酸与甲醇在 90℃以上进行酯化反应，生成氯乙酸甲酯。

$$CH_2ClCOOH + CH_3OH \longrightarrow CH_2ClCOOCH_3 + H_2O$$

3. 制取丙烯酸甲酯

丙烯酸与甲醇在离子交换树脂催化剂存在的条件下，在沸点下进行酯化反应生成丙烯酸甲酯。

$$CH_2=CHCOOH + CH_3OH \longrightarrow CH_2=CHCOOCH_3 + H_2O$$

4. 制取硫酸二甲酯

甲醇与三氧化硫作用很容易生成硫酸二甲酯。

$$2CH_3OH + 2SO_3 \longrightarrow (CH_3)_2SO_4 + H_2SO_4$$

五、与氢卤酸反应

甲醇与氢卤酸反应得到甲基卤化物。

$$CH_3OH + HCl \longrightarrow CH_3Cl + H_2O$$

六、制取甲基乙烯基醚

在 $20.27×10^5$ Pa(20atm)、150～170℃、碱金属的醇化物存在的条件下，甲醇与乙炔作用生成甲基乙烯基醚。

$$CH_3OH + CH\equiv CH \longrightarrow CH_3OCH=CH_2$$

七、制取乙酸

在 $30.40×10^5$ Pa(20atm)、150～220℃、铑催化剂存在的条件下，一氧化碳和甲醇可以合成乙酸。

$$CH_3OH + CO \longrightarrow CH_3COOH$$

八、制取甲基叔丁基醚

以离子交换树脂做催化剂，在100℃以上，甲醇与异丁烯进行液相反应生成甲基叔丁基醚，加在汽油里可以提高辛烷值而取代有害的烷基铅。

$$CH_3OH + CH_3-\underset{\underset{CH_3}{|}}{C}=CH_2 \longrightarrow CH_3O-\underset{\underset{CH_3}{|}}{\overset{\overset{CH_3}{|}}{C}}-CH_3$$

九、分解成一氧化碳和氢

在常温下，甲醇是稳定的，在350～400℃和常压下，在催化剂上甲醇分解成一氧化碳和氢。

$$CH_3OH \longrightarrow CO + H_2$$

甲醇在工业上的用途远不止这些，还有许多重要的工业用途正在研究开发中。例如，甲醇可以裂解制氢用于燃料电池，甲醇加一氧化碳加氢可以合成乙醇，甲醇可以裂解制烯烃等。随着科学技术的发展，以甲醇为原料生产各种有机化工产品的新应用领域正在不断地开发出来，其地位将会更加重要。甲醇是一种用途很广的基本有机化工原料和重要的溶剂，广泛用于有机合成、染料、医药、农药、轻工、纺织及运输业等。

思 考 题

1. 甲醇的物理性质是什么？
2. 甲醇的化学性质是什么？

第三章　煤气化制取甲醇原料气

生产甲醇的方法有多种，早期用木材或木质素干馏制取甲醇，故甲醇俗称"木醇"、"木精"。但生产 1kg 的甲醇需用 60～80kg 木材，该法在 20 世纪 30 年代就已经被淘汰。氯甲烷水解可以生产甲醇，但水解法价格昂贵，没有得到工业上的应用。甲烷部分氧化法也可以生产甲醇，该法工艺流程简单，建设投资省，但是这种氧化过程不易控制，常因深度氧化生成碳的氧化物和水而使原料和产品受到很大损失，因此甲烷部分氧化法制甲醇的方法仍未实现工业化。但因为它具有上述优点，国外在这方面的研究一直没有中断，应该是一个很有工业前途的制取甲醇的方法。目前工业上几乎都采用一氧化碳、二氧化碳与氢气在一定温度、压力和催化剂的条件下合成甲醇，反应式如下：

$$CO+2H_2 \longrightarrow CH_3OH \tag{3-1}$$

$$CO_2+3H_2 \longrightarrow CH_3OH+H_2O \tag{3-2}$$

其中 CO 和 H_2 是甲醇合成气的基干物质，也是 C_1 化学的基干物质。CO 和 H_2 容易制取，利用煤、焦炭、天然气、重油、石脑油等都可以制取 CO 和 H_2，中国富煤贫油、气，由煤气化制取甲醇合成气是我国目前乃至将来的发展方向。

第一节　甲醇原料气的要求

一、合理调配氢碳比例

由化学反应式(3-1)、式(3-2)可知，H_2 与 CO 合成甲醇的摩尔比为 2:1，H_2 与 CO_2 合成甲醇的摩尔比为 3:1，当 CO 和 CO_2 都存在时，原料气中氢碳比 M 值（氢气的物质的量与一氧化碳和二氧化碳物质的量的和的比值）理论上应满足：

$$M=\frac{n(H_2)-n(CO)}{n(CO)+n(CO_2)}=2$$

或

$$M=\frac{n(H_2)}{n(CO+1.5CO_2)}=2$$

若 M 值大于 2，说明原料气中 H_2 太多，在循环中反复被分离出来又进入反应器，造成很大的浪费；若 M 值小于 2，说明原料气中 CO 太多，合成无法进行，因为无法达到稳定的平衡。实际生产中 M 值应略高于 2，即 $M=2.10～2.15$，过量的氢气可抑制羰基物和高级醇的生成，并对延长催化剂寿命起着有益的作用。表 3-1 给出一些合成气的组成。从表 3-1 可以发现，所有合成气的组成都不符合合成甲醇原料气的要求，不是 $M \gg 2$，就是 $M \ll 2$。表 3-2 给出一些原料的 M 值以及制备甲醇合成气的工艺要求。以天然气（主要含甲烷）为原料采用蒸汽转化工艺时，甲烷与水蒸气反应生成一氧化碳和氢气以及二氧化碳和氢气，此时粗原料气中氢气含量过高，即 $M \gg 2$，一般在转化前或转化后需加入二氧化碳以调节氢碳比。而用以渣油或煤为原料制备的粗原料气 M 太低，需要设置变换工序使过量的一氧化碳变换为氢气和二氧化碳，再将多余的二氧化碳除去。而用石脑油制备的粗原料气 M 适中。焦炉煤气一般含有 $20\%～25\%$ 的甲烷，通过甲烷蒸气重整将甲烷转化为一氧化碳、二氧化碳和氢气，此时 M 值太高，通过补碳调整 M 值，再将多余的二氧化碳脱除，就可作为合格的甲醇合成气。

表 3-1 典型合成气的组成

名 称	气体组分(体积分数)/%							
	CH_4	H_2	CO	C_nH_m	O_2	CO_2	H_2S	N_2
气田煤气	97.2	0.1	—	0.9	—	1.0	0.1	0.7
油田煤气	88.6	0.07	—	9.56	—	0.2	—	1.46
焦炉煤气	25.3	59.5	6.0	2.2	0.4	2.3	0.4	4.0
水煤气	0.5	50.0	37.0	—	0.2	6.5	0.3	5.5
半水煤气	0.3	37.0	33.3	—	0.2	6.6	0.2	22.4
混合煤气	0.3	11.0	27.5	—	0.2	6.0	—	55.0
空气煤气	0.5	0.9	33.4	—	—	0.6	—	64.6
高炉煤气	0.2	2.7	28	—	0.3	11.0	—	57.8
炼厂尾气	65	26	—	7.7	0.4	—	—	1.0

表 3-2 各种原料合成甲醇总反应式

原料名称	M 值		总 反 应 式	工艺要求
	原料	反应物系		
天然气	2.0	3.0	$CH_4 + H_2O = CH_3OH + H_2$	氢过剩,需在转化前或转化后补二氧化碳
天然气加二氧化碳	2.0	2.0	$\frac{3}{4}CH_4 + \frac{1}{4}CO_2 + \frac{1}{2}H_2O = CH_3OH$	采用一、二段串联转化工艺
天然气加氧气	2.0	2.0	$CH_4 + \frac{1}{2}O_2 = CH_3OH$	
重油气化	0.5	1.33	$\frac{3}{2n}(CH)_n + \frac{5}{4}H_2O + \frac{3}{8}O_2 = CH_3OH + \frac{1}{2}CO_2$	二氧化碳过剩,需部分变换和脱碳
煤气化	0.25	1.16	$\frac{6}{7n}(C_2H)_n + \frac{11}{7}H_2O + \frac{3}{7}O_2 = CH_3OH + \frac{5}{7}CO_2$	

　　我国第一套建成投产的年产 30 万吨焦炉气制甲醇项目,由天脊煤化工集团股份有限公司和山西潞安环保能源开发股份有限公司等企业投资 13.6 亿元进行建设。随着项目正式投产并生产出合格的精甲醇,标志着我国在焦炉气循环利用技术、规模和集约化程度上迈上了新的台阶。焦炉煤气制甲醇项目是一项节能环保工程,在一定程度上解决了焦化企业焦炉气的出路问题,缓解了焦炉煤气对当地环境的污染。此项目被山西省政府列为产业结构调整八大标志性重点工程之一,设计规模为年回收利用焦炉废气 4 亿立方米,可生产精甲醇产品30 万吨(符合 GB338—2004 标准)、粗苯 11000t、硫酸铵 10000t、液氨 8000t,还有部分硫黄、杂醇油等副产品。此项目采用灰融聚气化补碳、换热式甲烷转化、变压吸附脱碳、低压等温甲醇合成和多项膜分离等先进节能技术,其中灰融聚气化补碳、换热式甲烷转化和低压等温甲醇合成 3 项专利技术具有国内自主知识产权。此项目于 2007 年 8 月正式开工建设,对促进山西新能源基地建设、推进天脊煤化工集团转型发展、改善当地区域环境质量具有重大意义。

二、合理控制二氧化碳与一氧化碳的比例

　　甲醇合成原料气中应保持一定量的二氧化碳,一定量的二氧化碳的存在,能促进锌-铬催化剂与铜基催化剂上甲醇合成反应速率的加快,适量的二氧化碳可使催化剂呈现高活性,此外在二氧化碳存在的条件下,合成的热效应比无二氧化碳时仅由一氧化碳与氢合成甲醇的热效应要小,催化床层温度易于控制,这对防止生产过程中催化剂超温及延长催化剂寿命是有利的。但是二氧化碳含量过高会造成粗甲醇中含水量增加，增加气体压缩，降低压缩机生产能力，同时增加精馏粗醇的动力和蒸汽消耗。

二氧化碳在原料气中的最佳含量，应根据甲醇合成所用的催化剂量与甲醇合成操作温度相应调整。在使用锌-铬催化剂的高压合成装置中，原料气含二氧化碳4％～5％时，催化剂的使用寿命与生产能力不受影响，合成设备操作稳定而且可以自热，但是粗甲醇含水量为14％～16％。因此使用锌-铬催化剂合成甲醇，原料气中二氧化碳以低于5％为宜。在采用铜基催化剂时，原料气中的二氧化碳可适当增加，可使塔内总放热量减少，以保护铜基催化剂温度均匀、稳定，不致过热，延长催化剂的使用寿命。

一般认为，原料气中二氧化碳最大含量实际取决于技术指标与经济因素，最大允许二氧化碳含量为12％～14％，通常在3.0％～6.0％的范围内，此时单位体积催化剂可生成最大量的甲醇。

三、原料气对氮气含量的要求

氮气是煤或煤焦低压间歇气化过程中的必然产物，因为在生产中使用的氧化剂是空气。氮气含量的高低是甲醇原料气和氨合成原料气要求的最大不同之处。合成氨时氮气是参与化学反应的，要求原料气中氢气与氮气的体积比（或摩尔比）$\varphi(H_2)/\varphi(N_2) \approx 3.0$；而合成甲醇时氮气和甲烷都是惰性气体，它们不参与甲醇合成过程的化学反应，在系统中循环积累，含量越来越多，只得被迫放空，以维持正常有效气体含量。因此，甲醇生产时要求煤气化工段要设法降低氮气含量，以降低气体输送和压缩做功，同时减少放空造成的气体损失。

四、原料气对毒物与杂质的要求

原料气必须经过净化工序，清除油水、粉尘、羰基铁、氯化物、硫化物和氨等，其中最为重要的是清除硫化物，它对生产工艺、设备、产品质量都有影响。

① 原料气中的硫化物可使催化剂中毒。如锌-铬催化剂耐硫性能较好，合成新鲜气含硫须低于50×10^{-6}，而铜基催化剂对硫的要求非常严格。国内甲醇合成铜基催化剂使用说明指出，合成气含硫应低于0.1×10^{-6}，若含量达1×10^{-6}，运转半年，催化剂中硫化物含量就会高达4％～6％。无论是硫化氢还是有机硫都会与催化剂中的金属活性组分反应生成金属硫化物，使催化剂丧失活性，产生永久性中毒，故需除净，指标越低越好。

② 原料气中的硫化物含量长期高，会造成管道、设备发生羰基化反应而出现腐蚀。硫化物破坏金属氧化膜，使设备、管道被一氧化碳腐蚀生成羰基化合物，如羰基铁、羰基镍等。

③ 硫化物在甲醇合成反应过程中生成许多副产品硫进入合成系统中，生成硫醇、硫二甲醚等杂质，影响粗甲醇质量，而且带入精馏岗位，引起设备管道的腐蚀，降低了精醇成品质量。

④ 除硫化物外，原料气中的粉尘、焦油、氯离子对生产的影响也很大，在生产过程中要严格控制和清除。

由上可见，甲醇合成原料气的要求是合理的氢碳比例，合适的二氧化碳与一氧化碳比例，且需降低甲烷和氮气含量，净化气体，清除有害杂质。无论以哪种原料制甲醇原料气都需满足这些要求。

第二节　煤炭气化原理及分类

煤的气化是以煤或煤焦为原料，与气化剂（空气、富氧空气、工业纯氧、水蒸气、氢等）在高温下发生化学反应将煤或煤焦中的有机物转变为煤气的过程。气化煤气可作为工业燃料、城市煤气和化工合成气等。

一、气化过程的主要化学反应

由于煤的结构很复杂，其中含有碳、氢、氧、氮、硫等多种元素，而且不同的煤其组成差别很大。所以在讨论基本化学反应时，一般仅考虑煤中的碳与水蒸气和氧之间发生的一次反应，以及一次反应产物再与燃料中的碳或其它气态产物之间发生的二次反应。主要反应如下。

一次反应：

$$C + O_2 \longrightarrow CO_2 \qquad \Delta H = -394.1 \text{kJ/mol}$$
$$C + H_2O \longrightarrow CO + H_2 \qquad \Delta H = 135.0 \text{kJ/mol}$$
$$C + \frac{1}{2}O_2 \longrightarrow CO \qquad \Delta H = -110.4 \text{kJ/mol}$$
$$C + 2H_2O \longrightarrow CO_2 + 2H_2 \qquad \Delta H = 96.6 \text{kJ/mol}$$
$$C + 2H_2 \longrightarrow CH_4 \qquad \Delta H = -84.3 \text{kJ/mol}$$
$$H_2 + \frac{1}{2}O_2 \longrightarrow H_2O \qquad \Delta H = -245.3 \text{kJ/mol}$$

二次反应：

$$C + CO_2 \longrightarrow 2CO \qquad \Delta H = 173.3 \text{kJ/mol}$$
$$2CO + O_2 \longrightarrow 2CO_2 \qquad \Delta H = -566.6 \text{kJ/mol}$$
$$CO + H_2O \longrightarrow CO_2 + H_2 \qquad \Delta H = -38.4 \text{kJ/mol}$$
$$CO + 3H_2 \longrightarrow CH_4 + H_2O \qquad \Delta H = -219.3 \text{kJ/mol}$$
$$3C + 2H_2O \longrightarrow CH_4 + 2CO \qquad \Delta H = -185.6 \text{kJ/mol}$$
$$2C + H_2O \longrightarrow CH_4 + CO_2 \qquad \Delta H = -12.2 \text{kJ/mol}$$

因为煤中有杂质硫、氮存在，气化过程中还可能同时发生以下副反应：

$$S + O_2 \longrightarrow SO_2$$
$$SO_2 + 3H_2 \longrightarrow H_2S + 2H_2O$$
$$2CO + SO_2 \longrightarrow 2CO_2 + S$$
$$SO_2 + 2H_2S \longrightarrow 3S + 2H_2O$$
$$C + 2S \longrightarrow CS_2$$
$$CO + S \longrightarrow COS$$
$$N_2 + 3H_2 \longrightarrow 2NH_3$$
$$N_2 + xO_2 \longrightarrow 2NO_x$$
$$2CO + H_2O + N_2 \longrightarrow 2HCN + \frac{3}{2}O_2$$

气化煤气的平衡组成与煤炭品种、气化剂、反应条件、气化工艺等有很大的关系，其中任意一个方面的改变都会使煤气组成发生很大的变化。该书的重点就是选择合适的煤炭品种、气化剂、反应条件、气化工艺来制备甲醇合成气。

二、煤炭气化技术的分类

1. 按气化剂分类

根据气化剂的不同，煤炭气化所得煤气可分为空气煤气、混合煤气、水煤气和半水煤气。

① 空气煤气是以空气为气化剂生成的煤气。其中含有60%（体积分数）以上的氮气、

一定量的一氧化碳以及少量的氢气和二氧化碳，空气煤气与其它气体混合用作燃料气。

② 混合煤气是以空气和适量的水蒸气的混合物为气化剂生成的煤气，该煤气主要用作工业燃料气。

③ 水煤气是以水蒸气为气化剂生成的煤气，其中一氧化碳和氢气的总含量高达85％以上，处理后可作为甲醇合成气。

④ 半水煤气是以水蒸气为主，加适量空气或富氧空气同时作为气化剂制得的煤气。半水煤气主要用来合成氨。

上述典型煤气组成见表3-1。

2. 按煤在气化炉内的运动方式分类

按煤在气化炉内的运动方式，气化方法可划分为四类，即移动床气化、流化床气化、气流床气化和熔融床气化。

（1）移动床气化 在气化过程中，煤由气化炉顶部加入，气化剂从气化炉底部加入，煤与气化剂逆流接触，相对于气体的上升速度而言，煤的下降速度很慢甚至可视为固定不动，因此移动床气化也称固定床气化。而实际上，煤在气化过程中是以很慢的速度向下移动的，比较准确的应称其为移动床气化。

（2）流化床气化 它是以粒度为0～10mm的小颗粒煤为气化原料，在气化炉内使其悬浮分散在垂直上升的气流中，煤粒在沸腾状态进行气化反应，从而使得煤层内温度均一，易于控制，提高气化效率。

（3）气流床气化 它是一种并流气化，用气化剂将粒度为$100\mu m$以下的煤粉带入气化炉内，也可将煤粉先制成水煤浆，然后用泵打入气化炉内。煤在高于其灰熔点的温度下与气化剂发生燃烧反应和气化反应，灰渣以液态形式排出气化炉。

（4）熔融床气化 它是将粉煤和气化剂从切线方向高速喷入一个温度较高且高度稳定的熔池内，把一部分动能传给熔渣，使池内熔融物做螺旋状的旋转运动并气化。

3. 按气化炉的操作压力分类

按气化炉的操作压力分为常压气化和加压气化。煤炭气化还有其它分类方法，在此就不作介绍了。

第三节　气化工艺的选择

根据甲醇原料气的要求，煤炭气化工艺必须符合以下条件，其制得的煤气才能作为甲醇粗原料气。

① 气化粗煤气组成中氢气和一氧化碳越多越好，一般要求（CO＋H_2）在粗煤气组成中占80％（体积分数）以上，（CO＋H_2）含量越高，则无用或有害组分越少，气体分离就越容易。并且H_2的比例越大越好，这样就可以减小CO的变换和CO_2的脱除负荷。从表3-1可以看出，只有水煤气符合这一标准。

② 气化粗煤气组成中氮气的含量越少越好，因为在甲醇合成中，氮气是有害成分，氮气含量高，分离工艺复杂。解决该问题的途径或措施有两种：一是把吹风阶段（吹入空气与碳发生氧化反应放出热量，为制气提供热量）产生的煤气（主要含氮气和二氧化碳）与制气阶段（吹入水蒸气与碳反应，主要生成一氧化碳和氢气）产生的煤气分隔开。吹风煤气可以排空或单独收集，而制气阶段产生的煤气作为甲醇原料气，这样就能使制气阶段产生的煤气中的氮气含量达到最低，该方法叫间歇气化法；二是采用富氧空气或工业纯氧与水蒸气作为

气化剂，这样也能有效降低煤气中氮气的含量，但是富氧空气或工业纯氧需要空气分离装置，其投入和运行费用比较大，所以一般采用间歇气化法。

③ 气化粗煤气组成中甲烷的含量越少越好，因为在甲醇合成中，甲烷也是有害成分，甲烷含量高，分离工艺和操作都比较复杂。在煤的气化过程中，生成甲烷的反应如下：

$$C + 2H_2 \longrightarrow CH_4$$
$$CO + 3H_2 \longrightarrow CH_4 + H_2O$$
$$3C + 2H_2O \longrightarrow CH_4 + 2CO$$
$$2C + 2H_2O \longrightarrow CH_4 + CO_2$$

根据化学反应平衡规律，提高压力有助于分子数减小的反应，而甲烷的生成都是分子数减小的反应，所以提高气化压力甲烷含量增大。同时压力的提高反而不利于下列反应的进行：

$$C + H_2O \longrightarrow CO + H_2$$
$$C + 2H_2O \longrightarrow CO_2 + 2H_2$$

压力提高使得煤气中的（$CO + H_2$）含量降低，而甲烷含量增大。煤气化粗煤气的组成和压力的关系见图3-1。

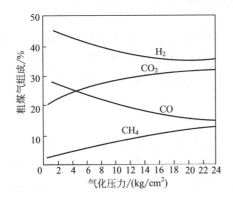

图3-1　粗煤气组成与气化压力的关系

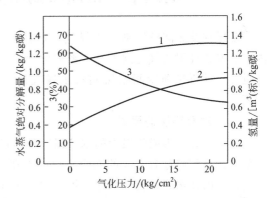

图3-2　水蒸气消耗量与气化压力的关系
1—氢量；2—水蒸气绝对分解量；3—水蒸气

提高压力不仅使得煤气中的（$CO + H_2$）含量降低，甲烷含量增大，而且加压气化的水蒸气消耗量比常压高2.5～3倍。这是因为加压时随甲烷生成量的增加，所消耗的氢气量增加，而氢气主要来源于水蒸气的分解。水蒸气的消耗量与气化压力的关系见图3-2。另外甲烷的生成反应总体是放热反应，控制炉温也是通过水蒸气的加入量来实现的，这也加剧了水蒸气的消耗，造成资源的浪费。

同时，压力的提高使得煤气的产率下降。这是因为生成CO和H_2的反应都是体积增大的反应，增大压力不利于CO和H_2生成，因此煤气的产率是降低的。气化压力对煤气产率的影响见图3-3。而加压使二氧化碳的含量增加，增大了CO_2的脱除负荷。

当然，气化煤气若作为工业燃料，加压不仅可以提高煤气热值，而且可以降低氧气的消耗以及提高气化炉的生产能力，氧气消耗量与压力的关系见图3-4，但对生产甲醇原料气显然是有害的。所以，采用常压气化来制备甲醇原料气。

④ 单炉煤气的生产能力大。因为单醇（区别于联醇生产合成氨和甲醇）生产工艺煤气的需求量很大，流化床气化和气流床气化其气化强度大，单炉生产能力大。所以，流化床气化和气流床气化是将来煤气化制备甲醇的主要发展和研究方向。

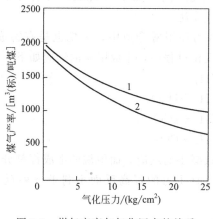

图 3-3　煤气产率与气化压力的关系
1—粗煤气；2—净煤气

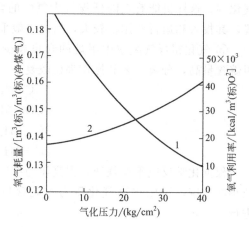

图 3-4　气化压力与氧气耗量、氧气利用率的关系
1—氧气消耗量；2—氧气利用率

第四节　常压移动床间歇法制备甲醇原料气

常压移动床间歇法制备水煤气，是以无烟煤、焦炭或各种煤球为原料，在常压煤气炉内，高温条件下与气化剂发生一系列化学反应，维持热量平衡，回收水煤气并排出残渣的生产过程。常压移动床间歇法制备水煤气是目前中国运行的煤气化制备甲醇原料气的典型工艺。

一、对原料煤的要求

（1）水分　煤或焦炭中的水分以三种形式存在：游离水、吸附水、化合水。游离水是在开采、运输和储存时带入的水分，也叫外在水分；吸附水是以吸附的方式与原料结合的水分，也叫内在水分；化合水是指煤中矿物质含有的结晶水。工业中只分析外在水分和内在水分，两者之和（基准不同，不能直接相加，需经换算）即为煤的全水分。

原料中水分含量高，不仅降低有效成分，而且水分汽化带走大量热量，直接影响炉温，降低发气量，增加煤耗。因此，要求入炉煤水分要低，一般水分小于5%。

（2）挥发分　挥发分是煤或半焦在隔绝空气的条件下加热，煤中有机质受热而分解、挥发出来的气态产物。挥发分中有干馏时放出的氢气、一氧化碳、二氧化碳、轻质烃类、焦油气、油气等。煤的挥发分与煤的变质程度有关，随变质程度的提高，挥发分逐渐降低。煤、焦的挥发分见表 3-3。挥发分对移动床气化制合成气的影响如下。

表 3-3　煤、焦的挥发分

煤种	挥发分 V_{daf}/%	煤种	挥发分 V_{daf}/%
泥炭	接近70	焦煤	18～26
褐煤	41.0～67.0	瘦煤	12～18
长焰煤	>42	贫煤	<17
气煤	35～44	无烟煤	2～10
肥煤	26～35	半焦、焦炭	半焦<4，焦炭<2

① 挥发分高，则甲烷含量高，增加压缩工序的功耗，并且后续作为甲醇合成气的分离

工艺和操作都比较复杂。

② 挥发分高，则焦油含量高，煤粒相互黏结破坏透气性，增大床层阻力，妨碍气化剂均匀分布，堵塞管道。

因此，移动床气化制合成气要求挥发分要低，一般挥发分小于 6%。

(3) 灰分　灰分是固体燃料完全燃烧后所剩余的残留物，一般要求灰分小于 15%，这是因为：

① 灰分高，相对降低固定碳含量，降低煤气发生炉的生产能力。

② 灰分太高，排灰负荷增大，增加运费和管理费。

③ 灰分太高，由于排灰量大，增加排灰设备磨损。

④ 灰分太高，除灰所排出的碳增加，损耗会增大。

⑤ 灰分高，燃料层移动快，工况不稳定，生产不稳定。

(4) 硫含量　煤中硫含量约 50%～70% 进入水煤气中，20%～30% 的硫随着灰渣一起排出炉外。其中煤气中的硫 90% 左右是硫化氢，10% 左右为有机硫。煤气中的硫会使后续合成甲醇工段的催化剂中毒，并且腐蚀设备、管道，所以硫含量越低越好，一般要求含量小于 1%。

(5) 固定碳　指煤、焦中除去水分、挥发分、灰分和硫分以外，其余可燃的物质——碳。它是煤中的有效成分，其发热值分为高位发热值和低位发热值。为了比较煤的质量，便于计算煤的消耗，国家规定低位发热值为 29270kJ/kg 的燃料为标准煤，其固定碳含量约为 84%。对于气化来说，煤的固定碳越高越好。

(6) 灰熔点　灰熔点就是灰分熔融时的温度。由于灰渣的构成不均匀，因而不可能有固定的灰熔点，只有熔化范围。通常灰熔点用三种温度表示，即变形温度 DT、软化温度 ST、熔融温度 FT。一般用 ST 作为原料灰熔融性的主要指标。煤炭气化时的灰熔点有两方面的含义，一是固态排渣气化炉正常操作时，不致使灰熔融而影响气化的最高温度；二是采用液态排渣的气化炉所必须超过的最低温度，它是决定控制炉温高低的重要指标。灰熔点低，容易结渣，严重时影响正常生产。ST 的大小与灰的组成有关，若灰中酸性氧化物 SO_2 和 Al_2O_3（两性）的含量越大，其熔化温度范围越高，而 Fe_2O_3 和 MgO 等碱性成分含量越高，则熔化温度越低，可以用公式 $(SO_2 + Al_2O_3)/(Fe_2O_3 + CaO + MgO)$ 来表示，比值越大，灰熔点越高，相反，灰熔点越低，一般无烟煤的灰熔点约为 1250℃，故气化层温度一般小于 1200℃。

(7) 粒度　煤及煤焦粒度大小和均匀性也是影响气化指标的重要因素之一。

① 粒度小，与气化剂（蒸汽、空气）接触面积大，气化效率和煤气质量好。但粒度太小会增加床层阻力，不仅增加电耗，而且煤气带走的煤渣也相应增多，这样会使煤气管道、分离器和换热器受到的机械磨损加大，同时煤耗也会增加。

② 粒度大，则气化不完全，当原料表面已反应完全时内部还未开始反应，所以灰渣中碳含量增多，易使气化层上移，严重时煤气中氧含量会增高。

③ 粒度不均匀，则气流分布不均匀，会发生燃料局部过热、结疤或形成风洞等不良影响，一般无烟煤不超过 120mm，焦炭不超过 75mm，生产中最好将煤焦分成三档，小 15～30mm，中 30～50mm，大 50～120mm，分别投料，并根据不同粒度调节吹风强度。

(8) 机械强度　煤及煤焦的机械强度指原料抗破碎能力。机械强度差的燃料，在运输、装卸和入炉后易破碎成小粒和煤屑，使床层阻力增加，工艺不稳定，产气量下降，而且煤气夹带固体颗粒增多，加重管道和设备磨损，降低了设备的使用寿命，也影响废热的正常回收，因此应选用机械强度高的固体燃料。

（9）热稳定性　煤及煤焦的热稳定性是指其在高温作用下是否容易破碎的性质。热稳定性差的原料加热易破碎，增加床层阻力，难气化，碳损失大，设备磨损也大。最好选热稳定性较好的原料。

煤气中的粉尘固体颗粒（即带出物）与煤的热稳定性、入炉块煤中的含粉末率、炉内气化强度、入炉煤的粒度分布、床层厚薄等因素有关，一般情况下，煤气中的粉尘固体颗粒量为入炉煤重量的 4%～6%。表 3-4 为气化不同煤种时煤气中的水分、焦油、粉尘固体颗粒含量。

表 3-4　气化不同煤种时煤气中的水分、焦油、粉尘固体颗粒含量

燃料	煤气温度 /℃	煤气中含量/[g/m³(标准)]					
		水　分		粉尘固体颗粒		焦　油	
		波动范围	平均	波动范围	平均	波动范围	平均
无烟煤	390～680	40～100	70	4～25	10	—	—
烟煤	600～680	70～100	80	11～17	15	8～15	10
褐煤	110～330	160～288	220	11～22	16	7～29	15
泥煤	70～120	260～520	440	—	15	18～51	37

（10）化学活性　煤及煤焦的化学活性是指与气化剂如氧、水蒸气、二氧化碳的反应能力，化学活性高的原料有利于气化能力和气体质量的提高。

总之，选择用什么固体原料制取水煤气要与本厂实际情况紧密结合，应考虑原料的来源、风机的性能、工艺配套和操作技术等诸多因素。

二、常压间歇法水煤气生产原理

将煤炭加入煤气炉后，按吹风、制气程序循环操作，即煤的燃烧和水蒸气的分解分开交替进行。在吹风时将空气吹入炉内，发生放热的化学反应，以提高燃料层温度，积蓄热量。在制气时通入蒸汽，蒸汽与燃料层中高温的碳反应，发生吸热反应生成水煤气。

吹风阶段的化学反应：

$$C + O_2 \Longrightarrow CO_2 \qquad \Delta H = -394.1 \text{kJ/mol}$$
$$2C + O_2 \Longrightarrow 2CO \qquad \Delta H = -220.8 \text{kJ/mol}$$
$$CO_2 + C \Longrightarrow 2CO \qquad \Delta H = 173.3 \text{kJ/mol}$$

吹风气通过燃烧室的过程中，加入二次空气使吹风气中的 CO 燃烧生成 CO_2，以回收热量，化学反应为：$2CO + O_2 \Longrightarrow 2CO_2 \qquad \Delta H = -566.6 \text{kJ/mol}$。

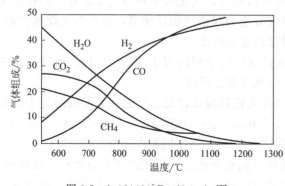

图 3-5　1.01×10^5 Pa (1atm) 下
碳-水蒸气的平衡组成

制气阶段的化学反应：

$$C + H_2O(汽) \Longrightarrow CO + H_2$$
$$\Delta H = 135.0 \text{kJ/mol}$$
$$C + 2H_2O(汽) \Longrightarrow CO_2 + 2H_2$$
$$\Delta H = 96.6 \text{kJ/mol}$$
$$C + 2H_2 \Longrightarrow CH_4$$
$$\Delta H = -84.3 \text{kJ/mol}$$

在常压下（1.013×10^5 Pa），上述反应的平衡组成见图 3-5。从图中可以看出，温度高于 900℃，水蒸气与碳反应的平衡中，含有等量的 CO 和 H_2，其它组

分含量较少。随着气化温度的进一步提高，H_2 和 CO 的含量进一步提高，并且 H_2 的含量超过 CO，而未分解的水蒸气量以及甲烷含量则更小。说明水蒸气分解率高，水煤气中 H_2 和 CO 的含量高，煤气质量好。

三、常压间歇法水煤气生产过程

1. 水煤气生产的特点

移动床间歇法制水煤气，因为气化剂空气和水蒸气交替与碳反应，故燃料层温度随着空气的加入而逐渐升高，随着水蒸气的加入而逐渐降低，呈周期性变化，并在一定范围内波动，所以生成煤气的组成和数量也呈周期性变化。这就是移动床间歇法制气的最大特点。

2. 煤气炉内燃料层的分区

移动床煤气发生炉简图见图 3-6。燃料从煤气炉顶部加入，先预热升温，并随着灰盘的转动慢慢向下移动，到气化层时温度达到最高，与不同阶段的入炉气化剂发生化学反应，直至反应趋于完全，以灰渣的形式排出炉外。燃料层从上到下分为四个区域，分别是干燥区、干馏区、气化区（吹风时可细分为还原层和氧化层）、灰渣区。实际生产中，煤气炉的操作往往很难控制好这几个区域，炉况恶化时，各区域杂乱无节，必须从头开始养炉，使燃料层恢复正常分布，燃料层分区见图 3-7。

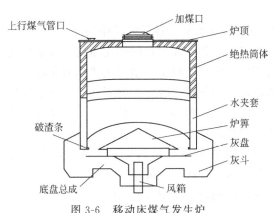

图 3-6　移动床煤气发生炉

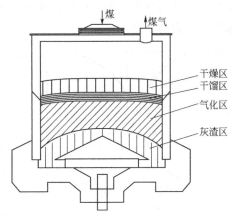

图 3-7　煤气炉内燃料层分区

3. 水煤气生产的工作循环

移动床间歇法制水煤气时，从上一次送入空气开始，到下一次再送入空气为止，称为制气的一个工作循环。一个工作循环所用的时间（一般为 2.5～3.0min）叫做循环周期。

从安全生产的角度考虑，应避免煤气和空气在炉内相遇，避免爆炸性混合气体的形成；从维持煤气炉长期稳定运行的技术角度考虑，应尽可能地稳定燃料层中气化层的温度、厚度和位置，所以把每个工作循环分为以下六个阶段。

（1）吹风阶段　用配套的鼓风机（风量和风压合适）从煤气炉底部吹入空气，气体自下而上通过燃料层，提高燃料层温度，炉上出口产生的吹风气放空或送入吹风气回收工段回收其潜热和显热后排入大气。此阶段用时一般占循环周期的 25%～30%，目的是提高炉温并蓄积热量，为下一步水蒸气与碳的气化吸热反应提供条件。

（2）蒸汽吹净阶段　从炉底送入满足要求的水蒸气自下而上流动，发生一定的化学反应，生成一定的水煤气放空或送入吹风气回收工段。此阶段用时一般占循环周期的 1%，目的是将吹风阶段末期炉内残余的含氮气很高的吹风气赶出系统，降低水煤气中的氮气含量，提高有效气体质量。

（3）一次上吹制气阶段　从炉底送入满足工艺要求的水蒸气，自下而上流动，在灼热的燃料层（即气化层）中发生气化吸热反应，产生的水煤气从炉上送出，回收至气柜。燃料层下部温度降低，上部温度则因气体的流动而升高，此阶段一般用时占循环周期的25%，目的是制取高质量的水煤气。

（4）下吹气阶段　在上吹制气一段时间后，低温水蒸气和反应本身的吸热使气化层底部受到强烈的冷却，温度明显下降。而燃料层上部因煤气的通过，温度越来越高，煤气带走的显热逐步增加，考虑热量损失，要在上吹一段时间后改变水蒸气的流动方向，自上而下通过燃料层，发生气化反应，产生的水煤气经灰渣层后从炉底引出，回收至气柜。此阶段用时一般占循环周期的40%。目的是制取水煤气，稳定气化层，并减少热损失。

（5）二次上吹制气阶段　在下吹制气一段时间后，炉温已降到低限，为使炉温恢复，需再次转入吹风阶段，但此时炉底还有残余的下行煤气，故要用水蒸气进行置换，从炉底送入水蒸气，经燃料层后，从炉上引出，回收至气柜。此阶段用时一般为循环周期的7%～10%。目的是置换炉底水煤气，避免空气与煤气在炉内相遇而发生爆炸，为吹风做准备，同时生产一定的水煤气。

（6）空气吹净阶段　从炉底吹入空气，气体自下而上流动，将炉顶残余的水煤气和这部分吹风气一并回收至气柜。此阶段用时一般为循环周期的1%～2%。目的是回收炉顶残余的水煤气并提高炉温。

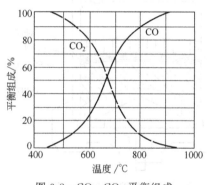

图 3-8　CO、CO_2 平衡组成
与温度的关系

4. 吹空气和吹水蒸气过程的操作条件

（1）吹空气过程　此过程的作用是使料层温度提高，以蓄积尽可能多的热量。由于生成二氧化碳的反应能释放出最多的热量，因此，为了在吹空气过程中能得到更多的热量，希望尽可能按完全燃烧反应生成二氧化碳的过程进行。

但料层温度的升高与二氧化碳生成量之间有矛盾，随着料层温度升高，生成一氧化碳的量增加，二氧化碳的生成量则减少。图 3-8 反映了燃烧过程和平衡组成与温度的关系。

吹空气过程的效率 η_1 为料层蓄积的热量与在该过程中所消耗的热量之比，即

$$\eta_1 = \frac{Q_A}{H_C G_A} \times 100\% \tag{3-3}$$

式中　Q_A——料层蓄积的热量，kJ；

H_C——原料的热值，kJ/kg；

G_A——吹空气过程中的原料消耗量，kg。

η_1 随生成气中二氧化碳的浓度和气体出口温度而变化。随着料层温度的升高，吹出气的温度升高，二氧化碳的含量减少，一氧化碳含量增加，也就是说，料层温度越高，吹风气带走的化学热（潜热）和显热越多。当料层温度达到1600℃时，吹风气的温度也几乎达到此值，此时，吹风气中二氧化碳的浓度几乎为零。当料层温度为1700℃时，吹空气过程所放出的热量几乎全部用于吹风气的加热，没有热量用于料层加热，这时吹空气过程的效率为零。由此可看出，料层温度越低，吹空气过程的效率越高，当料层温度在700～750℃时，吹空气过程的效率在62%～72%。然而，料层温度越高，水蒸气的分解率越高。因此，只

有综合考虑了吹空气过程和吹水蒸气过程的效率之后，才能确定料层最适宜的温度。

（2）吹水蒸气过程　此过程的作用是制造水煤气，它是利用吹空气过程蓄积在料层中的热量维持水蒸气与碳的吸热反应的。

吹水蒸气过程的效率 η_2 为生成水煤气的总化学热与消耗于生成水煤气的原料热量和料层释放出的热量总和之比，亦可用单位体积的热量关系来表示。

$$\eta_2 = \frac{Q}{H_C \times G_C + Q_a} = \frac{H_g^h \times V_g}{G_C \times H_C + Q_A} \tag{3-4}$$

式中　Q——水煤气总化学热，kJ；

　　　H_g^h——水煤气高热值，kJ/m^3；

　　　V_g——吹水蒸气过程水煤气的生成量，m^3；

　　　G_C——吹水蒸气过程所耗煤量，kg；

　　　Q_a——生产水煤气时料层释出的热量，kJ，设过程稳定时，$Q_a = Q_A$。

生产水煤气过程的效率取决于料层温度，间歇法水煤气生产效率与料层温度的关系如图3-9 所示。

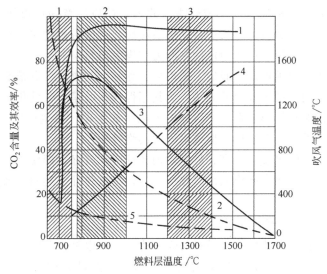

图 3-9　间歇法制水煤气的热工特性曲线
1—制气效率；2—吹风效率；3—总效率；4—吹风气温度；5—吹风气中 CO_2 含量

当料层温度很低时，总效率为零，因为料层温度太低不能生产水煤气。而当料层温度高达 1700℃时，空气吹风阶段的效率为零，过程总效率也将为零。当吹空气过程结束时，料层温度在 850℃左右，过程的总效率最高。

（3）气流速度　吹空气过程在水煤气制造过程中是非生产过程。因此，希望在尽可能短的时间内蓄积更多的热量。为此目的，需要提高鼓风速度。当发生炉的气化强度（单位时间、单位气化炉截面积上处理的原料煤质量或产生的煤气量）小于 $500\sim600kg/(m^2 \cdot h)$，氧化反应在 1000℃左右时，反应速率基本上受扩散控制，提高气流速度可以强化氧化反应。通常采用的空气速度为 $0.5\sim1.0m/s$，吹风气中一氧化碳含量为 $6\%\sim10\%$，二氧化碳含量大于 14%。气化强度超过 $1500m^3/(m^2 \cdot h)$ 时，煤气质量将变坏。吹水蒸气过程的速度减慢时，不仅对水煤气生成有利，而且使过程的总效率有所提高，但过低的速度会降低设备的生产能力，水蒸气流速一般保持在 $0.05\sim0.15m/s$。

为了提高水煤气制造过程的生产能力，缩短非生产时间，常采用高吹空气速度 $1.5\sim$ 1.6m/s。因此，选用的鼓风机应具有较高的鼓风量，同时选用焦炭或热稳定性高的无烟煤为原料，粒度控制在 $25\sim75$mm。在这种情况下，燃烧层温度迅速升高，而二氧化碳来不及充分还原，吹风气中的一氧化碳含量仅为 $3\%\sim6\%$，与此相应可采用高水蒸气速度（如 0.25m/s 左右）。

当吹入水蒸气的速度一定时，随着料层温度的升高，水煤气中二氧化碳的含量降低，水蒸气的分解率增加。而当料层温度一定时，随着吹入水蒸气速度的增加，煤气中未分解的水蒸气和二氧化碳的含量也增加。在吹入水蒸气速度相同时，水蒸气的分解率还与原料的反应能力有关，因此，对不同的原料都有其各自最适宜的水蒸气流速。

（4）气化原料的选择　间歇法生产水煤气时，气化原料必须具有低的挥发分产率。为了避免在吹风煤气中造成大量的热量损失以及由于焦油等在阀座上的沉积引起阀门关闭不严，给水煤气生产造成危险，所以最早使用焦炭为原料，后来为降低生产成本和提高资源的利用率，使用无烟煤或将煤粉成形为煤球作为原料。

当使用无烟煤时，由于其反应性比焦炭差，往往要求适当提高操作温度。另外无烟煤的机械强度也比焦炭差，容易夹带碎煤或煤末，故入炉前应注意筛尽煤屑。尤其需要注意的是，无烟煤的热稳定性比焦炭差，入炉后受热易爆裂，造成带出物多、吹风阻力大和气流分布不均等问题。因此，必须选用热稳定性好的无烟煤为原料。

用无烟煤粉制成工业用煤球，制造工艺可分为无黏结剂成形、黏结剂成形和热压成形三种。目前中国普遍采用黏结剂成形的方法。尤其用得较多的是石灰碳化煤球，即将生石灰加水消化，再按一定比例与粉煤混合，在压球机上压制成生球，将生球用二氧化碳气体处理，使氢氧化钙转化成碳酸钙，在煤球中形成坚固的网络骨架。

由于石灰碳化煤球的机械强度高、粒度均匀及反应性较好，即使这种煤球的固定碳含量较低和灰分含量较高，只要在操作上采取相应措施，足以弥补上述两个缺点，达到良好的稳产节能效果。

四、间歇法 U.G.I 炉气化工艺

移动床间歇气化技术是我国采用最早的煤气化方式，也是目前国内生产甲醇装置中应用最普遍的一种造气方式，占目前生产能力的 70% 以上。经过多年的发展，该技术已经基本成熟，且装置已经完全国产化。移动床间歇气化造气系统主要包括原料煤的配置、造气、气体净化除尘、废热回收等装置。其中最主要的是气化炉，U.G.I 气化炉是最常用的水煤气气化炉。因为是常压间歇制气，单台设备生产能力较低。根据炉型规格不同，单台设备产气量在 $4000\sim12000$m³/h，所产煤气有效气含量为 $60\%\sim85\%$。该造气方式采用无烟块煤、焦炭或半焦为原料，要求块煤粒度在 $20\sim80$mm，水分含量$<8\%$，目前国内采用该技术的企业超过 600 家。

1. U.G.I 型水煤气发生炉

水煤气炉的结构大致相同，均由加煤器、炉体、底盘、机械出灰装置及传动装置组成。炉壳采用钢板焊制，上部衬有耐火砖和保温硅砖，使炉壳钢板免受高温的损害。下部设水夹套，用来对氧化层降温，防止溶渣粘壁并副产水蒸气，探火孔设在水夹套两侧，用于测量火层温度。炉算为铸件，固定在灰盘上，随灰盘一起转动，起到破渣出灰以及分布气化剂的作用。底盘两侧有灰斗，底部中心管与吹风和下吹管线是 Y 形连接。底盘内的轴承轨道用以承托机械出灰装置、灰渣和燃料层的重量。常用的水煤气发生炉的技术参数见表 3-5。

表 3-5 常用水煤气发生炉技术参数汇总表

项 目	炉 型 规 格							
	Φ1980	Φ2260	Φ2400	Φ2550	Φ2600	Φ3000	Φ3200	Φ3600
炉膛直径/mm	1980	2260	2400	2550	2600	3000	3200	3600
炉膛截面积/m²	3.08	4.01	4.52	5.11	5.31	7.07	8.04	10.18
水夹套受热面积/m²	—	12.8	13.57	16.0	17.2	20.7	22.1	28.0
水夹套压力/MPa	—	0.2			0.2	0.07	0.07	0.07
灰盘电机/kW	—	3			4	7.5		
炉箅转速/(r/h)	—	0~1			0.6~1	0~2.47		0~1.45
料层有效容积/m³	8.32	10.83	12.20	13.80	14.34	21.21		30.54
水煤气产气率/(m³/h)	1000	1000~2000		4500~5800	6500	7000~8500	8000~10500	11000~13000

U.G.I 炉的结构如图 3-10 所示。

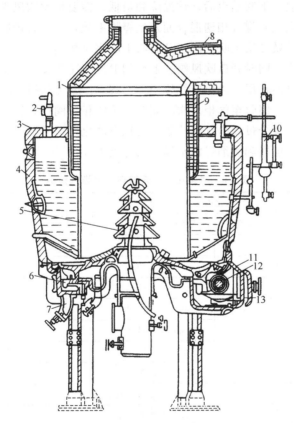

图 3-10 U.G.I 型煤气炉

1—炉壳；2—安全阀；3—保温材料；4—夹套锅炉；5—炉箅；6—灰盘接触面；7—底盘；
8—保温砖；9—耐火砖；10—液位计；11—蜗轮；12—蜗杆；13—油箱

2. 工作循环

(1) 吹风阶段 同时开启吹风阀、上行阀 A、放空阀（或吹风气回收阀），其它阀门均关闭，由鼓风机从煤气炉底部送入空气，自下而上经过燃料层，发生气化反应，提高燃料层温度，蓄积热量，为下一步制气做准备。炉上产生的吹风气先经上行阀，后经放空阀（或回收阀）后放空（或送吹风气至回收工段回收潜热和显热），吹风完毕关闭相关阀门。

（2）蒸汽吹净阶段　同时开启总蒸汽阀、上吹蒸汽阀、上行阀A、放空阀（或吹风气回收阀），自下而上吹入水蒸气，发生一定的气化反应，生成水煤气置换前面吹风结束时残余的吹风气，气体经上行阀A和放空阀（或吹风气回收阀）后放空（或回收）。吹净完毕，关闭相关阀门。

（3）一次上吹阶段　同时开启总蒸汽阀、上吹蒸汽阀、上行阀B、煤气总阀，自下而上吹入水蒸气，在气化层与灼热的炭发生充分的化学反应，制出高质量的水煤气，经上行阀B、煤气总阀、检修水封后进入联合废热锅炉副产水蒸气，降温，再进入洗气塔降温和除尘后送入气柜。上吹完毕，关闭相关阀门。

（4）下吹阶段　同时开启总蒸汽阀、下吹蒸汽阀、下行阀、煤气总阀，自上而下送入水蒸气，通过气化层与灼热的碳进一步发生气化反应，制取水煤气，经过下行阀、煤气总阀、检修水封进入联合废热锅炉副产水蒸气并降温，再进入洗气塔降温和除尘后送入气柜。下吹完毕，关闭相关阀门。

（5）二次上吹阶段　下吹结束后，炉温降到最低，需要再次吹风来提高炉温，但这时炉底是水煤气，为避免空气和煤气相遇混合而发生爆炸事故，必须将炉底煤气用蒸汽置换。故自下而上送入水蒸气，做二次上吹，阀门开关与上吹完全相同。

（6）空气吹净阶段　同时开启吹风阀、上行阀B、煤气总阀，由鼓风机从煤气炉底部送入空气，自下而上经过燃料层，炉出口气体经上行阀B、煤气总阀、检修水封后进入废热锅炉、洗气塔降温和除尘，回收至气柜。吹净完毕，关闭相关阀门，转入下一个工作循环，依此程序重复进行制气。整个过程的阀门控制都实现自动化。

移动床间歇法气化焦炭和无烟煤的水煤气指标见表3-6。

表 3-6　气化焦炭和无烟煤的水煤气指标

项　　目	气化指标		项　　目	气化指标	
	焦炭	无烟煤		焦炭	无烟煤
原料水分/%	4.5	5.0	CO	37.0	38.5
原料灰分/%	11.5	6.0	CO_2	6.5	6.0
原料碳含量/%	81.0	83.0	CH_4	0.5	0.5
蒸汽分解率/%	50	40	C_nH_m	—	—
空气消耗/(m³/kg)	2.6	2.86	H_2S	0.3	0.4
蒸汽消耗/(kg/kg)	1.2	1.7	O_2	0.2	0.2
水煤气产率/(m³/kg)	1.50	1.65	N_2	0.5	0.5
吹风气产率/(m³/kg)	2.70	2.90	气化效率/%	60	61
干煤气中 H_2(体积分数)/%	50.0	48.0	热效率/%	54	53

五、间歇式两段炉气化工艺

1. 两段炉的气化原理

常规的移动床气化炉，炉内存在煤的干馏层和气化层，干馏层一般较薄，当煤加入炉内时，干馏迅速进行，煤炭中含有的重质烃没有经过高温裂解即随生成气出炉，在后面的降温过程冷凝成为重质焦油产物，这种焦油既难脱水分离，质量又差，使用困难。同时净化循环冷却水中有含酚物质，水质极易恶化，污染环境。

在常规的移动床气化炉上加装一个干馏层，与原有的移动床气化炉组成一个总的气化装置即为两段气化炉。水煤气型两段炉的结构见图3-11。在炉内将干馏段和气化段分开进行，干馏段较高，煤的加热速度也慢，干馏温度也较低，一般在500～600℃，属于低温干馏，析出的是分子量较低的轻质烃类蒸气，冷凝后成为轻质焦油，低温干馏后的固体产物主要是含有重质烃的半焦，半焦进入气化层，在900～1200℃的高温下经过相对较长的时间裂解，基本上避免了重质焦油的生成。另外，气化时容易生成的酚蒸气也因高温深度分解，使得废水中的酚含量下降。

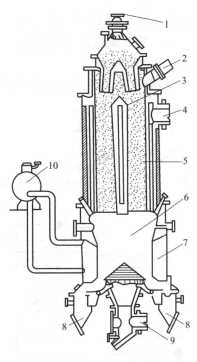

图 3-11　循环制气两段煤气发生炉
1—加煤口；2—顶煤气口；3—干燥段；
4—水煤气及鼓风气出口，下吹蒸汽
入口；5—干馏段；6—气化段；
7—水夹套；8—排渣口；9—鼓
风及上吹蒸汽入口，下吹水煤
气出口；10—汽包

2. 间歇式水煤气型两段炉气化工艺

间歇式水煤气型两段炉气化工艺类似间歇法U.G.I炉气化工艺。首先原料煤自炉顶加入后，在干馏段与气化段产生的吹风气、上行水煤气分别进行间接或直接换热，脱除挥发分和水分后成为低温干馏半焦进入气化段。气化段的操作方式与水煤气生产过程操作基本相同。一个工作循环由五个阶段组成，即吹风、蒸汽吹净、上吹制气、下吹制气和二次蒸汽吹净阶段。吹风气流经干馏段的隔墙和外墙之间的通气道与干馏段的煤层间接加热后，由水煤气出口引出经热回收后放空。干馏所产生的纯干馏煤气从顶煤气出口引出。上吹制气阶段产生的上行水煤气与干馏段的煤进行直接换热后，与干馏煤气成为混合煤气，由顶煤气出口引出进入煤气处理系统。下吹制气阶段，经过预热的下吹蒸汽由水煤气出口进入，流经干馏段的隔墙和外墙之间的通气道向下进入气化段，干馏煤气仍由顶煤气出口引出，下行水煤气则由炉底出口引出。一次吹净阶段产生的气体经间接换热后，由底煤气出口引出进入吹气系统。二次蒸汽吹净阶段与上吹制气阶段过程相同，得到混合顶煤气。吹风、一次蒸汽吹净、下吹制气阶段三个间接加热阶段所产生的纯干馏煤气由顶煤气出口引出。

间歇式两段炉可以气化的煤种有不黏结或弱黏结的烟煤、热稳定性好的褐煤，块度为20～40mm或30～60mm，煤灰分含量最高允许在40%～50%，最高允许的水分含量为5%～30%。

间歇式两段炉气化煤气的组成（体积分数）为 $\Psi(H_2)$ 50%～51%；$\Psi(CO)$ 28%～29%；$\Psi(CO_2)$ 7.0%～9.0%；$\Psi(CH_4)$ 0.6%～0.8%；$\Psi(N_2)$ 5%～6%；$\Psi(O_2)$ 0.1%。

第五节　流化床煤气化制备甲醇原料气

流化床煤气化过程是粉煤在反应器内呈流化状态，在一定温度、压力条件下与气化剂反应生成煤气。与常压移动床相比，其床层温度均匀，传热传质效率高，气化强度大，使用粉煤，原料价格便宜且煤种适应范围宽，产品煤气中基本不含焦油和酚类物质，是将来煤气化制备甲醇的重要研究和发展方向。

一、常压流化床气化工艺

1. 温克勒气化炉

温克勒气化工艺是最早的以褐煤为气化原料的常压流化床气化工艺。图 3-12 是温克勒气化炉示意，气化炉为钢制立式圆筒形结构，内衬耐火材料。

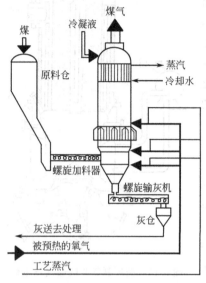

图 3-12　温克勒气化炉

温克勒气化炉采用粉煤为原料，粒度在 0～10mm，若煤不含表面水且能自由流动就不必干燥。对于黏结性煤，可能需要气流输送系统，借以克服螺旋给煤机端部容易出现堵塞的问题。粉煤由螺旋加料器加入圆锥部分的腰部，加煤量可能通过调节螺旋给料机的转数来实现。一般沿筒体的圆周设置二到三个加料口，互成 180°或 120°的角度，有利于煤在整个截面上均匀分布。

温克勒气化炉的炉算安装在圆锥体部分，蒸汽和氧（或空气）由炉算底侧面送入，形成流化床。一般气化剂总量的 60%～75%由下面送入，其余的气化剂由燃料层 2.5～4m 处的许多喷嘴喷入，使煤在接近灰熔点的温度下气化，这可以提高气化效率，有利于活性低的煤种气化。通过控制气化剂的组成和流速来调节流化床的温度不超过灰的软化点。较大的富灰颗粒比煤粒的密度大，因而沉到流化床底部，经过螺旋排灰机排出。大约有 30%的灰从底部排出，另外的 70%被气流带出流化床。

气化炉顶部装有辐射锅炉，是沿着内壁设置的一些水冷管，用以回收出炉煤气的显热，同时，由于温度降低可能被部分熔融的灰颗粒在出气化炉之前重新固化。

早期的温克勒气化炉在炉底部有炉栅，气化剂通过炉栅进入炉内，后来的气炉取消炉栅，炉子的结构简化，同样能达到均匀布气的效果。

典型的工业规模的温克勒常压气化炉内径 5.5m，高 23m，当以褐煤为原料时，氧气-蒸汽常压鼓风，单炉生产能力在标准状态下为 $4700m^3/h$，采用空气-蒸汽鼓风时，生产能力在标准状态下为 $94000m^3/h$。生产能力的调整范围为 25%～150%。

2. 温克勒气化工艺流程

温克勒气化工艺流程包括煤的预处理、气化、气化产物显热的利用、煤气的除尘和冷却等，如图 3-13 所示。

（1）原料的预处理　首先对原料进行破碎和筛分，制成 0～10mm 的炉料，一般不需要干燥，如果炉料表面含有水分，可以使用烟道气对原料进行干燥，控制入炉原料的水分在 8%～12%。对于有黏结性的煤料，需要经过破黏处理，以保证床内的正常流化。

（2）气化　预处理后的原料送入料斗中，料斗中充以氮气或二氧化碳惰性气体，用螺旋加料器将煤料加入气化炉的底部，煤在炉内的停留时间约 15min。气化剂送入炉内和煤反应，生成的煤气由顶部引出，煤气中含有大量的粉尘和水蒸气。

（3）粗煤气的显热回收　粗煤气的出炉温度一般为 900℃左右，在气化炉上部设有废热锅炉，生产的蒸汽压力在 1.96～2.16MPa，蒸汽的产量为 0.5～0.8kg/m^3 干煤气。

（4）煤气的除尘和冷却　出煤气炉的粗煤气进入废热锅炉，回收余热，产生蒸汽，然后

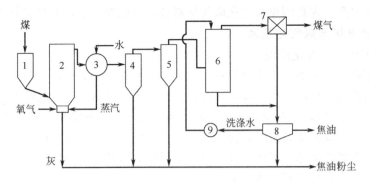

图 3-13　温克勒气化流程示意

1—料斗；2—气化炉；3—废热锅炉；4,5—旋风除尘器；6—洗涤塔；

7—煤气净化装置；8—焦油、水分离器；9—泵

进入两级旋风分离器和洗涤塔除去煤气中的大部分粉尘和水汽，经过净化冷却，煤气温度降至 $35\sim40$℃，含量降至 $5\sim20\mathrm{mg/m^3}$。

3. 工艺条件

(1) 原料　由于褐煤的反应性好，所以褐煤是流化床最好的原料，但褐煤的水含量很高，一般在 12% 以上，蒸发这部分水分需要较多的热量（即增加了氧气的消耗量），水分过大也会造成粉碎和运输困难，所以水分含量太大时需增设干燥设备。煤的粒度及其分布对流化床的影响很大，当粒度范围太宽，大粒度较多时，大量的大粒度煤难以流化，覆盖在炉箅上，氧化反应剧烈可能引起炉箅处结渣。如果粒度太小，易被气流带出，气化不彻底。一般要求粒度大于 10mm 的颗粒不得高于总量的 5%，小于 1mm 的颗粒小于总量的 10%～15%。由于流化床气化时床层温度较低，碳的浓度较低，故不太适宜气化低活性、低灰熔点的煤种。

(2) 气化炉的操作温度　高炉温对气化是有利的，可以提高气化强度和煤气质量，但炉温是受原料的活性和灰熔点限制的，一般在 900℃ 左右。影响气化温度的因素大致有汽氧比、煤的活性、水分含量、煤的加入量等，其中又以汽氧比最为重要。

(3) 二次气化剂的用量　使用二次气化剂的目的是为了提高煤的气化效率和煤气质量。被煤气带出的粉煤和未分解的碳氢化合物可以在二次气化剂吹入区的高温环境中进一步反应，从而使煤气中的一氧化碳含量增加、甲烷含量减少。

由以上的叙述可知，温克勒气化工艺单炉的生产能力较大。由于气化的是细颗粒的粉煤，因而可以充分利用机械化采煤得到的细粒度煤。由于煤的干馏和气化是在相同温度下进行的，相对于移动床的干馏区来讲其干馏温度高得多，所以煤气中几乎不含有焦油和酚，甲烷含量也很少，排放的洗涤水对环境的污染较小。但温克勒常压气化也存在一定的缺点，主要是温度和压力偏低造成的。炉内温度要保证灰分不能软化和结渣，一般控制在 900℃ 左右，所以必须使用活性高的煤为气化原料，气化温度低，不利于二氧化碳还原和水蒸气的分解，故煤气中二氧化碳的含量偏高，而一氧化碳和氢气含量相对偏低，灰渣中的残碳含量高。同时，和移动床比较，气化炉的设备庞大，出炉煤气的温度几乎和床内温度一样，因而热损失大。另外，气流速度高又使煤气的带出物较多。为此进一步开发了温克勒加压气化和灰熔聚气化工艺，由于加压气化会促进甲烷的生成，故在制备甲醇原料气时一般不采用，而灰熔聚流化床气化能有效克服温克勒气化炉的缺点。中国科学院山西煤炭化学研究所研究开发了 ICC (Institute of Chemistry) 灰熔聚流化床气化技术，该技术具有国内自主知识产权

并实施了工业化生产，为我国煤炭流化床气化制备甲醇原料气奠定了坚实的基础。

二、灰熔聚流化床煤气化技术

1. 灰熔聚流化床煤气化原理

一般流化床煤气化炉要保持床层炉料高的碳灰比，而且使碳灰混合均匀以维持稳定的不结渣操作。因此炉底排出的灰渣组成与炉内混合物料组成基本相同，故排出的灰渣的含碳量就比较高（15%～20%），针对上述问题提出了灰熔聚（或称灰团聚、灰黏聚）的排灰方式。具体是在流化床层形成局部高温区，使煤灰在软化（ST）而未流动（FT）的状态下相互碰撞黏结成含碳量较低的灰球，当灰球长大到一定程度时靠其重量与煤粒分离下落到炉底灰渣斗中排出炉外，从而降低了灰渣含碳量。

2. 灰熔聚流化床煤气化技术特点

与一般流化床煤气化炉相比，灰熔聚煤气化炉具有以下特点。

① 气化炉结构简单，炉内无传动设备，为单段流化床，操作控制方便，运行稳定、可靠。

② 可以气化包括黏结煤、高灰煤在内的各种等级的煤，煤的粒度为小于 8mm 粉煤。

③ 气化温度高，碳转化率高，气化强度高，一般为移动床气化炉的 3～10 倍。

④ 灰熔聚排渣含碳量低，便于作建材利用，煤气化效率高，达 75% 以上。

⑤ 煤气中几乎不含有焦油和烃类，酚类物质也极少，不仅简化了作为甲醇原料气的后续处理工序，而且煤气洗涤冷却水容易处理回收利用。

⑥ 煤中硫可全部转化为 H_2S，容易回收，也可用石灰石在炉内脱硫，简化了煤气净化系统，有利于环境保护。

⑦ 由于气化温度低，耐火材料的使用寿命长达 10 年以上。

⑧ 煤气夹带的煤灰细粉经除尘设备捕集后返回气化炉内进一步燃烧、气化，碳利用率高。

三、ICC 灰熔聚流化床煤气化工艺

1. ICC 气化炉

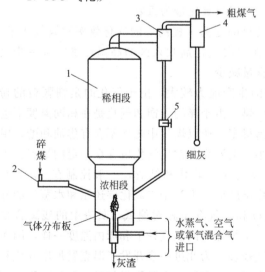

ICC 灰熔聚流化床粉煤气化炉见图 3-14，它以空气/蒸汽或氧气/蒸汽为气化剂，在适当的煤粒度和气速下使床层中粉煤沸腾，气固两相充分混合接触，在部分燃烧产生的高温下进行煤的气化。

ICC 气化炉是根据射流原理，在流化床底部设计了灰团聚分离装置，形成床层局部高温区，使灰渣团聚成小球，借助重量的差异达到灰团与半焦的分离，提高了碳利用率，降低了灰渣的含碳量，这是灰熔聚流化床气化不同于一般流化床气化的技术关键。

2. ICC 煤气化工艺

图 3-14　ICC 灰熔聚流化床粉煤气化炉
1—气化炉；2—螺旋给煤机；3—第一旋风分离器；
4—第二旋风分离器；5—高温球阀

ICC 煤气化工艺流程见图 3-15，包括备煤、进料、供气、气化、除尘、余热回收、煤气冷却等系统。

（1）备煤系统　粒径为 0～30mm 的原料

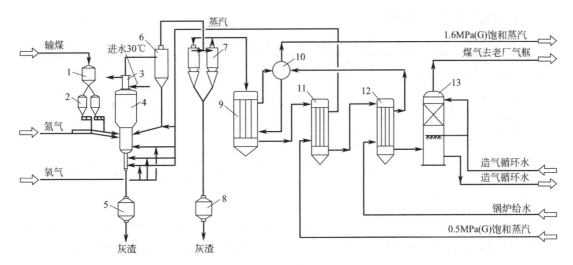

图 3-15 灰熔聚流化床粉煤气化工艺流程简图
1—煤锁；2—中间料仓；3—气体冷却器；4—气化炉；5—灰锁；6——级
旋风；7—二级旋风；8—二旋下灰头；9—废热回收器；10—汽包；
11—蒸汽过热器；12—脱氧水预热器；13—洗气塔

煤（焦），经过皮带输送机、除铁器进入破碎机，破碎到 0～8mm，而后由输送机送入回转式烘干机，烘干所需的热源由室式加热炉烟道气供给，被烘干的原料其水分含量控制在 5% 以下，由斗提机送入煤仓储存待用。

（2）进料系统　储存在煤仓的原料煤经电磁振动给料器、斗提机依次进入进煤系统，由螺旋给料器控制，气力输送到气化炉下部。

（3）供气系统　气化剂分三路经计量后由分布板、环形射流管、中心射流管进入气化炉。

（4）气化系统　粉煤在气化炉中与气化剂进行反应，生成 CO、H_2、CH_4、CO_2、H_2S 等气体。气化炉为一不等径的反应器，下部为反应区，上部为分离区。在反应区中，由分布板进入蒸汽和氧气，使煤粒流化。另一部分蒸汽和氧气经计量后由环形射流管、中心射流管进入气化炉，在气化炉中心形成局部高温区使灰团聚形成小球，生成的灰渣由灰斗定时排出系统，由机动车运往渣场。

原料煤在气化区内进行破黏、脱挥发分、气化、灰渣团聚、焦油裂解等过程，生成的煤气从气化炉顶部引出。气化炉上部直径较大，含灰的煤气上升流速降低，大部分灰及未反应完全的半焦回落至气化炉下部流化区内继续反应，只有少量灰及半焦随煤气带出气化炉进入下一工序。

（5）除尘系统　从气化炉上部导出的高温煤气进入两级旋风分离器，从第一级分离器分离出的热飞灰，由料阀控制，经料腿用水蒸气吹入气化炉下部进一步燃烧、气化，以提高碳转化率。从第二级分离器分离出的少量飞灰排出气化系统，这部分细灰含碳量较高（60%～70%），可作为锅炉燃料再利用。

（6）余热回收系统及煤气净化系统　通过旋风除尘的热煤气依次进入废热锅炉、蒸汽过热器和脱氧水预热器，最后进入洗涤冷却系统，所得煤气进入利用工段。

（7）操作控制系统　气化系统设有流量、压力和温度检测及调节控制系统，由小型集散系统集中到控制室进行操作。

ICC 气化炉煤气组成见表 3-7。

表 3-7 ICC 气化炉典型煤气组成

煤　种	煤气组成(体积分数)/%					碳转化率/%
	CO	H_2	CO_2	CH_4	N_2	
东山瘦煤	26.67	42.12	20.98	1.49	8.20	88.1
西山焦煤	28.36	31.88	18.38	1.70	19.68	89.7
王封贫瘦煤	11.32	13.07	13.08	0.68	61.85	85.48
焦煤洗中煤	11.49	14.36	12.33	0.86	60.94	78.05
神木烟煤	12.712	15.46	13.66	1.38	56.78	81.3
彬县烟煤	29.46	39.73	21.59	1.7	7.42	85.7

N_2 含量低的水煤气作为甲醇原料气，N_2 含量高的半水煤气可作为合成氨原料气。

第六节　湿法气流床加压气化制备甲醇原料气

湿法气流床气化是指煤或石油焦等固体碳氢化合物以水煤浆或水碳浆的形式与气化剂一起通过喷嘴，气化剂高速喷出与料浆并流混合雾化，在气化炉内进行火焰型非催化部分氧化反应的工艺过程。具有代表性的工艺首推德士古（Texaco）气化工艺。

德士古水煤浆气化是一个复杂的物理和化学反应过程，水煤浆和氧气喷入气化炉后瞬间经历水煤浆升温、水分蒸发、煤热解挥发、残碳气化和气体间的化学反应等过程，最终生成以 CO、H_2 为主要组分的粗煤气，灰渣采用液态排渣。水煤浆气化制甲醇合成原料气有如下特点。

① 可用于气化的原料范围比较宽，几乎从褐煤到无烟煤的大部分煤种都可采用 Texaco 进行气化。

② 水煤浆进料与干粉进料比较，具有安全并容易控制的特点。

③ 工艺技术成熟，流程简单，过程控制安全可靠，设备布置紧凑，运转率高。气化炉内结构设计简单，炉内没有传动装置，操作性能好，可靠程度高。

④ 操作弹性大，气化过程碳转化率比较高，一般可达 95%～99%，负荷调整范围为 50%～105%。

⑤ 粗煤气质量好，用途广。由于采用高纯氧气进行部分氧化反应，粗煤气中（CO＋H_2）可达 80%以上，除含少量 CH_4 外不含其它烃类、酚类和焦油等物质，粗煤气后续过程无须特殊处理，可采用传统的气体净化技术。产生的粗煤气可用于合成氨、甲醇、羰基化学品、醋酸、醋酐及其它相关化学品。

⑥ 可供选择的气化压力范围宽。气化压力可根据工艺需要进行选择，目前商业化装置的操作压力等级在 2.6～6.5MPa 之间，为工业规模化生产甲醇提供了条件，既节省了中间压缩工序，也降低了工耗。

⑦ 单台气化炉的气化强度选择范围大。根据气化压力等级及炉径的不同，气化炉气化强度一般在 400～1000t（干煤）/d 左右。

⑧ 气化过程污染少，环保性能好。高温高压气化产生的废水所含有害物质极少，少量废水经简单净化处理后可直接排放，排出的废渣既可用作水泥掺料或建筑材料的原料，也可深埋于地下，对环境没有其它污染。

⑨ 德士古（Texaco）水煤浆气化制备甲醇原料气与其它气化工艺相比是最经济的，是单醇工业规模化的重要方法。

1. 德士古气化炉

德士古气化炉是一种以水煤浆进料的加压气流床气化装置。该炉有两种不同的炉型，根据粗煤气采用的冷却方法不同，可分为淬冷型［图 3-16(a)］和全热回收型［图 3-16(b)］。

两种炉型下部合成气的冷却方式不同，但炉子上部气化段的气化工艺是相同的。德士古加压水煤浆气化过程是并流反应过程，合格的水煤浆原料同氧气从气化炉顶部进入，煤浆由喷嘴导入，在高速氧气的作用下雾化，氧气和雾化后的水煤浆在炉内受到高温衬里的辐射作用迅速进行着一系列的物理、化学变化：预热、水分蒸发、煤的干馏、挥发物的裂解燃烧以及碳的气化等。气化后的煤气中主要是一氧化碳、氢气、二氧化碳和水蒸气，气体夹带灰分并流而下，粗合成气在冷却后从炉子的底部排出。

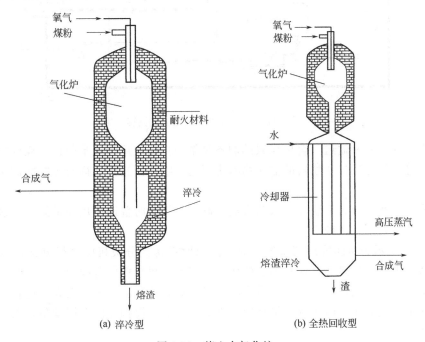

(a) 淬冷型　　　　　　　　　　(b) 全热回收型

图 3-16　德士古气化炉

在淬冷型气化炉中，粗合成气体经过淬冷管离开气化段底部，淬冷管底端浸没在一水池中。粗气体经过急冷到水的饱和温度，并将煤气中的灰渣分离下来，灰熔渣被淬冷后截留在水中，落入渣罐，经过排渣系统定时排放，之后冷却了的煤气经过侧壁上的出口离开气化炉的淬冷段。然后按照用途和所用原料，粗合成气在使用前进一步冷却或净化。

在全热回收型炉中，粗合成气离开气化段后在合成气冷却器中从 1400℃ 被冷却到 700℃，回收的热量用来生产高压蒸汽。熔渣向下流到冷却器被淬冷，经过排渣系统排出。合成气由淬冷段底部送入下一工序。

对于这两种工艺过程，目前大多数德士古气化炉采用淬冷型，优势在于它更廉价，可靠性更高，劣势是热效率较全热回收型低。

气化炉为一直立圆筒形钢制耐压容器，内壁衬以高质量的耐火材料，可以防止热渣和粗煤气的侵蚀。

2. 工艺流程

图 3-17 为德士古煤炭气化工艺的流程简图,基本部分包括煤浆的制备和输送、气化和废热回收、煤气的冷却和净化等。

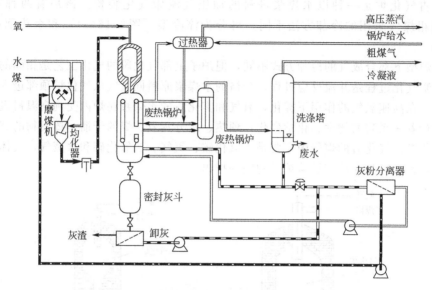

图 3-17 德士古煤炭气化工艺流程

(1) 煤浆的制备和输送 合格煤浆的制备是德士古法应用的基本前提。煤浆的浓度、黏度、稳定性等对气化过程和物料的输送均有重要的影响,而这些指标与煤的磨矿又有着密切的关系。

固体物料的磨矿分为干法和湿法两大类。制取水煤浆时普遍采用的是湿法,这种方法又分为封闭式和非封闭式两种系统。

如图 3-18 所示为封闭式湿磨系统。煤经过研磨后送到分级机中进行分选,过大的颗粒再返回到磨机中进一步研磨。这种方法的优点是得到的煤浆粒度范围较窄,对磨机无特殊要求,缺点是需要分级设备。为了达到适当的分级,煤浆的黏度就不能太大,这就意味着煤浆中的固体含量不能太大,而水分含量相应的就高,需要增设稠化的专用设备,以达到该法的煤浆浓度要求。

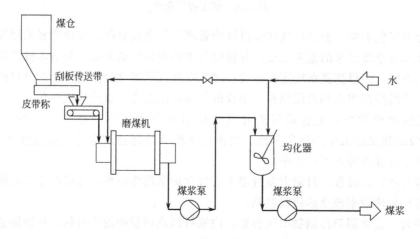

图 3-18 封闭式湿磨系统

另一种方法是非封闭式湿磨系统，如图 3-19 所示。

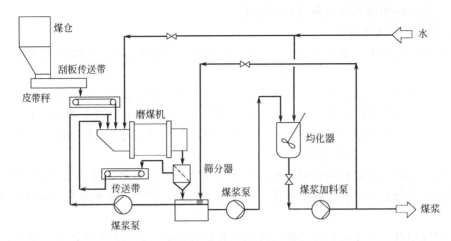

图 3-19　非封闭式湿磨系统

该法中，煤一次通过磨机，所制取的煤浆同时能够满足粒度和浓度的要求。煤在磨机中的停留时间相对长一些，这样可以保证较大的颗粒尽可能不太多。要达到合格的磨矿，选择适当的磨机就变得很重要，最合适的是用充填球或棒的滚筒磨机，妥善选择磨机长度、球径及球数，使得煤通过磨机时一次即能达到高浓度的煤浆，并具有所需要的粒度。

需要指出的是，不管是哪一种制浆工艺都是耗能大户。因此，为了减少磨矿功耗，磨矿前除特殊情况（如用粉煤或煤泥制浆）外，都必须经过破碎，预先破碎到粒度小于 30mm，然后经过皮带秤送入磨粉机。

磨矿好的煤浆首先要进入一均化罐，然后用泵送到气化炉。煤浆是否能够顺利进入气化炉，在泵功率确定的前提下，取决于煤浆的浓度和颗粒的粒度，这又集中体现在煤浆的黏度上，可采用加入添加剂的方法以降低黏度。

（2）气化　气化炉是气化过程的核心，而喷嘴又是气化炉的关键设备。合格的水煤浆在进入气化炉时首先要被喷嘴雾化，使煤粒均匀地分散在气化剂中，从而保证高的气化效率，良好的喷嘴设计可以保证煤浆和氧气的均匀混合。满足实际生产要求的喷嘴应该具有以较少的雾化剂和较少的能量达到较好雾化效果的能力，而且结构要简单，加工方便，使用寿命长等。

气化炉内进行的反应主要有：

$$C + O_2 \longrightarrow CO_2 \qquad \Delta H = -394.1 \text{kJ/mol}$$
$$C + H_2O \longrightarrow CO + H_2 \qquad \Delta H = 135.0 \text{kJ/mol}$$
$$C + CO_2 \longrightarrow 2CO \qquad \Delta H = 173.3 \text{kJ/mol}$$
$$C + 2H_2 \longrightarrow CH_4 \qquad \Delta H = -84.3 \text{kJ/mol}$$
$$CO + H_2O \longrightarrow H_2 + CO_2 \qquad \Delta H = -38.4 \text{kJ/mol}$$
$$CO + 3H_2 \longrightarrow CH_4 + H_2O \qquad \Delta H = -219.3 \text{kJ/mol}$$

还进行以下反应：

$$C_mH_n \Longrightarrow (m-1)C + CH_4 + 0.5(n-4)H_2$$
$$C_mH_n + (m+0.25n)O_2 \Longrightarrow mCO_2 + 0.5nH_2O$$

当煤浆进入气化炉被雾化后，部分煤燃烧而使气化炉温度很快达到 1300℃以上的高温，由于高温气化在很高的速度下进行，平均停留时间仅几秒钟，高级烃完全分解，甲烷的含量也很低，不会产生焦油类物质。由于温度在灰熔点以上，灰分熔融并呈微细熔滴被气流夹带出，离开气化炉的粗煤气可用各种方法处理。

3. 工艺条件和气化指标

影响德士古气化的主要工艺指标有水煤浆的浓度、粉煤粒度、氧煤比和气化炉操作压力等。

（1）水煤浆浓度　前已述及，水煤浆浓度是德士古气化方法的一个基本条件。所谓水煤浆的浓度是指煤浆中煤的质量分数，该浓度与煤炭的质量及制浆的技术密切相关。需要说明的是，水煤浆中的水分含量是指全水分，包括煤的内在水分。通常使用的煤也并不是完全干的，一般含有 5%～8% 甚至更多的水分在内。

水煤浆浓度对气化过程的影响基本表现在几个方面。一般地，随着水煤浆浓度的提高，煤气中的有效成分增加，气化效率提高，氧气的消耗量下降。一般要求使用高浓度水煤浆，浓度在 65%～70%。

（2）粉煤粒度　粉煤的粒度对碳的转化率有很大影响。较大的颗粒离开喷嘴后，在反应区的停留时间比小颗粒的停留时间短，而且，颗粒越大气固相的接触面积减小。这双重的影响结果是使大颗粒煤的转化率降低，导致灰渣中的含碳量增大，要求平均粒度约 $43\mu m$，最大粒度小于 $300\mu m$。

结合上面关于水煤浆浓度和煤粉粒度的讨论，就单纯的气化过程而言，似乎水煤浆的浓度越高、煤粉的粒度越小，越有利于气化。但实际生产过程中，不得不考虑煤浆的泵送和煤浆在气化炉中的雾化，而这两个生产环节又极大地受水煤浆黏度的限制。煤的粒度越小，煤浆浓度越大，则煤浆的黏度越大。为了便于使用，水煤浆应具有较好的流动性，黏度不能太大，以利于泵送和雾化。

德士古法的收益明显受到水煤浆浓度的影响。在工业规模的条件下，煤浆黏度是一限制因素，为使煤浆易于泵送和提高其浓度，工业上采用添加表面活性剂来降低其黏度。

表面活性剂是一种两亲分子，由疏水基和亲水基两部分组成。在水煤浆中，表面活性剂的亲水基伸入水中，而疏水端却被煤粒的表面吸引，对煤粒起到很好的分散作用。水煤浆的表面活性剂多选择芳烃类中与煤结构相近的物质，这样可以在煤的表面更好地吸附。

（3）氧煤比　氧煤比是德士古气化法的重要指标。在其它条件不变时，氧煤比决定了气化炉的操作温度，如图 3-20 所示。同时，氧煤比增大，碳的转化率也增大，如图 3-21 所示。

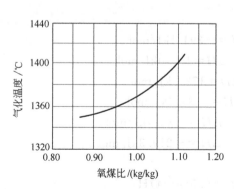

图 3-20　氧煤比与气化温度的关系
气化压力 2.45MPa；入炉煤量（干）
1.00～1.05t/h；煤浆浓度 60%
（质量分数）；铜川煤

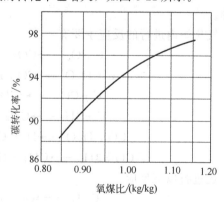

图 3-21　氧煤比与碳转化率的关系
气化压力 2.45MPa（表压）；气化温度 1380℃；
入炉煤量（干）1.00～1.05t/h；煤浆浓度
60%（质量分数）；铜川煤

　　虽然，氧气比例增大可以提高气化温度，有利于碳的转化，降低灰渣含碳量，但氧气过量会便二氧化碳的含量增加，从而造成煤气中的有效成分降低，气化效率下降。

　　（4）气化压力　德士古工艺的气化压力最高可达 8.0MPa，通常根据煤气的最终用途，经过经济核算，选择合适的气化压力。

　　提高气化压力，可以增加反应物的浓度，加快反应速度；同时由于煤粒在炉内的停留时间延长，碳的转化率提高，其结果是气化炉的气化强度提高，后续工段压缩煤气的动力消耗相应减少。

　　（5）煤种的影响　德士古气化的煤种范围较宽，一般情况下不适宜气化褐煤，由于褐煤的内在水分含量高，内孔表面积大，吸水能力强，在成浆时煤粒上吸附的水量多。因此，相同的浓度下自由流动的水相对减少，煤浆的黏度大，成浆困难。

　　灰分含量是影响气化的一个重要因素。德士古法是在煤的灰熔点以上的温度操作，炉内灰分的熔融所需要的热量需燃烧部分煤来提供，因而煤灰分含量增大，氧消耗量会增大，同理煤的消耗量亦增大，如图 3-22 和图 3-23 所示。

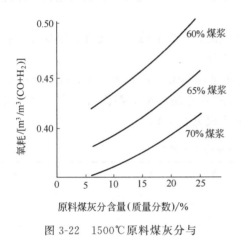

图 3-22　1500℃原料煤灰分与
氧耗的关系

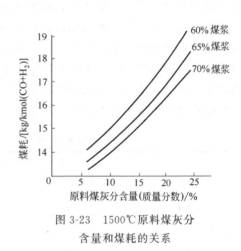

图 3-23　1500℃原料煤灰分
含量和煤耗的关系

　　在选择煤种时，应选择活性好、灰熔点低（小于 1300℃）的煤，对于灰分含量，一般应低于 10%～15%，灰分含量高，可通过洗选降灰。

思　考　题

1. 甲醇原料气有何要求？
2. 合成甲醇的原料气中对二氧化碳有何要求？
3. 有哪几种气化工艺适宜制造甲醇原料气？
4. 采用德士古气化工艺制备甲醇原料气有何特点？
5. 为何要采用间歇法气化制备甲醇原料气？
6. 简述间歇制备水煤气的工作循环。
7. 为什么不能采用加压气化制备甲醇原料气？加压气化有何特点？

第四章 非煤燃料制备甲醇合成气

中国能源结构是富煤贫油、气，由煤气化制取甲醇合成气是我国目前乃至将来的主要发展方向。值得说明的是，由天然气、重油等非煤燃料制备甲醇合成气进而合成甲醇在我国仍占有一定的比例，所以有必要详细介绍。

天然气是一种由碳氢化合物、硫化氢、氮气和二氧化碳等组成的混合气体，是由地下井直接开采出来的可燃气体。依据产地的不同，其组分亦有所不同。天然气可分为气田煤气和油田煤气两种。

气田煤气的主要成分是甲烷，含量可达 80%～98%（体积分数），此外还有少量的乙烷、丙烷等，硫化氢、氮气和二氧化碳等不可燃气体很少。因甲烷及其它碳氢化合物在燃烧时能分解析出炭粒，故火焰明亮，辐射能力强。

油田煤气主要出产于油田附近，它是与石油伴生的，所以它除了主要含有甲烷外，还含有烷族重碳氢化合物，这是与气田煤气的主要不同之处。

重油是石油蒸馏 350℃ 以上所得的馏分，若将重油继续减压蒸馏到 520℃ 以上所得馏分称为渣油。重油、渣油以及各种石油深度加工所得的残渣油习惯上都称为重油，它是以烷烃、环烷烃及芳烃为主的混合物。一些重油的元素组成见表 4-1。

表 4-1 我国部分原油及重油的元素组成

油 种	C_{ar}	H_{ar}	O_{ar}	N_{ar}	S_{ar}	A_{ar}	M_{ar}
大庆原油	86.04	12.14	0.54	0.20	0.15	0.03	0.7
大庆重油	86.47	12.47	0.29	0.28	0.21	0.08	0.2
胜利原油	85.31	12.36	1.26	0.24	0.90	0.03	1.4
胜利重油	85.97	11.97	0.62	0.34	1.06	0.04	1.3

石脑油是石油蒸馏 220℃ 以下所得的馏分，也称为轻油，其性质见表 4-2。其中沸点在 130℃ 以下的为轻质石脑油，在 130℃ 以上的为重质石脑油。甲醇生产所需要的原料一般终馏点低于 140℃，其中石蜡含量高于 80%，芳烃含量低于 5%，最高不能超过 13%。

表 4-2 石脑油的性质

项 目	A	B	C	D
密度/(kg/m³)	676.5	673.5	689.8	730.0
硫含量(质量分数)/%	0.026	0.018	0.02	0.05
石蜡烃(体积分数)/%	89.4	90.7	82.0	31.0
环烷烃(体积分数)/%	8.4	7.5	13.7	54.3
芳香烃(体积分数)/%	2.1	1.7	4.2	14.7
烯烃(体积分数)/%	0.1	0.1	0.1	—
初馏点/℃	38.6	42.0	37.5	60.0
终馏点/℃	132.0	114.5	114.0	180.0
平均分子式	$C_5H_{13.2}$	C_6H_{13}	$C_{6.5}H_{13.5}$	C_9H_{19}

第一节 烃类蒸气重整法

我们把天然气、焦炉煤气、炼厂尾气以及石脑油加热转化成的气体统称烃类气体，因为它们都含有较高的甲烷组分。它们作为原料制备甲醇合成气的原理相同，都需将甲烷等烃类气体与水蒸气反应生成一氧化碳、二氧化碳和氢气，即烃类蒸气重整法。

一、烃类蒸气重整反应

气态烃中含有大量甲烷，因此气态烃的蒸气重整可用甲烷的蒸气重整代表。甲烷蒸气重整主要包括甲烷蒸气转化反应和一氧化碳的变换反应。

主反应：
$$CH_4 + H_2O \longrightarrow CO + 3H_2 \qquad \Delta H = 206 kJ/mol \qquad (4-1)$$
$$CH_4 + 2H_2O \longrightarrow CO_2 + 4H_2 \qquad (4-2)$$
$$CH_4 + CO_2 \longrightarrow 2CO + 2H_2 \qquad (4-3)$$
$$CH_4 + 2CO_2 \longrightarrow 3CO + H_2 + H_2O \qquad (4-4)$$
$$CH_4 + 3CO_2 \longrightarrow 4CO + 2H_2O \qquad (4-5)$$
$$CO + H_2O \longrightarrow CO_2 + H_2 \qquad \Delta H = -41 kJ/mol \qquad (4-6)$$

副反应：
$$CH_4 \longrightarrow C + 2H_2 \qquad \Delta H = 74.82 kJ/mol \qquad (4-7)$$
$$2CO \longrightarrow CO_2 + C \qquad (4-8)$$
$$CO + H_2 \longrightarrow C + 2H_2O \qquad (4-9)$$

在上述九个反应同时存在的复杂系统达到平衡时，应根据独立反应的概念来决定平衡组成。一般独立反应数等于反应系统中所有的物质数减去形成这些物质的元素数。上述九个反应共有六种物质（CH_4、H_2O、CO_2、CO、H_2、C），由三种元素（C、H、O）构成，故独立反应数为三个。若选择式(4-1)、式(4-6) 和式(4-7) 为独立反应，则其它六个反应就可导出。没有炭黑时，只选择式(4-1)、式(4-6) 两个独立反应即可。

主反应是我们所希望的，而副反应既消耗原料，析出的炭黑又沉积在催化剂表面，使催化剂失活和破裂，所以要尽量抑制副反应的生成。

（1）甲烷蒸气转化反应　独立反应式(4-1) 即为甲烷蒸汽转化反应，该反应是可逆、体积增大、吸热反应，根据平衡移动原理，增大反应物浓度、降低压力、提高温度都能使反应向右进行，提高甲烷的转化率，以便获得尽可能多的氢和一氧化碳。

（2）一氧化碳变换反应　独立反应式(4-6) 即为一氧化碳变换反应，该反应是可逆、体积不变、放热反应，根据平衡移动原理，增大反应物浓度、降低温度都能使反应向右进行，提高一氧化碳的转化率。

二、烃类蒸气重整反应的化学平衡

1. 化学平衡常数

在一定的温度、压力条件下，当反应达到平衡时，反应式(4-1) 的平衡常数 K_{p1} 和反应式(4-6) 的平衡常数 K_{p2} 分别为：

$$K_{p1} = \frac{p_{CO} \times p_{H_2}^3}{p_{CH_4} \times p_{H_2O}} \qquad (4-10)$$

$$K_{p2} = \frac{p_{CO_2} \times p_{H_2}}{p_{CO} \times p_{H_2O}} \qquad (4-11)$$

式中，p_{CO}、p_{H_2}、p_{CH_4}、p_{CO_2}、p_{H_2O} 分别为一氧化碳、氢气、甲烷、二氧化碳和水蒸气的平衡分压。

在压力不太高的条件下，化学平衡常数是温度的单值函数，平衡常数 K_{p1} 和 K_{p2} 随温度的变化见表 4-3。

表 4-3　甲烷蒸汽转化和一氧化碳变换反应的平衡常数

温度/℃	K_{p1}	K_{p2}	温度/℃	K_{p1}	K_{p2}
250	8.397×10^{-10}	86.51	650	2.686	1.923
300	6.378×10^{-8}	39.22	700	12.14	1.519
350	2.483×10^{-6}	20.34	750	47.53	1.228
400	5.732×10^{-5}	11.70	800	1.644×10^{2}	1.015
450	8.714×10^{-4}	7.311	850	5.101×10^{2}	0.855
500	9.442×10^{-3}	4.878	900	1.440×10^{3}	0.733
550	7.741×10^{-2}	3.434	950	3.736×10^{3}	0.637
600	5.029×10^{-1}	2.527	1000	8.990×10^{3}	0.561

由表中数据可知，甲烷蒸气转化反应的平衡常数 K_{p1} 随着温度的升高而急剧增大，即温度越高，平衡时一氧化碳和氢气的含量越高，甲烷的残余量越少。而一氧化碳变换反应的平衡常数 K_{p2} 随着温度的升高而减小，即温度越高，平衡时一氧化碳的转化率越小，甚至使变换反应几乎无法进行。因此，甲烷的蒸气转化反应和一氧化碳的变换反应不能在同一工序中同时完成。一般先在转化炉中使甲烷在较高的温度下完全转化生成一氧化碳和氢气，然后在变换炉中使一氧化碳在较低的温度下变换为二氧化碳。

2. 平衡组分

根据反应气体的原始组成、温度和压力，由平衡常数 K_{p1} 和平衡常数 K_{p2} 即可求出转化气的平衡组成。但是上述计算过程相当复杂，在实际应用中，一般是将计算结果绘制成图，然后利用图解计算。

甲烷在不同水碳比（水蒸气与甲烷物质的量之比）、温度和压力条件下，转化气的平衡组成如图 4-1 所示。利用该图可以求出不同条件下甲烷转化气的平衡组成，反之，也可根据转化气的平衡组成求出相应的反应条件。

3. 影响甲烷转化反应平衡的因素

影响甲烷转化的因素主要有水碳比、温度和压力等。

(1) 水碳比　增加蒸气用量，相当于提高反应物的浓度，有利于反应式 (4-1) 向右移动，因此水碳比越高，甲烷转化率越高，甲烷平衡含量越低。由图 4-1 可见，2.0MPa、800℃和水碳比为 2 时，甲烷平衡含量约 12%；水碳比提高到 4，甲烷平衡含量降到 4%；若水碳比再提高到 6，则甲烷平衡含量仅剩 2%。工业上若要提高压力而又不提高重整温度，一般都采取提高水碳比的办法来降低残余甲烷含量，另外，提高水碳比对析碳反应也有抑制作用。当然水碳比也不能过大，因为水碳比太大不仅影响生产能力，而且经济上也不合理。

(2) 温度　甲烷蒸气转化是吸热的可逆反应，温度提高，甲烷平衡含量下降，反应温度每降低 10℃，甲烷平衡含量约增加 1.0%～1.2%。例如在 3.0MPa、水碳比为 3、温度由 850℃降到 750℃时，甲烷平衡含量大约由 7% 增加到 18%。但由于受到反应管材质的限制，实际操作中不允许承受太高的温度，提高水碳比可满足重整气中残余甲烷含量低的

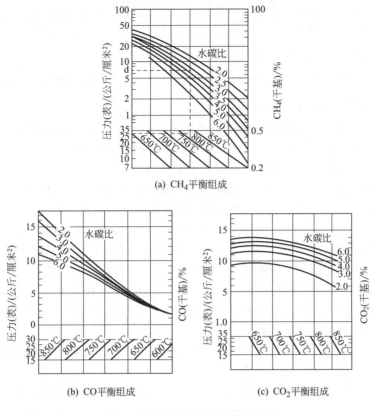

(a) CH₄平衡组成

(b) CO平衡组成　　　(c) CO₂平衡组成

图 4-1　甲烷转化气的平衡组成

要求。

（3）压力　甲烷蒸气转化是体积增大的可逆反应，增加压力，甲烷平衡含量随之增加，但在烃类蒸气重整方法的发展过程中，压力都在逐步提高，主要原因是加压比常压重整经济效果好。

三、甲烷蒸气转化的分段操作

甲醇合成气要求甲烷含量在 0.5% 以下，甲烷蒸气转化在合适的水碳比和压力条件下，其反应温度需在 1000℃ 以上。但由于材质的限制，目前耐热合金钢管只能在 800~900℃ 下工作，因此工业上普遍采用两段转化法。首先在外加热式的一段转化炉内进行甲烷蒸气转化反应，温度控制在 780~820℃，转化气中甲烷的含量降到 9%~11%。然后一段转化气进入由钢板制成的、内衬耐火砖的二段转化炉内，通入适量氧气，进行部分氧化反应，放出的热量将气体加热到 1200~1300℃，使甲烷进一步转化。

二段转化炉内氧气的加入量应满足出口转化气的氢碳比 $M=2.0~2.05$ 的要求。

二段转化炉氧气的加入量和一段炉出口气中甲烷的含量直接影响二段炉温度。当氧气量加大时，二段燃烧放出的热量就多，炉温就高；而当一段炉出口气中甲烷含量高，在二段炉内甲烷转化吸收的热量就多，炉温就低。为了保证二段出口转化气中甲烷含量在 0.5% 以下、氢碳比 $M=2.0~2.05$，一段炉出口气中甲烷的含量必须控制在 11% 以下，氧气的加入量需满足能维持二段炉的自热平衡。

一般情况下，一段、二段转化气中残余的甲烷含量分别按 10%、0.5% 设计，典型的二段转化炉的进出口气体组成见表 4-4。

表 4-4　二段转化炉进出口气体组成

组　成	$\phi(H_2)/\%$	$\phi(CO)/\%$	$\phi(CO_2)/\%$	$\phi(CH_4)/\%$	$\phi(N_2)/\%$	$\phi(Ar)/\%$	合计
进口	69.0	10.12	10.33	9.68	0.87	—	100
出口	70.7	16.9	10.1	1.0	1.0	0.3	100

四、甲烷转化过程的析炭和除炭

在工业生产中要特别注意重整过程生成炭黑，因为炭黑会覆盖在催化剂表面，堵塞微孔，使甲烷转化率下降而使出口气中残余甲烷增多，同时局部反应区产生过热而缩短反应管的使用寿命，甚至还会使催化剂粉碎而增大床层阻力。

高温下各种烃类都是不稳定的，温度越高，越容易析炭，同一烷烃中，碳原子数越多，越容易发生析炭反应，因此，烃类中以甲烷裂解和析炭反应最难。但如果烃类蒸气重整过程能发生甲烷的析炭反应式(4-7)，则其它碳数多的烃类裂解析炭就更有可能。

随着温度的提高，反应式(4-7)裂解析炭的可能性增加，而按反应式(4-8)和式(4-9)析炭的可能性减少。随着压力的提高，反应式(4-7)裂解析炭的可能性减小，而按反应式(4-8)和式(4-9)析炭的可能性增加。析炭反应可通过调节水碳比和选择适当的温度、压力来控制，有炭析出时的水碳比为理论最小水碳比或热力学最小水碳比。甲烷转化过程中防止析炭和除炭的措施有以下几个方面。

① 应使转化过程不在热力学析炭的条件下进行，即需把水蒸气用量提高到大于理论最小水碳比，这是保证不会析炭的前提。

② 选用适宜的催化剂并保持活性良好，以避免进入动力学可能析炭区。对于含有易析炭组分烯烃的炼厂气以及石脑油的蒸气重整，要求催化剂应具有更高的抗析炭能力。

③ 选择适宜的操作条件。如含烃原料的预热温度不要太高，当催化剂活性下降或出现中毒迹象时，可适当加大水碳比或减少原料烃的流量等。当析炭较轻时，可采取降压、减量、提高水碳比的方法将其除去。当析炭较重时，可采用蒸汽除炭，化学反应如下：

$$C + H_2O \longrightarrow CO + H_2 \tag{4-12}$$

操作时首先停止送入原料烃，继续通入水蒸气，温度控制在 $750 \sim 800℃$，经过 $12 \sim 24h$ 即可将炭除去。但用蒸汽除炭后，被氧化的催化剂须重新还原，也可采用空气或空气与水蒸气的混合物除炭。

高活性、强度好、抗析炭是烃类蒸汽重整催化剂必须具备的基本条件，镍是最有效的催化剂，要求把镍制备成细小分散的晶粒，并把它分散在耐热载体上。

镍催化剂中的酸性载体对析炭有利，若改用碱性载体或加碱中和，就可达到不析炭的目的，其方法是用 K_2O 作助催化剂或用 MgO 作载体。

五、烃类蒸气重整过程中的脱硫

硫是镍催化剂最重要的毒物，原料中的各种硫化物在蒸气重整条件下都能按以下反应式生成 H_2S：

$$CS_2 + 2H_2O(g) = CO_2 + 2H_2S \tag{4-13}$$

$$COS + H_2O(g) = CO_2 + H_2S \tag{4-14}$$

硫的毒性作用是由于硫和催化剂中暴露的 Ni 原子发生了化学吸附而破坏了 Ni 晶体表面的活性中心的催化作用，原料气中的硫含量即使是 10^{-6} 级，就能引起镍催化剂中毒。通常要求原料气中总硫含量在 0.5×10^{-6} 以下，这就要求在蒸汽重整之前，烃类原料都须严格脱硫。

六、石脑油的蒸气重整

与低碳烃的天然气相比，石脑油是高碳烃的混合物，碳氢比高，一般含有烷烃、环烷烃、芳烃和少量烯烃。石脑油需先气化，以气态烃与蒸气在镍催化剂上进行重整反应，石脑油中硫含量一般比较多，在重整前须经严格脱硫。石脑油的析炭也更易发生，必须采用抗析炭的催化剂。

石脑油中烷烃的热裂解和催化裂解同时进行，在低于650℃时发生催化裂解，生成甲烷和不饱和烃；高于650℃时发生热裂解，生成低级饱和烃与不饱和烃。然后甲烷、低碳烃与水蒸气反应生成 H_2、CO 和 CO_2；芳烃则直接催化裂解成 H_2、CO 和 CO_2。

最终产物的平衡组成是由 CO 的交换所决定的，石脑油蒸气重整反应的总反应式：

$$C_n H_m + n H_2 O \Longrightarrow nCO + (n+m/2) H_2 \tag{4-15}$$

$$CO + H_2 O \Longrightarrow CO_2 + H_2 \tag{4-16}$$

七、天然气蒸气重整的工艺流程

天然气蒸气重整的工艺流程如图 4-2 所示。天然气脱硫后，总硫含量小于 0.5×10^{-6}，随后在压力为 3.6MPa、温度为 380℃左右的条件下配入中压蒸汽达到一定的水碳比（约为3.5），进入对流段加热到 500～520℃，然后送到辐射段顶部，分别进入各反应管，气体自上而下流经催化剂，边吸热边反应，离开反应管底部的转化温度为 800～820℃，压力为3.1MPa，甲烷含量约为9.5%，汇合于集气管，再沿着集气管中间的上升管上升，继续吸收热量，使温度升到850～860℃，经输气总管送往二段转化炉。

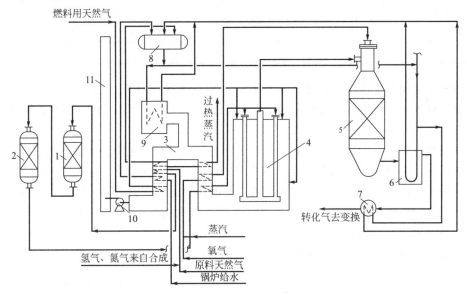

图 4-2　天然气蒸汽转化工艺流程

1—钴钼加氢反应器；2—氧化锌脱硫罐；3—对流段；4—辐射段；5—二段转化炉；6—第一废热锅炉；7—第二废热锅炉；8—汽包；9—辅助锅炉；10—排风机；11—烟囱

氧气经压缩机加压到 3.3～3.5MPa，也配入少量水蒸气，然后进入对流段的氧气加热盘管预热到450℃左右，进入二段炉顶部与一段转化气汇合，在顶部燃烧区燃烧、放热，温度升到1200℃左右，在通过催化剂床层时继续反应并吸收热量，离开二段转化炉的气体温度约为1000℃，压力 3.0MPa，残余甲烷含量在 0.3%左右。

二段转化气送入两台并联的第一废热锅炉，然后进入第二废热锅炉，这三台锅炉都产生高压蒸汽。从第二废热锅炉出来的合成气温度约 370℃，送往 CO 变换工序。

作为燃料的天然气从辐射段顶部烧嘴喷入并燃烧，烟道气自上而下流动，离开辐射段的烟道气温度在 1000℃ 以上。进入对流段后，依次流过混合气、氧气、蒸汽、原料天然气、锅炉水和燃料天然气各个盘管，温度降到 250℃，用排风机排往大气。

为了平衡全厂蒸汽用量而设置一台辅助锅炉，辅助锅炉和废热锅炉共用一个汽包，产生高压蒸汽。

第二节 重油部分氧化法

重油部分氧化法是指重质烃类和氧气进行部分燃烧反应，反应放出的热量使部分烃类发生热裂解，裂解产物进一步发生氧化、重整反应，最终得到以 H_2、CO 为主，含有少量 CO_2 和 CH_4（CH_4 通常在 0.5％ 以下）的合成气。由于原料重油中碳氢比高（表 4-5），合成气中一氧化碳与二氧化碳含量过量，需将部分合成气经过变换，使一氧化碳与水蒸气作用生成氢气与二氧化碳，然后脱除二氧化碳，最终达到合成甲醇原料气的组成要求。表 4-5 给出几种原料的组成特征。

表 4-5 非煤原料的组成特征

原料性质	天然气	石脑油	重油	减压渣油
C/H 比（质量）	3.08	5.26	7.49	8.87
H/C 比（原子数）	3.87	2.27	1.59	1.34
硫含量 S_{ar}/％	—	0.03	3.50	4.50
灰分 A_{ar}/％	—	—	0.07	0.05

重油气化的化学反应与烃类蒸气重整有许多相似之处。反应式(4-1)～式(4-9) 在重油气化中也同样发生，其中式(4-1) 和式(4-6) 也是重油气化的主要反应，但因炭黑造成的危害更加突出，须重视析炭反应式(4-7)～式(4-9)。

重油气化与烃类蒸气重整的不同之处在于，它是在没有催化剂的条件下的气、液、固三相的复杂反应，并且一开始就有氧气参加反应。在重油气化过程中，自喷嘴喷出的氧-蒸汽-重油混合物首先发生急剧燃烧，放出大量的热，使物系温度迅速升高，同时，雾化的油滴瞬间气化并发生裂解和重整反应生成甲烷和游离碳，其次将燃烧产物 CO_2、$H_2O(g)$、CH_4、游离碳在高温下进行转化反应。

因原始物系有氧存在，故除进行反应式(4-1)～式(4-9) 外，还进行下列反应：

$$C_m H_n S_r + \left(m+\frac{n}{4}-\frac{r}{2}\right)O_2 \longrightarrow (m-r)CO_2 + \frac{n}{2}H_2O + rCOS \tag{4-17}$$

$$C_m H_n S_r + \frac{m}{2}O_2 \longrightarrow \left(\frac{n}{2}-r\right)H_2 + mCO + rH_2S \tag{4-18}$$

$$C+O_2 \longrightarrow CO_2 \tag{4-19}$$

$$CO+1/2O_2 \longrightarrow CO_2 \tag{4-20}$$

$$H_2+1/2O_2 \longrightarrow H_2O \tag{4-21}$$

$$CH_4+2O_2 \longrightarrow 2H_2O+CO_2 \tag{4-22}$$

与烃类蒸气重整法相比，重油部分氧化法的优点是：过程是非催化的，因而含硫与其它催化毒物的原料可直接转化为 CO 和 H_2；反应条件足以使甲烷不从系统里泄漏出去；反应器壁是耐火材料或水冷式的，简化了对材质在冶炼上的要求，尤其对加压操作更是如此；装置可小型化。缺点是：需要高纯氧；产品气的热回收费用昂贵；要制得所需纯度的合成气的总投资高。

思 考 题

1. 甲醇合成气的生产方法有哪些？
2. 防止析炭的措施有哪些？
3. 简述烃类蒸气重整的原理。
4. 重油部分氧化法制备甲醇原料气的原理是什么？
5. 比较煤气化制备甲醇原料气与焦炉煤气制备甲醇原料气有何不同，为什么？

第五章　气化煤气的除灰和除焦油

无论采用何种气化工艺生产的粗煤气，都含有各种杂质。煤气杂质含量和杂质组分因气化工艺以及气化条件的不同而有所区别，但主要是矿尘、各种硫的化合物、煤焦油等。矿尘、煤焦油杂质会堵塞管道、反应床层及设备，从而造成系统阻力增大，甚至使整个生产无法进行；各种硫的化合物不仅腐蚀设备，而且会使合成甲醇催化剂中毒，所以在应用前必须净化处理。煤气的净化包括固体颗粒的清除和气体杂质的净化，一般分为预净化和净化两个阶段。除灰、除焦油、除油气等脱硫前的工序为甲醇原料气的预净化阶段；脱硫、CO 的变换、脱碳（CO_2 的脱除）等工序为甲醇原料气的净化阶段。

第一节　气化煤气除灰和除焦油的方法

一、气流床煤气的除灰

由于气流床气化操作温度高，干法气化（像 K-T 法）其气化温度为 1500～1600℃，湿法气化（像 Texaco 法）其气化温度为 1300～1600℃，所以粗煤气中不含煤焦油、油类等物质，但由于其气化强度大，粗煤气中的固体颗粒含量高。出口煤气首先直接用水急冷，以使其夹带的大部分熔渣微滴固化而脱除在水中，然后煤气通过废热锅炉产生蒸汽，同时进一步降低煤气温度，煤气再经两级文氏洗涤器洗涤净化冷却，温度降至 35℃左右，此时煤气中的绝大部分灰尘被清除，最后煤气进入静电除尘器继续脱除少量灰尘。

二、移动床、流化床煤气的除灰、除焦油

由于移动床、流化床气化操作温度相对（与气流床比较）较低，粗煤气中不仅含有固体颗粒，而且含有煤焦油、油类等物质，其净化工艺如图 5-1 所示。出口煤气首先通过急冷器，用氨水直接喷淋冷却，冷却出的焦油与氨水流入焦油氨水澄清槽，静置分离后上部氨水溢流循环使用，焦油底部的焦油渣由增稠器或刮板机排出，焦油装罐成为焦油产品。急冷后

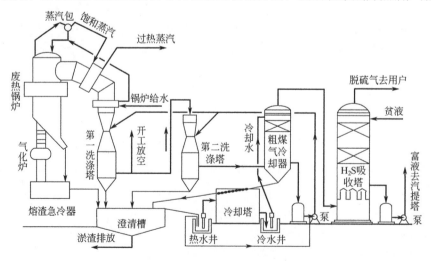

图 5-1　K-T 法除尘净化的工艺流程

的煤气通过废热锅炉进一步冷却、除灰，然后煤气进入两级气体间冷器用水间接终冷，进一步脱除煤气中的煤焦油、油类和水，煤气中剩余的气态轻质油类通过洗涤塔用洗油或轻柴油进行逆流洗涤。此时煤气中的绝大部分灰尘、煤焦油、油类被清除，最后煤气进入静电除尘器继续脱除少量灰尘和煤焦油。

第二节　煤气的静电除灰和除焦油

一、电除尘器的工作原理

电除尘器是利用电力收尘装置，它的除尘过程可分为四个阶段——气体电离、粉尘获得离子而带电、荷电粉尘向电极移动、清除电极上的粉尘。

1. 气体电离

在电除尘中，采用电晕放电的方法使粉尘或焦油气体带电。电晕放电有正电晕和负电晕，负电晕稳定，电晕电流大，电场强度高，因此一般工业电除尘采用负电晕。

负电晕发生的原理是将直流高压电加在线电极和圆筒（板）电极间，使线电极侧为"一"，圆筒（板）电极侧为"＋"。线电极也叫电晕电极或放电电极，圆筒（板）电极为沉淀电极或收尘电极。提高电压则电极间形成了电场强度，线电极附近的电场极强，越到圆筒（板）电极侧电场越弱。

当煤气通过时，由于负电晕的放电，电场中的电子与气体分子发生碰撞，气体分子失去自己的电子而变成正离子，这就是气体的电离现象。因电离产生的正离子（煤气）向电晕极（线电极）前进，与电晕极碰撞得到电子又变成中性分子，中性分子与电子继续碰撞再发生电离，循环往复并继续向上运动直到出口。

2. 粉尘荷电

由于电场强度大，电场中的电子从电晕极向沉淀电极移动，与粉尘和焦油微滴相遇时电子被粉尘和焦油微滴吸附而使其荷负电，当然也有极少量的粉尘和焦油微滴吸附气体阳离子而使其荷正电。

3. 荷电粉尘向电极移动

粉尘和焦油微滴荷电后，在电场的作用下，各自按其所带电荷的极性不同，向极性相反的电极运动并沉积在上面。荷负电的粉尘和焦油微滴在电场的作用下移向沉淀电极，在电极上放电，使粉尘和焦油微滴成为中性并聚集在沉淀电极上。只有极少量带正电荷的粉尘和焦油微滴沉积在放电电极上。

4. 收尘

由于煤焦油良好的流动性以及粉尘和煤焦油的自身重力作用，聚集在沉淀电极上的粉尘和煤焦油连续不断向下流动经排污口排出。若沉淀电极上的粉尘和煤焦油流动性差，说明粉尘较多，此时则需由连续冲洗装置清除。电晕极上少量的粉尘和煤焦油由间断冲洗装置定期冲洗清除。

二、电除尘器

典型湿式管形电除尘器如图 5-2 所示，内有

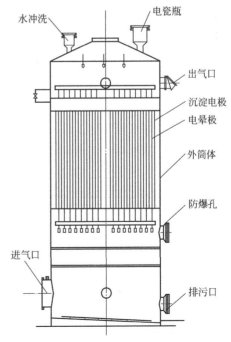

图 5-2　电除（焦）尘设备结构

104 根 ϕ325mm×8mm 的钢管（俗称阳极管），每根管中心悬挂一根 ϕ3mm 金属导线（称为阴极线），组成气体净化场。所有阴极线与高压直流电的负极相连接组成电晕电极，阳极管接正极称为沉淀电极。将高压直流电加入除尘器内两个电极之上后，在电晕极和沉淀电极之间形成一个强大的电场，当含有粉尘和煤焦油的煤气通过这个电场时，煤气中的粉尘和煤焦油便带上电荷。由于不均匀电场面的缘故，大部分粉尘和煤焦油都移向沉淀电极管壁，与电极上的异性电荷中和，水沿沉淀电极管壁将粉尘和煤焦油冲去，使煤气得以净化。电晕极线上的粉尘由间断冲洗装置定期冲洗清除。

电除尘器的主要特点是除尘效率高，一般在 95%～99%，最高可达 99.9%，能除去 0.01～100μm 的粉尘以及 1～7μm 的煤焦油；设备生产能力大，适应性强；流体阻力小；操作连续、稳定。

思 考 题

1. 气化煤气为什么要除灰和焦油？它对甲醇原料气有何影响？
2. 电除尘的原理是什么？

第六章　气化煤气的脱硫

脱硫是甲醇合成原料气净化的重要环节，其目的是运用不同的方法清洗煤气中的灰尘和焦油，除去煤气中的各种硫化物。因为煤气中的硫化物对甲醇合成十分有害，它们抑制甲醇合成催化剂的活性，并使催化剂中毒。甲醇合成对煤气中的硫含量要求特别严，经脱硫后各种硫化物的总含量<$0.1×10^{-6}$。水煤气中的硫化物主要为硫化氢，约占总硫含量的90%以上，其次为有机硫约10%，主要为羰基硫和少量二硫化碳。水煤气需分阶段、分步骤进行脱硫，因为任何一种脱硫方法都不可能达到上述要求。水煤气需先经湿法脱硫（粗脱硫）脱除煤气中的大部分 H_2S，接着进入变换工序，在此将煤气中的大部分 COS 转化为 H_2S，并进行二次湿法脱硫，然后进入脱碳工序，在此吸收一部分 COS 和 H_2S，最后经过干法脱硫即精脱硫工序把关将煤气中的硫含量控制在<$0.1×10^{-6}$。所以，脱硫贯穿甲醇生产的整个工艺过程，是甲醇生产的关键。

第一节　煤气的脱硫方法分类

煤气脱硫按脱硫剂的状态可分为干法和湿法两大类。

干法主要有活性炭法、氧化铁法、氧化锌法、氧化锰法、分子筛法、加氢转化法、水解转化法和离子交换树脂法。

干法脱硫工艺简单、技术成熟可靠，具有脱硫效率高、操作简便、设备简单、维修方便、脱硫程度高等特点。除氢氧化铁法外，干法脱硫均能同时脱除硫化氢和有机硫。但干法脱硫存在反应速度缓慢、设备体积庞大、操作不连续、劳动强度大、使用前后期硫效率和阻力变化较大、较难回收硫黄、脱硫剂再生困难、不宜于含硫较高的煤气等缺点。在气体中含硫量高而净化要求又较高的情况下，不能单独使用，一般与湿法脱硫相配合，作为二级脱硫使用。

湿法脱硫可分为化学吸收法、物理吸收法和物理-化学吸收法，化学吸收法又分为中和法和湿式氧化法。

湿式氧化法是利用含有催化剂的碱溶液吸收硫化氢的，其再生时则是利用催化剂使空气中的氧将硫化氢氧化成单质硫。氧化法有砷碱法、改良砷碱法、ADA 法、改良 ADA 法、萘醌法、氨水催化法、EDTA 法、栲胶法等。

化学吸收法是以碱溶液吸收原料气中的硫化氢。再生时，使吸收液温度升高或压力降低，经化学吸收生成的化合物即会分解，放出硫化氢从而使吸收剂复原。主要有乙醇胺法、改良热钾碱法、碳酸钠法、氨水中和法等。

物理吸收法是利用有机溶剂为吸收剂进行脱硫，完全是物理过程。吸收硫化氢后的溶液当压力降低时，即放出硫化氢而使吸收剂复原，如低温甲醇法等。此外，也可以固体作吸收剂，如分子筛、活性炭和氧化铁箱来脱除气体中的硫。

环丁砜法是后面发展起来的一种物理-化学吸收法，它用环丁砜和烷基醇胺的混合物作吸收剂，烷基醇胺对硫化氢进行的是化学吸收，而环丁砜对硫化氢进行的是物理吸收。

第二节 煤气的湿法脱硫

一、湿式氧化法

湿式氧化法是将气体中的硫化氢吸收至溶液中，以催化剂作为载氧体使其氧化成单质硫，从而达到脱硫的目的。其化学反应可用下式表示：

$$H_2S + \frac{1}{2}O_2 \longrightarrow H_2O + S \tag{6-1}$$

硫化氢为酸性气体，吸收剂必须为碱性物质，一般常用碳酸钠、氨水等。根据所选载氧体的不同，常见的湿式氧化法有：改良 ADA 法、萘醌法、氨水催化法、改良砷碱法、络合铁法、栲胶法等。

以下主要介绍改良 ADA 法（亦称蒽醌二磺酸钠法）。

（1）基本原理 该法最初是在稀碱液中添加 2,6-蒽醌二磺酸钠和 2,7-蒽醌二磺酸钠作载氧体，但反应时间较长，所需反应设备大，硫容量低，副反应大，应用范围受到很大限制。后来，在溶液中添加 0.12%～0.28% 的偏钒钠（$NaVO_3$）作催化剂及适量酒石酸钾钠（$NaKC_4H_4O_8$）作络合剂取得了良好效果，该法开始得到广泛应用，因此又称为改良 ADA 法。该脱硫法的反应机理可分为四个阶段。

第一阶段，在 pH=8.5～9.2 范围内，在脱硫塔内稀碱液吸收硫化氢生成硫氢化物。

$$Na_2CO_3 + H_2S \longrightarrow NaHCO_3 + NaHS \tag{6-2}$$

第二阶段，在液相中，硫氢化物被偏钒酸钠迅速氧化成硫，而偏钒酸钠被还原成焦钒酸钠。

$$2NaHS + 4NaVO_3 + H_2O \longrightarrow Na_2V_4O_9 + 4NaOH + 2S\downarrow \tag{6-3}$$

第三阶段，还原性的焦钒酸钠与氧化态的 ADA 反应生成还原态的 ADA，而焦钒酸钠则被 ADA 氧化，再生成偏钒酸钠盐。

$$Na_2V_4O_9 + 2ADA(氧化态) + 2NaOH + H_2O \longrightarrow 4NaVO_3 + 2ADA(还原态) \tag{6-4}$$

第四阶段，还原态 ADA 被空气中的氧氧化成氧化态的 ADA，恢复了 ADA 的氧化性能。

$$ADA(还原态) + O_2 \longrightarrow ADA(氧化态) + 2H_2O \tag{6-5}$$

反应式(6-2)中消耗的碳酸钠由反应式(6-3)生成的氢氧化钠得到了补偿。

$$NaOH + NaHCO_3 = Na_2CO_3 + H_2O \tag{6-6}$$

恢复活性后的溶液循环使用。

当气体中含有二氧化碳、氧、氰化氢时，尚有下列副反应发生：

$$Na_2CO_3 + CO_2 + H_2O \longrightarrow 2NaHCO_3 \tag{6-7}$$

$$2NaHS + 2O_2 \longrightarrow Na_2S_2O_3 + H_2O$$

$$Na_2CO_3 + HCN + S \longrightarrow NaCNS + NaHCO_3 \tag{6-8}$$

$$2NaCNS + 5O_2 \longrightarrow Na_2SO_4 + 2CO_2 + SO_2 + N_2$$

气体中含有这些杂质是不可避免的。可见，总有一些碳酸钠消耗在副反应上，因而在进行物料平衡计算时应把这些反应计入。

（2）影响溶液对硫化氢吸收速度的因素 影响溶液对硫化氢吸收速度的因素主要有溶液的组分、吸收温度、吸收压力等，溶液的组分包括总碱度、碳酸钠浓度、溶液的 pH 值及其它组分。

溶液的总碱度和碳酸钠浓度是影响溶液对硫化氢吸收速度的主要因素。气体的净化度、溶液的硫容量及气相总传质系数都随碳酸钠浓度的增加而增大。但浓度太高，超过了反应的需要，将更多地按式(6-7)的反应生成碳酸氢钠。碳酸氢钠的溶解度较小，易析出结晶，影响生产，同时浓度太高生成硫代硫酸钠的反应亦加剧。因此，碳酸钠的浓度应根据气体中硫化氢的含量来决定。在满足净化要求的情况下，碳酸钠的浓度应尽量取低些。目前国内在净化低硫原料气时，多采用总碱度为 0.4mol/L、碳酸钠为 0.1mol/L 的稀溶液。随原料气中硫化氢含量的增加，可相应提高溶液浓度，直到采用总碱度为 1.0mol/L、碳酸钠为 0.4mol/L 的浓溶液。

溶液的 pH 值高，对硫化氢与氧化态的 ADA/钒酸盐溶液的反应有利；溶液的 pH 值低，对氧与还原态 ADA/钒酸盐反应有利，在实际生产中应综合考虑。

溶液中其它组分对硫化氢吸收速度也有影响。像偏钒酸盐与硫化氢反应就相当快，但当出现硫化氢局部过浓时，会形成"钒-氧-硫"黑色沉淀。添加少量酒石酸钠钾可防止生成"钒-氧-硫"沉淀，酒石酸钠钾的用量应与钒浓度有一定比例，酒石酸钠钾的浓度一般是偏钒酸钠钾的一半左右。

溶液中的杂质对脱硫有很大影响，例如硫代硫酸钠、硫氰化钠以及原料气中夹带的焦油、苯、萘等对脱硫都有害。

吸收和再生过程对温度均无严格要求。温度在 15～60℃ 范围内均可正常操作，但温度太低，一方面会引起碳酸钠、ADA、偏钒酸钠盐等沉淀，另一方面，温度低吸收速度慢，溶液再生不良。温度太高时，会使生成硫代硫酸钠的副反应加速。通常溶液温度需维持在 40～45℃，这时生成的硫黄粒度也较大。

脱硫过程对压力也无特殊要求，由常压至 68.65MPa（表压）范围内，吸收过程均能正常进行。

（3）工艺流程　煤气的生产方法不同、原料气的组成不同，设备选型、操作压力、生产流程上都有所不同。但都少不了硫化氢的吸收、溶液的再生和硫黄的回收三个部分。此处仅介绍较有代表性的常压改良 ADA 法脱硫及加压 ADA 法脱硫生产工艺流程。

图 6-1 是常压改良 ADA 法脱硫的生产流程。气体由脱硫塔 1 底部入塔，在塔内的木格上与吸收液逆流接触，硫化氢被吸收后，气体由塔顶放出，送往后工序。吸收后的溶液从塔底流出，经水封 2 进入溶液循环槽 3，然后用循环泵 4 打入溶液加热器，再生塔内脱硫液得到再生。析出的硫黄被空气鼓吹到溶液表面，呈泡沫状，在再生塔上部的扩大部分与再生后的溶液分离。溶液自扩大部分的下部流出，经过液位调节器 6 和空气弛放罐 7 溢流入脱硫塔，循环使用。硫泡沫自再生塔顶溢流经泡沫槽 8，再流入真空过滤器 9 过滤后进入熔硫槽熔融后成形，滤液送蒸发器 13 蒸发浓缩。浓缩后的溶液放至热过滤槽进行真空抽滤，抽滤后得的固体主要是碳酸钠，被送至溶解槽溶解后返回系统。滤液则放入结晶槽冷却结晶，再经离心机分离得到硫氰化钠粗制品。

图 6-2 为加压 ADA 法脱硫工艺流程。该流程的操作压力为 17.65MPa，煤气进入下部为空塔、上部有一段填料的吸收塔（脱硫塔）1，净化后的气体经分液罐 2 分离液滴后送至后工序，吸收塔出来的溶液进入反应槽 7。在此，NaHS 与 NaVO_3 的反应全部完成，并且还原态的钒酸钠开始被蒽醌二磺酸氧化。溶液出反应槽后，减压流入再生塔 3。空气通入再生塔内，将还原态的蒽醌二磺酸钠氧化，并使单体硫黄浮集在塔顶，溢流到硫泡沫槽 5，经过滤机 14 分离而得副产品硫黄。溶液由塔上部经液位调节器 4 进入溶液循环槽 8，再用泵 11 升压送回吸收塔。

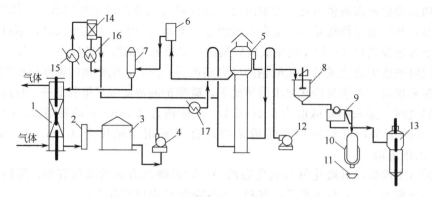

图 6-1　常压（塔式）ADA 法脱硫生产流程

1—吸收塔；2—水封；3—溶液循环槽；4—循环泵；5—再生槽；6—液位调节器；7—空气弛放罐；
8—泡沫槽；9—真空过滤器；10—熔硫釜；11—铸模；12—空压机；13—蒸发器；
14—脱碳塔；15—加热器；16—冷却塔；17—溶液加热器

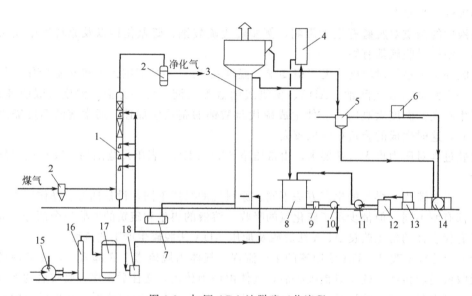

图 6-2　加压 ADA 法脱硫工艺流程

1—吸收塔；2—分液罐；3—再生塔；4—液位调节器；5—硫泡沫槽；6—温水槽；7—反应槽；8—溶液
循环槽；9—溶液过滤器；10—循环泵；11—泵；12—地下槽；13—溶碱槽；14—过滤机；
15—空气压缩机；16—空气冷却器；17—空气缓冲罐；18—空气过滤器

二、萘醌法脱硫

本法是一种高效湿式氧化脱硫法，它由湿法脱硫及脱硫废液处理两部分组成。因其采用氨水作碱性吸收剂，在焦炉煤气生产中，可通过回收焦煤气中的氨来实现，因而在焦化厂得到应用。

本法采用氨水作碱性吸收剂，添加少量 1,4-萘醌-2-磺酸铵（NQ）作催化剂。由鼓风机送来的焦炉煤气经电捕焦油器捕除焦油雾后即进入本装置的吸收塔。在吸收塔中，当焦炉煤气与吸收液接触时，煤气中的氨首先溶解生成氨水。

$$NH_3 + H_2O \longrightarrow NH_3 \cdot H_2O \tag{6-9}$$

然后氨水吸收煤气中的硫化氢，生成硫氢化铵和氰化铵。

$$NH_3 \cdot H_2O + H_2S \longrightarrow NH_4HS + H_2O \tag{6-10}$$

$$NH_3 \cdot H_2O + HCN \longrightarrow NH_4CN + H_2O \qquad (6-11)$$

硫氢化铵在 NQ 作用下析出硫,同时氰化铵与硫反应生成硫氰酸铵。

$$NH_4HS + H_2O + NQ(氧化态) \longrightarrow NH_3 \cdot H_2O + NQ(还原态) + S\downarrow \qquad (6-12)$$

$$NH_4CN + S \longrightarrow NH_4CNS \qquad (6-13)$$

NQ 也进行再生反应,从还原态再生为氧化态。

$$2NQ(还原态) + O_2 \longrightarrow 2NQ(氧化态) + 2H_2O \qquad (6-14)$$

此法的脱硫效率除与设备构造、破收液的循环量、吸收塔内煤气的停留时间等有关外,主要与煤气中的氨含量有关。根据生产实际资料,入塔煤气中 $NH^3/H_2S < 0.5$(质量比)时,脱硫效率有下降趋势,为使脱硫效率保持在 90% 以上,此比值需保持在 0.7 以上。

再生反应速度(HS^- 离子的减少速度)同催化剂浓度的平方根值及再生气体中氧的浓度成正比关系,与温度成反比关系。

若采用填料再生塔以增加空气和吸收液的接触程度,将有助于再生反应速度的提高。

再生后的吸收液回吸收塔循环使用。在循环过程中,吸收液里逐渐积累了上述反应生成的硫黄、硫氰酸铵、硫代硫酸铵和硫酸铵等物质,为使这些化合物在吸收液中的浓度保持一定,必须提取部分吸收液作为脱硫废液送往废液处理装置予以处理。

本法不仅以焦炉煤气中的氨作为碱源,降低了成本,而且在脱硫操作中可把再生塔内硫黄的生成量限制在硫氰酸铵生成反应所需要的量范围,过剩的硫则氧化成硫代硫酸盐和硫酸盐。这样,由于再生吸收液中不含固体硫,不仅改善了再生设备的操作,而且防止了吸收液起泡,减少了脱硫塔内的压力损失,避免了气阻现象的发生。

三、栲胶法

改良 ADA 脱硫方法在操作中易发生堵塞,而且 ADA 药品价格十分昂贵。用栲胶取代 ADA 的栲胶法脱硫则克服了这两项缺点,栲胶法是目前合成甲醇应用最多、效果最好的粗脱硫方法。

1. 栲胶法工艺的特点

栲胶法具有改良 ADA 法的几乎所有优点。栲胶既是氧化剂又是钒的络合剂,脱硫剂组成比改良 ADA 法简单;我国栲胶资源丰富、价廉易得,因而脱硫装置运行费用比改良 ADA 法少;栲胶法脱硫没有硫黄堵塔问题;栲胶需要一个复杂的预处理过程才能添加到系统中去,否则会造成溶液严重发泡而使生产无法正常进行,但近年来研制出的新产品 P 型和 V 型栲胶,可以直接加入主系统。

2. 栲胶及其水溶液的性质

栲胶来自含单宁的树皮(如栲树、落叶松)、根和茎(如坚木、栗木)、叶(如漆树)和果壳,如橡树果壳就可浸取制成栲胶。栲胶的主要成分为单宁,约占 66%,栲胶可以无限制地溶于水中,直到最后成为糊状。温度升高,溶解度增大。

栲胶水溶液在空气中易被氧化,单宁中较活泼的羟基易被空气中的氧氧化生成醌态结构物,单宁的吸氧能力因溶液的 pH 值和温度的升高而大大加强,pH 大于 9 时单宁氧化特别显著。铁盐和铜盐能提高单宁的吸氧能力,而草酸盐能使单宁的吸氧能力下降。

因单宁具有与 ADA 类似的氧化还原性质,故栲胶法原理与改良 ADA 法相似,可以把改良 ADA 脱硫工艺改成栲胶法。

单宁能与多种金属离子(如钒、铬、铝等)形成水溶性配合物。在碱性溶液中单宁能与铜、铁反应并在材料表面上形成单宁酸盐的薄膜,从而具有防腐作用。栲胶水溶液,特别是高浓度栲胶水溶液是典型的胶体溶液。栲胶组分中含有相当数量的表面活性物质,导致溶液表面张力下降，发泡性增强。栲胶水溶液中有 $NaVO_3$、$NaHCO_3$ 等弱酸盐时易生成沉淀。

3. 栲胶法脱硫的化学反应原理

① 碱性水溶液吸收 H_2S

$$Na_2CO_3 + H_2S \longrightarrow NaHCO_3 + NaHS \tag{6-15}$$

② 五价钒配离子氧化 HS^- 析出硫黄，本身被还原成四价钒配离子。

$$2[V]^{5+} + HS^- \longrightarrow 2[V]^{4+} + S\downarrow + H^+ \tag{6-16}$$

同时醌态栲胶氧化 HS^- 析出硫黄，醌态栲胶被还原成酚态栲胶。

③ 醌态栲胶氧化四价钒配离子，使钒配离子获得再生。

$$TQ + [V]^{4+} + H_2O \longrightarrow [V]^{5+} + THQ + OH^- \tag{6-17}$$

式中，TQ 为醌态栲胶；THQ 为酚态栲胶。

④ 空气中的氧气氧化酚态栲胶使栲胶获得再生，同时生成 H_2O_2。

$$O_2 + 2THQ \longrightarrow 2TQ + H_2O_2 \tag{6-18}$$

⑤ H_2O_2 氧化四价钒配离子和 HS^-。

$$H_2O_2 + 2[V]^{4+} \longrightarrow 2[V]^{5+} + 2OH^- \tag{6-19}$$

$$H_2O_2 + HS^- \longrightarrow H_2O + S + OH^- \tag{6-20}$$

⑥ 气体中含有 CO_2、HCN、O_2 以及因 H_2O_2 引起的副反应与改良 ADA 法相同。

栲胶法中的栲胶水溶液必须经过预处理才能加入脱硫系统，否则会出现发泡现象并影响熔硫和过滤。

4. 主要影响因素及控制条件

（1）总碱度　溶液的总碱度与其硫容量呈直线关系，因此提高总碱度是提高溶液硫容量的有效手段。当处理低硫原料气时可采用 0.4mol/L，处理高硫原料气时可采用 0.8～1.0mol/L 的总碱度。

（2）$NaVO_3$ 含量　生产中 $NaVO_3$ 常常过量，过量系数为 1.3～1.5。太高不仅造成 $NaVO_3$ 的浪费，而且影响硫黄的纯度；但 $NaVO_3$ 含量低，不仅氧化 HS^- 速度慢，而且会生成 $Na_2V_2O_3$。

（3）栲胶浓度　栲胶浓度可以从三个方面考虑：一是作为载氧体，栲胶浓度与溶液中的钒含量存在着化学反应量的关系；二是从配合作用考虑，要求栲胶浓度与钒浓度之间保持一定的比例；三是考虑栲胶对碳钢的缓蚀作用。

（4）原料气中 CO_2 的含量　栲胶脱硫液具有相当好的选择性，在适宜条件下，能从含 CO_2 99％的气流中把 $200mg/m^3$ 的 H_2S 脱到 $45mg/m^3$ 以下，但由于吸收 CO_2 后会使溶液 pH 值下降，脱硫效率有所降低。

（5）温度　在常温范围内，H_2S、CO_2 的脱除率以及 $Na_2S_2O_3$ 生成率对温度不敏感，再生温度在 45℃ 以下时，$Na_2S_2O_3$ 生成率很低，超过 45℃ 急剧上升。因此通常吸收与再生在同一温度下进行，中间不设冷却和加热装置。

其它的湿法脱硫方法还很多，但气化煤气制甲醇的粗脱硫主要采取上述方法，故其它方法就不作介绍了。

5. 湿法脱硫的主要设备

湿法脱硫塔的塔型很多，有填料塔、湍动塔、喷射塔、旋流板塔、筛板塔、空淋塔以及复合型吸收塔等。

（1）吸收塔　可用于湿法吸收脱硫的塔型很多，常用的是喷射塔、旋流板塔、填料塔和喷旋塔。

① 喷射塔。喷射塔具有结构简单、生产强度大、不易堵塔等优点，由于可以承受很大的液体负荷、单级脱硫效率不高（70％）因而常被用来粗脱硫化氢。喷射塔主要由喷射段、喷杯、吸收段和分离段组成，其结构如图6-3所示。

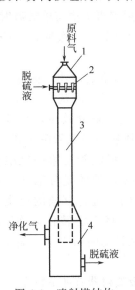

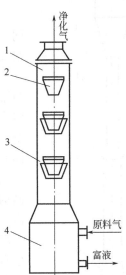

图 6-3　喷射塔结构

1—喷射段；2—喷杯；3—吸收段；4—分离段

图 6-4　旋流板塔结构

1—吸收段；2—除雾段；3—塔板；4—分离段

② 旋流板塔。旋流板塔由吸收段、除雾段、塔板、分离段组成，其结构如图6-4所示。

旋流板塔的空塔气速约为一般填料塔的2～4倍，一般板式塔的1.5～2倍，与湍动塔相近，但达到同样效果时旋流板塔的高度比湍动塔低；从有效体积看，三者之中旋流板塔最小，塔压降小，工业上旋流板塔的单板压降一般在98～392Pa之间，操作范围较大，不易堵塞。

③ 喷旋塔。喷旋塔是喷射塔与旋流板塔相结合的复合式脱硫塔，它集并-逆流吸收、粗-精脱为一体，因而对工艺过程有更强的适应性。喷旋塔的喷射器结构如图6-5所示。

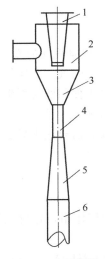

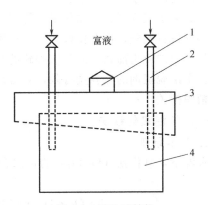

图 6-5　喷射结构

1—喷嘴；2—吸气室；3—收缩管；4—混合管；

5—扩散管；6—尾管

图 6-6　再生槽结构

1—放空管；2—吸气管；3—扩大

部分；4—槽体

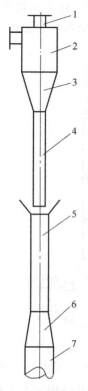

图 6-7 双级喷射器
1—溶液入口；2—吸气室；3—收缩管；4——级喉管；5—二级喉管；6—扩大管；7—尾管

(2) 喷射再生槽 喷射再生槽由喷射器和再生槽组成。

① 喷射器。其结构如图 6-5 所示。

② 再生槽。其结构如图 6-6 所示。

③ 双级喷射器。双级喷射器再生槽与单级喷射器再生槽相同。双级喷射器由喷嘴、一级喉管、二级喉管、扩散管和尾管组成，其结构见图 6-7。

双级喷射器的特点是第一级喉管较小，截面比（喷嘴截面与第一级喉管面之比）较大，因而气液基本是同速的，形成的混合流体中液体是连续相，气体是分散相，能量交换比较完全。具有一定速度的混合流体从一级喉管喷出进入二级喉管，同时再次自动吸入空气，第二级喉管比第一级喉管大，气液比也较大，因而气体是连续相，液体是分散相，并以高速液滴的形式冲击并带动气体，同时进行富液的再生。混合流体由二级喉管流出进入扩大管，将动能转化为静压，气体压力升高，最后通过尾管排出。尾管也能回收部分能量并进一步再生富液。

与单级喷射器相比，双级喷射器有如下特点：

富液与空气混合好，气液接触表面多次更新，强化了再生过程，提高了再生效率；因二次吸入空气（总空气吸入量比单级增加一倍），富液射流的能量得到更充分地利用，自吸抽气能力更高，溶液不易反喷。

由于强化了气液接触传质过程，空气量显著减少，因而减轻了再生槽排气对环境的污染，减小了再生槽的有效容积；由于一级喉管的滑动系数（S_0）接近 1，气液接近同速，因而喉管不易堵塞；单级喷射器改为双级投资少，效益显著。

第三节 干法脱硫

干法脱硫由于设备简单、操作平稳、脱硫精度高，已被各种原料气的大中小型氮肥厂、甲醇厂、城市煤气厂、石油化工厂等广泛采用，对天然气、半水煤气、变换气、碳化气、各种燃料气进行脱硫，都有良好效果，特别是在常温、低温条件下使用的易再生的脱硫剂将会有非常广泛的应用前景。但干法脱硫的缺点是反应较慢、设备庞大，且需多个设备进行切换操作。干法脱硫剂的硫容量有限，对含高浓度硫的气体不适应，需要先用湿法粗脱硫后再用干法精脱把关。

一、常温氧化铁法

1. 基本原理

常温下，氧化铁（Fe_2O_3）的 α-水合物和 γ-水合物具有脱硫作用，它与硫化氢发生下列反应：

$$Fe_2O_3 \cdot H_2O + 3H_2S \longrightarrow Fe_2S_3 \cdot H_2O + 3H_2O \qquad (6-21)$$

$$Fe_2O_3 \cdot H_2O + 3H_2S \longrightarrow 2FeS \cdot H_2O + S + 4H_2O \qquad (6-22)$$

当脱硫剂呈碱性时，脱硫反应按式(6-21)进行；当脱硫剂呈酸性或中性时，脱硫反应则按式(6-22)进行。

脱硫后生成的硫化铁在有氧气存在下发生氧化反应,析出硫黄,脱硫剂再生,反应如下:

$$2Fe_2S_3 \cdot H_2O + 3O_2 \longrightarrow 2Fe_2O_3 \cdot H_2O + 6S \tag{6-23}$$

$$4FeS + 2H_2O + 3O_2 \longrightarrow 2Fe_2O_3 \cdot H_2O + 4S \tag{6-24}$$

按式(6-23)进行的再生反应速度很快,再生也较彻底,而按式(6-24)进行的再生反应在常温下很难进行,不仅反应速度慢,而且再生也不完全。所以在生产中应尽量使脱硫反应在碱性条件下进行,以避免式(6-23)反应的发生。

2. 影响脱硫的因素

(1) 温度 常温氧化铁脱硫剂的脱硫反应速度与温度有关,温度升高,活性增加,温度降低,活性减小。当温度低于 $5\sim10℃$ 时,脱硫的活性急剧下降。常温型氧化铁脱硫剂的使用温度以 $20\sim40℃$ 为宜,在此温度范围内,活性较大,硫容量大且较稳定。

(2) 压力 氧化铁脱硫是不可逆反应,故不受压力的影响,但提高压力可提高硫化氢的浓度,提高脱硫剂的硫容。同时还可提高设备的空间利用率,减少设备投资。

(3) 脱硫剂的粒度 脱硫剂粒度越小,扩散阻力越小,反应速度越快;反之,则脱硫速度就慢。目前国内常用低温型氧化铁脱硫剂为圆柱形,直径范围在 $3\sim6mm$。

(4) 脱硫剂的碱度 为使脱硫反应按式(6-21)进行,必须控制脱硫剂为碱性,生成极易再生的 Fe_2S_3,使脱硫剂易于再生。

除上述因素外,还有气体的线速、脱硫剂的含水量、气体温度、气体中的酸性组分等均对脱硫过程有影响。

二、中温氧化铁法

1. 基本原理

(1) 脱硫反应 当脱硫反应温度较高,达到 $200\sim400℃$ 时,氧化铁的脱硫机理与常温下不同,通常认为按下列三个步骤进行。

① 还原。在 $200\sim400℃$ 下具有脱硫活性的氧化铁为 Fe_3O_4,而购进的脱硫剂为 Fe_2O_3,因此在使用前应先用还原性气体(H_2 或 CO)还原,反应式为:

$$3Fe_2O_3 + H_2 \longrightarrow 2Fe_3O_4 + H_2O \qquad \Delta H = -1260kJ/mol \tag{6-25}$$

$$3Fe_2O_3 + CO \longrightarrow 2Fe_3O_4 + CO_2 \qquad \Delta H = -53.7kJ/mol \tag{6-26}$$

还原反应在 $170\sim300℃$ 下进行,如果还原温度超过 $300℃$,则会发生过度还原而生成单质铁,活性反而下降,因此在进行还原操作时应严格控制还原温度及还原介质浓度。

② 有机硫转化。还原后的 Fe_3O_4 对部分有机硫具有催化加氢作用,反应如下:

$$COS + H_2 \longrightarrow H_2S + CO \qquad \Delta H = 6.53kJ/mol \tag{6-27}$$

③ 脱除硫化氢。在氢存在下,Fe_3O_4 的脱硫反应为:

$$Fe_3O_4 + 3H_2S + H_2 \longrightarrow 3FeS + 4H_2O \qquad \Delta H = -79.5kJ/mol \tag{6-28}$$

水蒸气的存在对该脱硫过程的影响较为明显,水蒸气含量越低,对脱硫越有利。温度对该脱硫过程的影响是:升高温度,脱硫反应平衡常数减小,硫化氢平衡分压增大;而温度降低,平衡浓度减小,脱硫效果提高。

(2) 再生原理 在较高温度下,生成的硫化亚铁可用蒸汽或氧再生,反应如下:

$$3FeS + 4H_2O \longrightarrow Fe_3O_4 + 3H_2S + H_2 \tag{6-29}$$

$$2FeS + 3.5O_2 \longrightarrow Fe_2O_3 + 2SO_2 \tag{6-30}$$

再生反应在 $400\sim550℃$ 进行,再生介质可用燃烧气加水蒸气稀释空气,也可不加水蒸气。但加水蒸气再生时再生尾气处理较困难。

2. 脱硫剂的理化性质和使用条件

国内中温氧化铁脱硫剂的主要型号及特性见表 6-1，使用条件见表 6-2。

表 6-1　脱硫剂的主要型号及特性

型号	组　分	规格/mm×mm	比表面积/(m²/g)	堆积密度/(t/m³)	强度/MPa	研制单位
6971	MoO₃ 7.5%～10%，Fe₂O₃（余量）	4×6	200	—	18	抚顺石油三厂
S57-4	Fe₂O₃ 加促进剂	6×6	—	—	—	四川石油炼制所
CLS-2	Fe₂O₃ 加促进剂	14×4	—	—	2.4	四川石油炼制所
LA-1-1	Fe₂O₃	6×5	15～25	1.4～1.8	20～24	化工部化肥研究所

表 6-2　脱硫剂的使用条件

型号	介质	温度/℃	压力/MPa	空速/h⁻¹	入口硫/10⁻⁶	出口硫/10⁻⁶	硫容/%
6971	焦炉气	380～420	常压	1000	有机硫 200	（脱硫率＞98%）	—
S57-4	催化裂化气	300	2.1	2（液）	有机硫 90	＜3	—
CLS-2	直馏油	350	2.1	1（液）	有机硫 26.9	＜0.3	—
LA-1-1	半水煤气	250～300	12	1000～2000	200	＜3	＞15

3. 主要影响因素及控制

（1）温度　氧化铁脱硫属转化吸收型，有机硫经催化加氢分解为无机硫，而后被氧化铁吸收。有机硫加氢分解有一定的温度要求，一些有机硫在 150～250℃ 就开始热分解，甲硫醇 300℃ 开始分解，而乙硫醚的分解温度为 400℃。当原料气中有机硫含量较高时，适当提高脱硫反应温度有利于有机硫的氢解，提高脱硫效率。但硫化氢的吸收要求采用较低的温度，以提高对硫化氢的吸收率，降低净化气中硫化氢的浓度。因此，综合两方面的因素，通常脱硫反应温度控制在 250～300℃。

（2）压力　硫化氢的脱除反应为等分子反应，压力对反应平衡没有影响，但提高压力可提高硫化氢的分压，从而提高脱硫效率。

（3）气体组分　影响最明显的是水蒸气，前面已经讨论过了，一般水蒸气含量低一些，脱硫效果好一些。当气流中有氢气存在时，则生成的硫化铁可与氢发生下列反应：

$$FeS + H_2 \longrightarrow Fe + H_2S \tag{6-31}$$

从而使硫化氢含量增大，影响脱硫效率。因此，氢也是影响脱硫的一个重要因素。

三、氧化锌法

1. 基本原理

氧化锌脱硫以其脱硫精度高、使用便捷、稳妥可靠、硫容量高、起着"把关"和"保护"作用而占据非常重要的地位，它广泛地应用在合成氨、制氢、煤化工、石油精制、饮料生产等行业，以脱除天然气、石油馏分、油田气、炼厂气、合成气（CO＋H₂）、二氧化碳等原料中的硫化氢及某些有机硫。氧化锌脱硫可将原料气中的硫脱除至 0.055mg/kg 以下。

脱硫过程的化学反应如下：

$$ZnO + H_2S \longrightarrow ZnS + H_2O \tag{6-32}$$

$$ZnO + C_2H_5SH \longrightarrow ZnS + C_2H_5OH \tag{6-33}$$

$$ZnO + C_2H_5SH \longrightarrow ZnS + C_2H_4 + H_2O \tag{6-34}$$

当气体中有氢存在时，羰基硫、二硫化碳、硫醇、硫醚等会在反应温度下发生转化反应，反应生成的硫化氢被氧化锌吸收。有机硫的转化率与反应温度有一定的比例关系。噻吩类硫化物及其衍生物在氧化锌上与氢发生转化反应的能力很低，因此单独用氧化锌不能脱除噻吩类硫化物，需借助于钴钼催化剂加氢转化成硫化氢后才能被氧化锌脱硫剂脱除。

无论是有机硫还是无机硫的吸收反应，其平衡常数都很大，可以认为是不可逆反应。氧化锌脱硫反应的机理，目前有两种解释。

（1）转化机理　即一些有机硫化合物在它们的热稳定温度下由于氧化锌和硫化锌的催化作用而分解成烯烃和硫化氢，后者随即被氧化锌吸收。噻吩在操作温度下还不易分解，故在氧化锌上基本不被脱除。

（2）吸收机理　即有机硫直接与氧化锌反应而被吸收。例如：

$$COS + ZnO \longrightarrow CO_2 + ZnS \tag{6-35}$$

$$CS_2 + 2ZnO \longrightarrow CO_2 + 2ZnS \tag{6-36}$$

这些反应在 $200 \sim 400℃$ 范围内平衡常数均很大，反应十分完全。

2. 主要影响因素及控制条件

影响氧化锌脱硫的因素较多，主要有下列几个方面。

（1）有害杂质　对氧化锌脱硫剂有毒害作用的杂质主要是氯和砷。氯与脱硫剂中的锌在其表面形成氯化锌薄层，覆盖在氧化锌表面，阻止硫化氢进入脱硫剂内部，从而大大降低脱硫剂的性能。

砷对脱硫剂有毒害，一般应控制在 0.001% 以下。

（2）反应温度　一般氧化锌脱除硫化氢在较低温度（200℃）即很快进行，而要脱除有机硫化物，则要求在较高温度（350～400℃）下进行。操作温度的选择不仅要考虑反应速度、需要脱除的硫化物种类、原料气中水蒸气含量，还要考虑氧化锌脱硫剂的硫容量与温度的关系，提高操作温度可提高硫容量，特别在 200～400℃ 之间增加较明显，但不要超过 400℃，以防止烃类的热解而造成结炭。

（3）空速与线速　脱硫反应需要一定的接触时间，如果空速太大，反应物在脱硫剂床层停留时间过短，会使穿透硫容下降。因此操作压力较低时，空速应选低些。氧化锌吸收硫化氢的反应平衡常数很大，如果空速过小，则会导致气体线速度太小，从而使反应变成扩散控制。因此必须保证一定的线速度，也就是要选择合适的脱硫槽直径，一般要求脱硫槽的高径比大于 3。

（4）操作压力　提高操作压力对脱硫有利，可大大提高线速度，有利于提高反应速度。因此操作压力高时，空速可相应加大。

（5）水汽含量　水蒸气的存在对氧化锌脱硫影响不大，但当水蒸气含量较高而温度也高时，会使硫化氢平衡浓度大大超过对脱硫净化度指标的要求，而且水蒸气高时还会与金属氧化物反应生成碱。氧化锌最不易发生水合反应，当催化剂中非氧化锌成分较高时，会不同程度地降低催化剂的抗水合能力。

另外，含硫化物的类型与浓度、二氧化碳等均对脱硫过程有影响。

3. 工艺流程

图 6-8 为氧化锌脱硫的部分流程。氧化锌

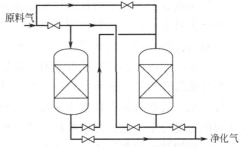

图 6-8　氧化锌脱硫的部分流程

脱硫剂由于其脱硫净化度极高、稳定可靠，常放在最后把关。根据气、液原料含硫化物的品种和数量不同，氧化锌脱硫剂常在下列五种情况下使用。

① 单用氧化锌。适用于含硫量低、要求精度高的场合。

② 同钴钼加氢转化催化剂或铁钼加氢转化催化剂串联使用。适用于含复杂有机硫（如噻吩）的天然气、油田气、石油加工气、轻油等。

③ 酸性气洗涤＋钴钼催化转化＋氧化锌脱硫。适用于油田伴生气之类总硫含量较高的气态烃脱硫。

④ 钴钼加氢转化＋酸性气洗涤＋氧化锌脱硫。适用于含有较高有机硫的液化石油气等气态烃。

⑤ 两个（或一个）钴钼加氢（其间设汽提塔），后设氧化锌脱硫。适用于石脑油，含硫小于 50×10^{-6} 时可只用一个钴钼加氢槽。

四、活性炭法

应用活性炭脱除工业气体中的硫化氢及有机硫化物称为活性炭脱硫，目前广泛应用的是活性炭脱硫过热蒸汽再生工艺。

1. 基本原理

在室温下，气态的硫化氢与空气中的氧能发生下列反应：

$$2H_2S + O_2 \longrightarrow 2H_2O + 2S \downarrow \qquad \Delta H = -434.0 \text{kJ/mol} \qquad (6-37)$$

在一般条件下，该反应速度较慢，而活性炭对这一反应具有良好的催化作用并兼有吸附作用。

活性炭是一种孔隙率大的黑色固体，主要成分以石墨微晶呈不规则排列，属无定形。活性炭中的孔隙大小不是均匀一致的，可分为大孔（$2000 \sim 100000 \text{Å}$）、过渡孔（$100 \sim 2000 \text{Å}$）及微孔（$10 \sim 100 \text{Å}$），但主要是微孔，孔隙体积 $8.0 \times 10^{-3} \text{m}^3/\text{kg}$，比表面积最高可达 $18 \times 10^5 \text{m}^2/\text{kg}$，一般为 $(5 \sim 10) \times 10^5 \text{m}^2/\text{kg}$。

活性炭脱硫属多相反应。研究证明，硫化氢与氧在活性炭表面的反应分两步进行。第一步是活性炭表面化学吸附氧，形成作为催化中心的表面氧化物。这一步极易进行，因此工业甲醇合成气体中只要含少量氧（$0.1\% \sim 0.5\%$）便已能满足活性炭脱硫的需要。第二步是气体中的硫化氢分子碰撞活性炭表面，与化学吸附的氧发生反应，生成的硫黄分子沉积在活性炭的孔隙中。沉积在活性炭表面的硫对脱硫反应也有催化作用。在脱硫过程中生成的硫呈多分子层吸附于活性炭的孔隙中，活性炭中的孔隙越大，则沉积于孔隙内表面上的硫分子愈厚，可超过 20 个硫原子。在微孔中，硫层的厚度一般为 4 个硫原子。活性炭失效时，孔隙中基本上塞满了硫。活性炭具有很大的孔隙率，因此，活性炭的硫容量比其它固体脱硫剂（例如活性氧化铁、氧化锌、分子筛等）大，脱硫性能好的活性炭其硫容量可超过 100%。

活性炭脱硫的反应主要在活性炭孔隙的内表面上进行，由于表面张力的存在其对工业气体中的分子具有一定的吸附作用。水蒸气在活性炭中，除存在多分子层的吸附外，还存在毛细管的凝结作用，因此在常温下进行脱硫时，活性炭孔隙的表面上凝结着一薄层水膜。利用硫化氢在水中的溶解作用使活性炭容易吸附硫化氢，从而能加速脱硫作用，这时硫化氢的氧化作用将在液相水膜中进行。所以，当气体中存在足够的水蒸气时，才能使硫化氢更快地被吸附与氧化。若在气体中存在少量氨，会使活性炭孔隙表面的水膜呈碱性，更有利于吸附呈酸性的硫化氢分子，能显著地提高活性炭吸附与氧化硫化氢的速度。

活性炭脱除硫化氢气体时，还发生下列副反应：

$$2NH_3 + 2H_2S + 2O_2 \longrightarrow (NH_4)_2S_2O_3 + H_2O \qquad (6-38)$$

$$2NH_3 + H_2S + 2O_2 \longrightarrow (NH_4)_2SO_4 \tag{6-39}$$

气体中氨的含量越大,在活性炭脱硫过程中越易生成硫的含氧酸盐。

2. 影响脱硫的主要因素及控制条件

(1) 活性炭的质量 活性炭的质量可由其硫容量与强度直接判断,在符合一定强度的条件下,活性炭的硫容量高,其脱硫效果也就好。在活性炭中添加某些化合物后,可以显著提高活性炭的脱硫性能,甚至改变活性炭脱硫的产物。除上述的氨外,已知能够增大活性炭脱硫性能的化合物有铵或碱金属的碘化物或碘酸盐、硫酸铜、氧化铜、碘化银、氧化铁、硫化镍等。工业上常用含氧化铁的活性炭净化含硫化氢的气体,活性炭中氧化铁的存在,能显著改进活性炭的脱硫性能,提高硫化氢的氧化速度。

(2) 氧及氨的含量 氧和氨都是直接参与化学反应的物质,对脱除硫化氢来说,工业生产中氧含量一般控制在超过理论量的 50%,或者使脱硫后气体中残余氧含量为 0.1%。含硫化氢 $1g/m^3$ 的工业气体,活性炭脱硫时,要求氧含量为 0.05%,对含硫化氢 $10g/m^3$ 的工业气体,含氧 0.53% 便足够了。一般来说,半水煤气含氧 0.5% 左右,变换气、碳化气及合成甲醇气中的硫化氢含量均在 $1g/m^3$ 以下,所以在以煤为原料的合成氨厂使用活性炭脱硫时,都不需要补充氧。

氨易溶于水,使活性炭孔隙内表面的水膜呈碱性,增强了吸收硫化氢的能力。吸收硫化氢时,氨的用量很少,一般保持在 $0.1 \sim 0.25g/m^3$,或者相当于气体中硫化氢含量的 $1/20$(物质的量比),便可使活性炭的硫容量提高约一倍。

(3) 相对湿度 在室温下进行脱硫时,高的气体相对湿度能提高脱硫效率,最好是气体被水蒸气所饱和。但需要注意的是,进入活性炭吸附器的气体不能带液态水,否则会使活性炭浸湿,活性炭的空隙被水塞满失去脱硫能力。

(4) 脱硫温度 温度对活性炭脱硫的影响比较复杂。对硫化氢来讲,当气体中存在水蒸气时,脱硫的温度范围为 $27 \sim 82℃$,最适宜温度范围为 $32 \sim 54℃$。低于 $27℃$ 时,硫化氢被催化氧化的反应速度较慢;温度高于 $82℃$ 时,由于硫化氢及氨在活性炭孔隙表面水膜中的溶解作用减弱,也会降低脱硫效果。当气体中存在水蒸气时,则活性炭脱除硫化氢的能力反而随温度的升高而加强。

(5) 煤焦油及不饱和烃 活性炭对煤焦油有很强的吸附作用,煤焦油不但能够堵塞活性炭的孔隙,降低活性炭的硫容量及脱硫效率,而且还会使活性炭颗粒黏结在一起,增加活性炭吸附器的阻力,严重影响脱硫过程的进行。另外,气体中的不饱和烃会在活性炭表面发生聚合反应,生成分子量大的聚合物,同样会降低活性炭的硫容量,减少使用时间,并且降低脱硫效率。

3. 活性炭的再生

活性炭作用一段时间后会失去脱硫能力,因活性炭的空隙中聚集了硫及硫的含氧酸盐。需要将这些硫及硫的含氧酸盐从活性炭的孔隙中除去,以恢复活性炭的脱硫性能,这叫做活性炭的再生。优质活性炭可再生循环使用 $20 \sim 30$ 次。

活性炭再生方法较多,较早的方法是利用 S^{2-} 与碱易生成多硫根离子的性质,以硫化铵溶液把活性炭中的硫萃取出来,但该法设备庞大,操作复杂,并且污染环境。目前出现了一些新的再生方法,主要有以下几种。

① 用加热氮气通入活性炭吸附器,从活性炭吸附器再生出来的硫在 $120 \sim 150℃$ 变为液态硫放出,氮气再循环使用。

② 用过热蒸汽通入活性炭吸附器,把再生出来的硫经冷凝后与水分离。

③ 用有机溶剂再生。

4. 工艺流程

20 世纪 80 年代以来，国内小型合成氨厂采用活性炭脱硫的日益增多，都采用过热蒸汽再生，工艺流程如图 6-9 所示。

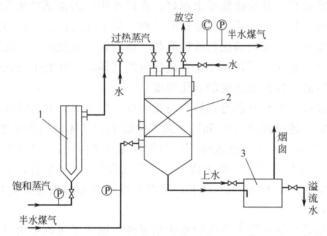

图 6-9 活性炭脱硫-过热蒸汽再生工艺流程

1—电加热器；2—活性炭吸附器；3—硫黄回收池

对焦炉气、半水煤气及水煤气脱硫时，首先要除去气体中的煤焦油及补充少量的氨。除去煤焦油的方法，一是通过静电除焦油器，另一种方法是将气柜出来的半水煤气先通过喷淋水冷却塔，然后经过焦油过滤器。

活性炭吸附器要求多个并联脱硫，同时保留若干个再生后备用。

五、干法脱硫的主要设备

干法脱硫的主要设备是脱硫槽，不论采用哪一种脱硫剂，脱硫槽的结构都基本相同。常用结构如图 6-10 和图 6-11 所示。

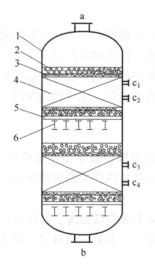

图 6-10 加压脱硫槽

1—壳体；2—耐火球；3—铁丝网；4—脱硫剂；5—子板；6—支撑；a—气体进口；b—气体出口；c_1, c_2, c_3, c_4—测温口

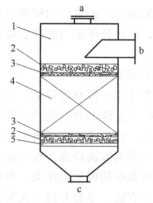

图 6-11 常压脱硫槽

1—壳体；2—耐火球；3—铁丝网；4—脱硫剂；5—托板；a—人孔；b—气体进口；c—气体出口

脱硫槽壳体用碳钢制造，当用于常温脱硫时，壳体内壁应进行防腐。

工程示例：同煤集团煤气厂 5 万吨/年甲醇生产的煤气粗脱硫工艺流程

一、工艺流程

1. 煤气脱硫工艺流程

工艺流程如图 6-12 所示，从气柜来的压力为 3.5kPa 的半水煤气经罗茨机 D_{300} 加压到 32kPa，温度升到 60℃后，经过冷却塔降到 40℃的半水煤气进入一级脱硫塔底部与从上而下的一级脱硫液逆流接触，脱除大部分 H_2S 后，进入二级脱硫塔底部与从上而下的二级脱硫液逆流接触，使出口硫化氢≤70mg/m^3，再经分离器后煤气送往压缩工段。

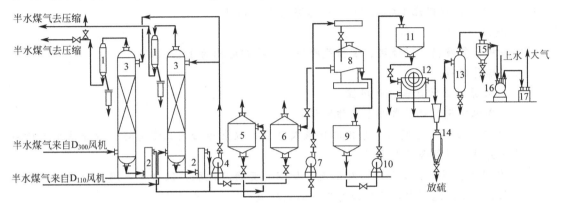

图 6-12　栲胶粗脱硫工艺流程

1—除雾器；2—脱硫塔液封槽；3—脱硫塔；4—脱硫泵；5—富液槽；6—贫液槽；7—再生泵；8—再生喷射槽；9—硫泡沫中间槽；10—硫泡沫泵；11—硫泡沫槽；12—真空过滤机；13—真空滤液收集器；14—熔硫釜；15—真空除沫器；16—真空泵；17—水封槽

将熟栲胶、五氧化二钒、纯碱倒入制液槽经搅拌后，完全溶解于软水中，用蒸汽加热后经制液泵打入贫液槽。

经一级、二级贫液泵加压进入一级、二级脱硫塔顶部，与从下而上的煤气逆流接触后进入富液槽，经富液泵加压至 0.3～0.4MPa 进入再生喷射器，经空气氧化后进入再生槽，在再生槽内富液再生为贫液，并浮选出硫泡沫，贫液由液位调节器进入贫液槽，再经贫液泵送往脱硫塔，溶液如此循环使用。

2. 变换气脱硫工艺流程

如图 6-12 所示，由变换来的温度为 40℃、压力为 0.75MPa 的变换气，经罗茨机 D_{110} 进入二级脱硫塔与自上而下的二级脱硫液逆流接触脱硫后，再经过分离器，压力为 0.73MPa、温度为 40℃的变换气送往脱碳工段。

变换气脱硫泵将脱硫液从二级贫液槽中加压送入变换气脱硫塔顶，与自下而上的变换气逆流接触，经减压后进入二级再生喷射器（再生压力控制在 0.5～0.6MPa），经空气氧化后进入再生槽，在再生槽内富液再生为贫液并浮选出硫泡沫，贫液由液位调节器进入二级贫液槽，然后经过贫液泵送往脱硫塔，溶液如此循环使用。

3. 硫回收流程

从再生槽浮选出的硫泡沫经过耳槽流入中间泡沫槽，由泡沫泵加压到 0.3MPa 送往连续熔硫釜，经蒸汽加热后清液返回贫液槽，单质硫熔成硫黄，入库出售。

二、工艺指标

1. 压力和温度

罗茨风机进口＞100mmH$_2$O；罗茨风机出口＜40kPa；煤气脱硫后压力≥0.22kPa；煤气脱硫泵出口压力 0.4～0.5MPa；富液泵出口压力 0.5～0.6MPa；喷射器压力 0.3～0.4MPa；变换气脱硫压差≤0.02MPa；变换气脱硫塔进口压力≤0.8MPa；变换气脱硫泵出口压力≥1.0MPa；栲胶液温度 35～40℃；脱硫塔入口煤气温度≤40℃；冷却塔出口温度≤40℃。

2. 成分

半水煤气脱硫后 H$_2$S≤70mg/m^3；变换气脱硫后 H$_2$S＜30mg/m^3。

栲胶脱硫液各组分含量：Na$_2$CO$_3$ 20～23g/L；NaVO$_3$ 1～1.5g/L；栲胶 1～2g/L；pH＝8.5～9.0；胶矾比 1：(1.5～2)；悬浮硫≤0.5g/L。

3. 液位

富液槽、贫液槽、脱硫塔、变换气脱硫塔、冷却塔均为 1/2～2/3。

三、操作规程

1. 脱硫系统正常开车操作规程

(1) 半水煤气脱硫正常开车操作规程

① 检查各设备管道阀门，分析取样点及电器、仪表等必须正常完好，检查系统内所有阀门的开关位置应符合开车要求。

② 与供水、供电、供气部门及造气、压缩、变换工段联系做好开车准备，将脱硫液成分调整在工艺指标范围内，并保证有充足的脱硫液。

③ 开罗茨风机出口放空阀。在罗茨风机出口取样分析半水煤气中 O$_2$ 含量小于或等于 1% 后，启动罗茨风机向压缩工段送气，此时在压缩机处放空置换。

④ 启动冷却塔循环水泵并调节好水量及液位。打开贫液泵进口阀，启动贫液泵，向脱硫塔送脱硫液并调整好液位。

⑤ 打开富液泵进口阀，启动富液泵，向再生槽送液。

⑥ 根据脱硫液循环量和再生槽液位调节好贫液泵、富液泵的打液量，并控制好贫液槽、再生槽液位，根据再生槽液进口压力调节好喷射器组数。

⑦ 根据煤气流量大小调节好液气比，通知分析工做分析，保证煤气中 H$_2$S 指标合格。

⑧ 根据再生槽的硫泡沫形成情况，调节液位调节器，保持硫泡沫的正常溢流。

(2) 变换气脱硫正常开车操作规程

① 当二脱压力达≥0.5MPa 时，开变换气脱硫泵，调节好各液位进行循环。

② 打开系统放空阀，同时保证压力在指标范围内，通知分析工做分析，待变换气中 H$_2$S 含量小于 30mg/m^3 分析三次合格后，关放空阀向后工段送气。

③ 注意开变脱泵前要检查是否有冷却水。

④ 根据再生槽液进口压力调节好喷射器组数。

⑤ 根据变换气气量调节好循环量，控制好气液比。

⑥ 调节好再生槽液位，保证泡沫溢流正常。

⑦ 调好贫液槽、脱硫塔液位。

2. 正常操作要点

(1) 保证脱硫液组分含量

① 根据脱硫液成分及时补加脱硫剂，保证脱硫液成分符合工艺指标。

② 保证喷射再生器进口的富液压力，稳定自吸空气量，控制好再生温度，使富液氧化再生完全，并保持再生槽液面上的硫泡沫溢流正常，降低脱硫液中的悬浮硫含量，保证脱硫

液质量。

（2）保证煤气脱硫效果　根据煤气及变换气的气量及硫化氢含量的变化，及时调节液气比。当煤气中硫化氢含量增高时，如增大液气比仍不能保证脱硫效率，可适当提高脱硫液中脱硫剂的含量或通知造气改烧低硫煤。

（3）严防气柜抽瘪以及机、泵抽负压、抽空

① 密切注意气柜高度变化，当高度降至低限位置时，应立即与压缩工段联系减量生产，防止气柜抽瘪。

② 按时巡检，加强排污，注意罗茨鼓风机进、出口半水煤气压力变化，防止罗茨鼓风机和压缩机抽负压。

③ 保持贫液槽和富液槽液位正常，防止脱硫泵和再生泵抽空。

（4）防止带液和串气　控制好脱硫塔、冷却塔、清洗塔、洗气塔液位，液位过高，易造成气体带液；液位过低，易造成串气。

（5）认真进行巡回检查。

3．正常停车操作规程

（1）煤气脱硫停车操作规程

① 接停车通知后，逐渐开鼓风机回路阀，关出口阀，开全回路阀停鼓风机。

② 分别关闭贫液泵、富液泵出口阀，停泵并关闭其入口阀（保持好液位）。分别关闭冷却清洗塔循环水出口阀，停泵并关闭其入口阀（调节保持好液位后）。

③ 根据情况确定是否卸压。

（2）变换气脱硫停车操作规程

① 关系统出口阀。

② 停变脱泵（脱硫塔、冷却塔液位保持好），关脱硫液出口阀。

4．紧急停车操作规程

如遇全厂性停电或发生重大设备事故及气柜高度小于极限值等紧急情况下，须立即与压缩、造气岗位联系，紧急停车，停止送气，防止抽负压，使空气进入系统。

（1）煤气脱硫紧急停车操作规程

① 立即与压缩岗位联系，停止送气，同时按停车按钮，开罗茨风机远路回路阀，停罗茨鼓风机，迅速关闭出口阀。

② 通知造气岗位停止送气，防止气柜液位过高。

③ 根据情况按正常停车规程处理。

（2）变脱系统紧急停车操作规程

① 立即关系统出口阀。

② 根据情况按正常停车规程处理。

四、常见故障及处理办法

常见故障及处理办法见表6-3。

表6-3　脱硫工段常见故障及处理办法

常见事故名称	原　　因	处　理　方　法
罗茨鼓风机出口气体压力波动大	①脱硫塔液位过高或脱硫液循环量过大；②气体冷却塔液位过高或加水量过大；③脱硫塔、气体冷却塔填料堵塞；④脱硫塔、气体冷却塔液位过低，造成排液管跑气	①降低脱硫塔液位，适当减少脱硫液循环量；②降低气体冷却塔液位，减小其加水量；③检修扒塔，清理填料；④适当提高脱硫塔、气体冷却塔液位

续表

常见事故名称	原　因	处　理　方　法
罗茨鼓风机电机电流过高或跳闸	①罗茨鼓风机出口气体压力过高；②机内煤焦油黏结严重；③水带入罗茨鼓风机内；④电器部分出现故障	①开启回路阀，降低出口气体压力；②停车用蒸汽吹洗或清理煤焦油；③排净机内积水；④检查处理电器部分故障
罗茨鼓风机响声大	①水带入罗茨鼓风机内；②杂物带入机内；③齿轮啮合不好或有松动；④转子间隙不当或产生轴向位移；⑤油箱油位过低或油质太差；⑥轴泵缺油或损坏	①排净机内水封内积水；②紧急停车处理杂物；③停车检修齿轮；④停车检修转子；⑤加油提高油位或换油；⑥停车轴泵加油或更换轴承
脱硫后半水煤气硫化氢含量高	①进系统的半水煤气中 H_2S 的含量过高或进塔气量过大；②脱硫液循环量小；③脱硫液成分不当；④脱硫液再生效率低或悬浮硫含量高；⑤进脱硫塔的半水煤气或贫液温度高；⑥脱硫塔内气液偏流影响脱硫效率	①联系造气更换含硫量低的煤炭，降低进脱硫系统半水煤气中的 H_2S 含量或适当减少半水煤气量；②适当加大脱硫液循环量；③把脱硫液成分调整到工艺指标范围内；④检修喷射器或适当提高再生压力，增加再生槽泡沫溢流量，减少悬浮硫；⑤加大冷却塔中的冷却水量，降低进系统半水煤气的温度；⑥检查清理脱硫塔喷头及填料，确保气液分布均匀
再生效率低	①自吸空气量不足；②溶液在喷射氧化再生槽内停留时间短；③再生空气在喷射氧化再生槽内分布不均匀；④再生温度低或溶液中杂质太多；⑤溶液中的某些脱硫剂含量低，影响再生效率	①提高喷射器入口富液压力，确保喷射器自吸空气正常，增加空气量；②延长再生时间，确保溶液在喷射氧化再生槽中的停留时间；③调节再生槽中的气体分布板，保证气液充分接触；④适当提高再生液温度，清除溶液中的杂质；⑤将溶液中的脱硫剂含量调至工艺指标范围内
泵不打液	①泵抽空；②泵进口堵塞；③泵叶轮堵塞；④冬季气温低、结晶物多致使进口不畅	①关小泵出口阀，提高液位；②清理泵进口、泵叶轮

五、煤气脱硫停车置换方案

① 半水煤气脱硫接到停车信号后，按正常的停车步骤进行停车。

② 停完车后，接调度通知，给气柜水封加水，加水到上部溢口流出水，停止加水，并叫专人监护。

③ 打开气柜出口水封盲板，同时打开罗茨风机放空阀，联系压缩机开启进口放空，同时迅速启动罗茨风机进行抽空气置换，逐渐关罗茨风机放空。

④ 当系统出口氧含量达到 20％～21％ 时置换合格，依次置换每台罗茨风机和近路循环及远路循环。

⑤ 当压缩机进口氧含量达到 20％～21％ 时，停罗茨风机。

注意事项如下。

① 气柜出口水封叫专人监护，置换期间区域内不能动火。

② 停车期间，通知电工切断罗茨风机、冷却泵、脱硫泵电源。

③ 停车时，脱硫塔液倒至贫液槽和再生槽。

④ 启动罗茨风机前与置换期间周围停止动火，严禁启动电机，挂好禁动牌。

⑤ 置换期间远路循环阀关死，到置换结束后远路循环阀才能开。

⑥ 停车前，冷却塔水封排污必须关死，水封内必须有水，防止气体逸出。

六、变脱置换方案

① 按正常步骤停车后，变脱卸压。

② 打开变脱放空阀，用 N_2 气对变脱进行置换，置换一会打开脱碳前放空阀，关变脱后

放空，在脱碳前放空分析 $N_2 \geqslant 97\%$。连续三次，视为合格。

注意系统不能有压，液位保持正常，区域禁止动火。

七、罗茨风机原始开车方案

1. 试车前的准备工作

① 检查各紧固体和定位销的安装质量。

② 检查进排气管道和阀门的安装质量。

③ 检查鼓风机的装配间隙是否符合要求。

④ 检查鼓风机冷却部位。

⑤ 检查机组的底座四周是否全部夯实，地角螺丝是否紧固。

⑥ 向主、副油箱注入规定牌号的润滑油至两油位之间。

⑦ 机体和电机之间联轴器处于分离状态。

⑧ 联系电工检查电机和绝缘情况以及开关是否完好。

2. 电机空负荷试车

① 通知电工送电，启动电机看动转方向是否正确，然后停车。

② 再次启动电机，空负荷 1h，检查电机声音（与电工配合）及温度是否正常，发现问题可联系电工处置，修理完毕后才可继续启动运转 2～4h。

③ 合格后，连接机体靠背轮。

3. 鼓风机空负荷试车

① 打开出口阀门及近路循环阀。

② 转动联轴器，盘车数转，检查转动是否灵活、有无摩擦或碰撞现象。

③ 瞬间点动一次，观察有无不正常气味或冒烟现象以及碰撞或摩擦声。

④ 启动电机 3～5min，然后停车，观察有无不正常气味或冒烟现象以及碰撞或摩擦声。

⑤ 再次启动电机，空负荷运行 30min，观察润滑油的飞溅情况是否正常，润滑油温度（温度最高不超过 65℃）、轴承温度（轴承温度最高不超过 95℃）是否正常，电机电流有无大的波动。

⑥ 空负荷运行 30min 后，如情况正常，即可投入带负荷运转，如发现运行不正常，进行检查排除后仍须作空负荷运行，直至运转正常，然后停车。

4. 鼓风机正常带负荷持续运转

① 检查各项仪表是否灵敏，准备负荷运转。

② 第一阶段开车 10min，由无负荷调整到排气压力为 15kPa 时，检查下列各项：

a. 鼓风机运转平稳，无不正常振动声和响声。

b. 鼓风机连接处没有松动及漏气、漏水现象。

c. 观察电流表有无急增现象。

d. 观察润滑油温度和机体温度。

③ 第一阶段负荷运转完毕后压力调到 20kPa，运行 30min，停车检查，如无异常时进行负荷运转。

④ 压力由 20kPa 逐渐调到满负荷 49kPa 运转，时间 30min。

5. 注意事项

① 负荷运转要求缓慢地调节，不允许一次调节至额定负荷。

② 风机正常工作中，严禁完全关闭进、排气口阀门，也不准超负荷运行。

③ 试车时应有维修工、电工、仪表工等有关人员在现场协助。

④ 试车过程中不允许带压修理。

⑤ 试车过程中应做好记录。

⑥ 试车过程中严格按规定进行，严禁违章操作。

⑦ 试车前必须准备好所需工具和所有劳动保护用品。

八、运转设备操作规程

1. 脱硫运转设备操作规程

（1）开罗茨风机　联系电工、仪表工检查设备是否完好，压力表、油位是否正常；开机前，先盘车、排油水、检查各阀的开关状态；启动罗茨风机，观察压力、电流，同时缓慢关循环阀，待压力与系统压力相等时开出口阀；将出口阀开全，循环阀关死。

（2）停罗茨风机　先将循环阀打开，然后关出口阀，注意压力、电流，同时将循环阀开全，最后将出口阀关死，停电机。

2. 脱硫泵

（1）开脱硫泵　联系电工、仪表工检查设备是否正常；注意观察脱硫塔的液位高低；开全进口阀，盘车，启动电机，待压力正常后再开出口阀；观察压力、电流是否在规定范围。

（2）停脱硫泵　关出口阀，停电机，再关进口阀，注意脱硫塔液位。

3. 循环水泵

（1）开循环水泵　联系电工、仪表工检查设备是否完好；冷却塔、循环水池中液位必须保持在1/2～2/3；开进口阀，盘车，启动电机，待压力正常后开出口阀；检查压力、电流不超指标。

（2）停循环水泵　关出口阀，停电机，最后关进口阀，注意冷却塔、循环水池的液位。

九、安全操作技术规程

① 要时刻注意罗茨鼓风机出口压力，防止负压，鼓风机房应通风良好，防止人员中毒。

② 必须保持再生槽和贫液槽（脱硫塔）液位的正常，防止富液泵和贫液泵抽空。

③ 必须保持脱硫塔、清洗塔液封等液位正常，严防煤气逸出发生事故。

④ 严格控制脱硫塔后半水煤气中硫化氢含量应在工艺指标内。

⑤ 必须经常注意系统内各塔器、槽的压差，定期清除设备内的沉积物。

⑥ 检修罗茨风机溶液泵时要配备防护用品加强通风，谨防煤气中毒和溶液灼伤。

⑦ 熔硫釜操作必须严格遵守操作规程，严禁超压运行。

⑧ 硫黄回收库要有专人管理，禁止同时存放氧化剂和易燃物品。

思 考 题

1. 什么是干法脱硫？什么是湿法脱硫？

2. 干法脱硫有哪些方法？其原理分别是什么？

3. 试述栲胶脱硫法的基本原理和工艺流程。

4. 气化煤气作为甲醇原料气，其脱硫与别的工业用途有何不同？

5. 比较几种湿法脱硫工艺，在甲醇原料气的粗脱硫中，如何选择？

第七章 气化煤气的变换

从煤气化工艺可以看出，气化煤气的氢碳比 M 太低，说明气化煤气中 CO 含量偏高，都不符合甲醇原料气的氢碳比 $M=2.10\sim2.15$（实际氢碳比）的要求。气化煤气都需通过 CO 变换工序使过量的 CO 变换成 H_2 和 CO_2，多余的 CO_2 可通过脱碳（第八章）工序脱除，最终使变换气的组成达到氢碳比 $M=\dfrac{n(H_2)}{n(CO+1.5CO_2)}=2.10\sim2.15$。

甲醇合成要求其原料气中总硫含量控制在 0.1×10^{-6} 以下。气化煤气中的硫化物主要为 H_2S，约占总硫含量的 90% 以上，其次为有机硫，约占总硫含量的 10%，主要为羰基硫（COS）和少量的 CS_2。气化煤气的常规湿法脱硫工序像栲胶法脱硫（第六章），只能有效地脱除煤气中的 H_2S，无法脱除煤气中的有机硫。气化煤气变换工序的另一任务就是将湿法脱硫工序后煤气中的有机硫在催化剂的作用下水解转化为 H_2S，便于后续脱硫，变换后的煤气（也叫变换气）再返回湿法脱硫工序进一步脱硫后，即可进入脱碳工序。

第一节 CO 变换的基本原理

一、CO 变换反应的影响因素

1. 温度的影响

CO 的变换反应如下：

$$CO+H_2O \longrightarrow CO_2+H_2 \qquad \Delta H=-38.4kJ/mol \qquad (7-1)$$

反应(7-1)是放热反应，降低温度有利于 CO 的变换，CO 平衡转化率与反应温度的关系见图 7-1。反应温度越低，CO 平衡转化率越高，当温度降到 200℃时，其转化率接近 100%。但是温度越低，反应速度越慢，达到平衡所需的时间就越长，单方面降低温度肯定是不行的。

2. 水蒸气添加量的影响

增加水蒸气量相当于增加反应物浓度，可使变换反应向右进行，因此，在实际生产中总是向系统中加入过量的水蒸气以提高 CO 的变换率。不同温度下蒸气加入量与 CO 平衡变换率的关系见图 7-2。

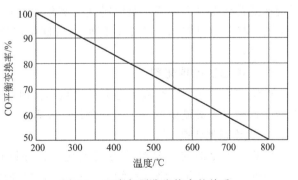

图 7-1 温度与平衡变换率的关系

由图可知，达到同一变换率时，反应温度降低，蒸气用量减少。在同一温度下，蒸气量增大，CO 平衡变换率增大，但其变化趋势是先快后慢。因此，蒸气用量过大，变换率的增大并不明显，然而蒸气耗量却增大了，而且还易造成催化剂层温度难以维持。

3. 压力的影响

由于 CO 的变换反应是等分子反应，反应前后气体的总体积不变，所以压力对 CO 平衡变换率无影响。

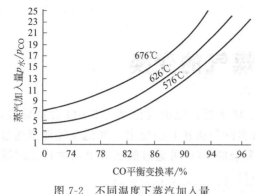

图 7-2 不同温度下蒸汽加入量
与 CO 平衡交换率的关系

4. CO_2 的影响

在变换反应过程中，如能把生成的 CO_2 及时除去，也就是减小生成物浓度，平衡向 CO 的变换方向移动，能提高 CO 的平衡变换率。实际生产中不可能及时从反应体系中除去 CO_2。

5. 催化剂的影响

催化剂能降低反应的活化能，尽管催化剂不改变化学平衡，但能改变反应历程，提高反应速度，缩短达到平衡的时间。催化剂是 CO 变换最重要的影响因素。

二、变换反应机理

CO 的变换反应只有在催化剂的作用下才能顺利进行，具体反应如下：

$$(K) + H_2O \Longrightarrow (K)O + H_2 \tag{7-2}$$

$$(K)O + CO \Longrightarrow (K) + CO_2 \tag{7-3}$$

式中，（K）表示催化剂；（K）O 表示中间化合物。

水分子首先被催化剂活性表面吸附，并分解成氢与吸附态的氧原子。氢气进入气相中，氧在催化剂表面形成氧原子吸附层，当 CO 碰撞到氧原子吸附层时便被氧化成 CO_2，随后离开催化剂表面进入气相。然后催化剂表面继续吸附水分子，反应循环继续进行。

第二节　CO 变换的催化剂

从变换反应的机理看，变换反应必须在一定的催化剂作用下才能发生快速的化学反应，选用什么催化剂要根据生产工艺要求具体而定，甲醇生产中，为满足合成氢碳比例的要求，对变换的转化率要求很低，对原料气一氧化碳含量较高的水煤气（CO 含量为 35%），变换反应的变换率也只需 30% 左右，因此，对催化剂的选择要求并不是很严格，下面介绍几种常见的催化剂。

一、中温变换催化剂

中温变换催化剂按组成可分为铁铬系和钴钼系两大类，前者活性高，机械强度好，耐热性能好，能耐少量硫化物，使用寿命长，成本低，工业生产中得到了广泛应用。

1. 铁铬系催化剂

铁铬系催化剂的主要组分为三氧化二铁和助催化剂三氧化二铬。三氧化二铁含量约 70%～90%，三氧化二铬含量约 7%～14%，另外还含有少量氧化钾、氧化镁和氧化钙等物质。三氧化二铁还原成四氧化三铁后能加速变换反应，三氧化二铬能抑制四氧化三铁再结晶，阻止催化剂形成更多的微孔结构，提高催化剂的耐热性能和机械强度，延长催化剂的使用寿命；氧化镁能增强催化剂的耐热和抗硫性能，氧化钾与氧化钙均能提高催化剂的活性。

催化剂的活性除与化学组成及使用条件有关外，还与其物理参量有关，催化剂的物理参量主要有以下几种。

① 颗粒外形与尺寸。

② 堆密度。指单位堆积体积（包括催化剂颗粒闪孔及颗粒间空隙）的催化剂具有的质量，一般中温变换催化剂的堆密度为 $1.0～1.6 g/cm^3$。

③ 颗粒密度。指单位颗粒体积（包括催化剂颗粒内的微孔，不包括颗粒间的空隙）的催化剂具有的质量数，中温变换催化剂的颗粒密度一般为 $2.0\sim2.2g/cm^3$。

④ 真密度。指单位骨架体积（不包括催化剂颗粒内微孔和颗粒间空隙）的催化剂具有的质量数，一般中温变换催化剂的真密度为 $4g/cm^3$ 左右。

⑤ 比表面积。指 1g 催化剂具有的表面积（包括内表面积和外表面积），单位为 m^2/g，中温变换催化剂的比表面积一般为 $30\sim60m^2/g$。

⑥ 孔隙率。指单位颗粒体积（包括催化剂和骨架体积）含有微孔体积的百分数，一般中温变换催化剂的孔隙率为 $40\%\sim50\%$。

⑦ 比孔体积。指单位质量催化剂具有的微孔体积，简称为比孔体积。

铁铬系催化剂是一种棕褐色圆柱体或片状固体颗粒，在空气中易受潮使活性下降，还原后催化剂遇空气则迅速燃烧，失去活性。硫、氯、硼、磷、砷的化合物及油类物质都能使催化剂暂时或永久性中毒，各类铁铬催化剂都有一定的活性温度和使用条件，国产B107中温变催化剂的性能如下：化学组成 Fe_2O_3 90%，Cr_2O_3 5%；颜色及外形为棕褐色圆柱体颗粒；规格 $9mm\times(5\sim7)mm$；堆密度 $1.45\sim1.55kg/L$；比表面积 $55\sim70m^2/g$；机械强度正压 $>200kg/cm^2$；侧压 $>20kg/cm^2$；蒸汽/原料气（干基）$0.7\sim0.8$（体积比）；常压空间速度 $700h^{-1}$；加压空间速度因催化剂不同而不同；$5\sim7kg/cm^2$（表）相应 $1000h^{-1}$，$30\sim40kg/cm^2$（表）相应 $1500\sim2000h^{-1}$；入炉气温 $330℃$；原料气中硫含量 $<300mg/m^3$。

2. 催化剂的还原与氧化

因为催化剂的主要成分三氧化二铁对一氧化碳变换反应无催化作用，需还原成四氧化三铁后才有活性，这一过程称为催化剂的还原。一般利用煤气中的氢和一氧化碳进行还原，其反应式如下。

$$3Fe_2O_3+CO \longrightarrow 2Fe_3O_4+CO_2 \quad \Delta H=-50.945kJ/mol \tag{7-4}$$

$$3Fe_2O_3+H_2 \longrightarrow 2Fe_3O_4+H_2O \quad \Delta H=-9.26kJ/mol \tag{7-5}$$

当催化剂用循环氮升温至 $200℃$ 以上时，便可向系统配入少量煤气才开始还原，由于还原反应是强烈的放热反应，为防催化剂超温，应严格控制 CO 含量小于 5%。当催化剂床层温度达 $320℃$ 后，反应剧烈，必须控制升温速度不高于 $5℃/h$。为防止催化剂被过度还原而生成金属铁，还原时应加入适量的水蒸气，催化剂当中含有的硫酸根会被还原成硫化氢而随气体带出，为防止造成后面的低变催化剂中毒，在还原后期有一个放硫过程。当分析中变炉出口 $\omega(CO)\leqslant3.5\%$，出入口 H_2S 含量相等时，即可认为还原结束。

氧能使还原后的催化剂氧化生成三氧化二铁，反应式如下。

$$4Fe_3O_4+O_2=6Fe_2O_3 \quad \Delta H=-514.14kJ/mol \tag{7-6}$$

此反应热效应很大，生产中必须严防煤气中因氧含量高造成催化剂超温，在停车检修或更换催化剂时必须进行钝化。其方法是用蒸汽或氮气以 $30\sim50℃/h$ 的速度将催化剂的温度降至 $150\sim200℃$，然后配入少量空气进行钝化。在温升不大于 $50℃/h$ 的情况下，逐渐提高氧的含量，直到炉温不再上升，进出口氧含量相等时，钝化工作即告结束。

3. 催化剂的中毒和衰老

硫、磷、砷、氟、氯、硼的化合物及氢氰酸等物质均可引起催化剂中毒，使活性显著下降。磷和砷的中毒是不可逆的。氯化物的影响比硫化物严重，但在氯含量小于 1×10^{-6}（质量分数）时，影响不明显。硫化氢与催化剂的反应如下

$$Fe_3O_4+3H_2S+H_2=3FeS+4H_2O \tag{7-7}$$

硫化氢能使催化剂暂时中毒，提高温度，降低硫化氢含量和增加气体中的水蒸气含量可使催化剂活性逐渐恢复。

原料气中灰尘及水蒸气中无机盐含量高时，都会使催化剂活性显著下降，造成永久性的中毒。

催化剂活性下降的另一个重要因素是催化剂的衰老。主要原因是在长期使用后，催化剂的活性逐渐下降。因为长期处在高温下会使催化剂逐渐变质，另外气流冲刷也会破坏催化剂表面状态。

4. 催化剂的维护与保养

为了保证催化剂具有较高的活性，延长使用寿命，在装填及使用过程中应注意以下几点。

① 在装填前，要过筛除去粉尘和碎粒，使催化剂装填时要保证松紧一致。严禁直接踩在催化剂上，并不许把杂物带入炉内。

② 在开、停车时，要按规定的升、降温速度进行操作，严防超温。

③ 正常生产中，原料气必须经过除尘和脱硫（氧化型的催化剂）并保持原料气成分稳定。控制好蒸汽与原料气的比例及床层温度，升降负荷时要平稳。

5. 钴钼系催化剂

钴钼系催化剂见变换工艺条件选择部分。

二、低温变换催化剂

1. 组成和性能

目前工业上采用的低温变换催化剂均以氧化铜为主体，经还原后具有活性组分的是细小的铜结晶。但耐温性能差，易烧结，寿命短。为了克服这一弱点，采用向催化剂中加入氧化锌、氧化铝和氧化铬的方法，将铜微晶有效地分隔开来，防止铜微晶长大，提高了催化剂的活性和热稳定性，按组成不同，低变催化剂分为铜锌、铜锌铝和铜锌铬三种。其中铜锌铝型性能好，生产成本低，对人无毒。低温变换催化剂的组成范围为 CuO 含量 $15\% \sim 32\%$。B202 型低温变换催化剂的主要性能如下。

主要成分：CuO，ZnO，Al_2O_3。规格：片剂 $\phi 5mm \times 5mm$。堆积密度：$1.3 \sim 1.48$ g/cm^3。使用温度：$180 \sim 260℃$。操作压力：$1.2 \sim 3.0MPa$。空间速度：$1000 \sim 2000h^{-1}$（$2.0MPa$）。

2. 催化剂的还原与氧化

氧化铜对变换反应无催化活性，使用前要用氢或 CO 还原具有活性的单质铜，其反应式如下。

$$CuO + H_2 = Cu + H_2O \quad \Delta H = -86.526kJ/mol \quad (7-8)$$

$$CuO + CO = Cu + CO_2 \quad \Delta H = -127.49kJ/mol \quad (7-9)$$

在还原过程中，催化剂中的氧化锌、氧化铝、氧化铬不会被还原。氧化铜的还原是强烈的放热反应，且低变催化剂对热比较敏感，因此，必须严格控制还原条件，将床层温度控制在 $230℃$ 以下。

还原后的催化剂与空气接触产生下列反应。

$$Cu + 1/2O_2 = CuO \quad \Delta H = -155.078kJ/mol \quad (7-10)$$

若与大量空气接触，其反应热会将催化剂烧结。因此，要停车换新催化剂时，还原态的催化剂应通少量空气进行慢慢氧化，在其表面形成一层氧化铜保护膜，这就是催化剂的钝化。钝化的方法是用氮气或蒸汽将催化剂层的温度降至 $150℃$ 左右，然后在氮气或蒸汽中配入 0.3％的氧，在升温不大于 50℃的情况下逐渐提高氧的含量，直到全部切换为空气时，钝化即告结束。

3. 催化剂的中毒

硫化物、氯化物是低温变换催化剂的主要毒物，硫使低变催化剂中毒最明显，各种形态的硫都可与铜发生化学反应造成永久性中毒。当催化剂中硫含量达 0.1％（质量分数）时，变换率下降 1％；当含量达 1.1％时，变换率下降 80％。因此，在中变串低变的流程中，在低变前设氧化锌脱硫槽，使总硫精脱至 1×10^{-6}（质量分数）以下。

氯化物对低变催化剂的毒害比硫化物大 5～10 倍，能破坏催化剂结构，使之严重失活。氯离子自水蒸气或脱氧软水中来，为此，要求蒸汽或脱氧软水中氯含量小于 3×10^{-8}（质量分数）。

三、宽温耐硫变换催化剂

由于 Fe-Cr 系中（高）变催化剂的活性温度高，抗硫性能差，Cu-Zn 系低变催化剂，低温活性虽然好，但活性温度范围窄，而对硫又十分敏感。为了满足重油、煤气化制氨流程中可以将含硫气体直接进行一氧化碳变换再脱硫、脱碳的需要，20 世纪 50 年代末期开发了耐硫性能好、活性温度较宽的变换催化剂，表 7-1 为国内外耐硫变换催化剂的化学组成及其性能。

表 7-1　国内外耐硫变换催化剂

国别	德国	丹麦	美国	中国	
型号	K$_{8\text{-}10}$	SSK	C$_{25\text{-}2\text{-}02}$	B301	B302Q
CoO	约 3.0	约 1.5	约 3.0	2～5	＞1
MoO	约 8.0	约 10.0	约 12.0	6～11	＞7
K$_2$O	—	适量	适量	适量	适量
其它	—	—	加有稀有元素	—	—
Al$_2$O$_3$	专用载体	余量	余量	余量	余量
尺寸/mm	$\phi4\times10$ 条型	$\phi3\times5$ 球型	$\phi3\times10$ 条型	$\phi5\times10$ 条型	$\phi3\times5$ 球型
颜色	绿	墨绿	黑	蓝灰	墨绿
堆密度/(kg/L)	0.75	1.0	0.7	1.2～1.3	1.0+(−)0.1
比表面/(m²/g)	150	79	122	148	173
比孔容/(mL/g)	0.5	0.27	0.5	0.18	0.21
使用温度/℃	280～500	200～475	270～500	210～500	180～500

耐硫变换催化剂通常是将活性组分 Co-Mo、Ni-Mo 等负载在载体上组成的，载体多为 Al$_2$O$_3$、Al$_2$O$_3$＋Re$_2$O$_3$（Re 代表稀土元素）。目前主要是 Co-Mo-Al$_2$O$_3$ 系，加大碱金属助催化剂以改善低温活性，这一类变换催化剂的特点如下。

① 有很好的低温活性。使用温度比 Fe-Cr 系催化剂低 130℃以上，而且有较宽的活性温度范围，因此被称为宽温变换催化剂。

② 有突出的耐硫和抗毒性。因硫化物为这一类催化剂的活性组分，可耐总硫到几十克每立方米，其它有害物如少量的 NH$_3$、HCN、C$_6$H$_6$ 等对催化剂的活性均无影响。

③ 强度高。尤以选用 γ-Al$_2$O$_3$ 作载体强度更好，遇水不粉化，催化剂硫化后的强度还可提高 50％以上（Fe-Cr 系催化剂还原态的强度通常比氧化态要低些），而使用寿命一般可

用五年左右，也有使用十年仍在继续运行的。

④ 可再硫化。不含钾的 Co-Mo 系催化剂部分失活后，可通过再硫化使活性获得恢复。

Co-Mo 系变换催化剂的主要缺点是使用前的硫化过程比较麻烦，一般都用 CS_2 作硫化剂，目前已有采用泡沫硫来代替 CS_2。

硫化操作的好坏对硫化后催化剂的活性有很大关系，除在含氢气条件下用 CS_2 外，也可以直接用 H_2S 或用含硫化物的工艺。硫化为放热过程，反应如下。

$$CS_2 + 4H_2 \Longrightarrow 2H_2S + CH_4 \quad \Delta H = -240.6 \text{kJ/mol} \tag{7-11}$$

$$MoO_3 + 2H_2S + H_2 \Longrightarrow MoS_2 + 3H_2O \quad \Delta H = -48.1 \text{kJ/mol} \tag{7-12}$$

$$CoO + H_2S \Longrightarrow CoS + H_2O \quad \Delta H = -13.4 \text{kJ/mol} \tag{7-13}$$

在温度为 200℃时，CS_2 的氢解反应可较快发生。若在常温下加入 CS_2，则 CS_2 易吸附在催化剂的微孔表面，到 200℃会因积聚而急剧氢解以及催化剂的硫化反应终致出现温度暴涨。若在温度较高时（如 300℃）加入 CS_2，会因发生氧化钴的还原反应而生成金属钴

$$CoO + H_2 \Longrightarrow Co + H_2O \tag{7-14}$$

金属钴对甲烷化反应有强烈的催化作用，甲烷化反应、催化剂的硫化反应以及二硫化碳的氢解反应叠加在一起也易出现温度暴升。因此，加入 CS_2 以 180~200℃为宜。

B302Q 催化剂采用快速的硫化方法，硫化后催化剂的活性很好，使用时间也长。表 7-2 为该催化剂的快速硫化程序。

Co-Mo 系变换催化剂经过硫化后具有活性，而活性组分 MoS_2 和 CoS 在一定条件下会发生水解反应，实际上是反硫化反应，它构成了这一类催化剂失活的重要原因。反应如下：

$$MoS_2 + 2H_2O \Longrightarrow MoO_2 + 2H_2S \tag{7-15}$$

由式(7-15)可知，在一定条件下，当工艺气中 H_2S 含量比较高时，平衡向逆反应方向移动，能抑制反硫化反应，此时 H_2S 的含量称其为最低 H_2S 含量。一般要求变换进口含量不低于 50~80mg/m³。同时上述反应为吸热反应，降低温度也能抑制反硫化反应。所以，防止反硫化反应的重要手段是：控制小的汽气比、保证较高的 H_2S 浓度以及低的进口温度。

一旦发生反硫化现象，必须再次实施硫化。

表 7-2 B302Q 催化剂的快速硫化程序

阶段	时间/h	床层温度/℃	进料气中 CS_2/(g/m³)	备　　注
升温	约 4	100~200		
初期	约 8	200~300	20~40	出口气 H_2S 约 5g/m³
主期	约 2	300~400	40~70	出口气 H_2S 约 15g/m³
	约 2	400~500		
降温置换	约 4			降到 300℃,停止加入 CS_2

第三节　CO 变换工艺流程

综合变换反应热力学、动力学及催化剂的讨论，并考虑生产工艺的不同要求，对三种典型催化剂的工艺条件综述如下。

一、中变工艺条件

1. 操作温度

① 操作温度必须控制在催化剂活性温度范围内。反应开始温度应高于催化剂活性温度

20℃左右，并防止在反应过程中引起催化剂超温，一般反应开始温度为320～380℃，最高使用温度为530～550℃。

② 要使变换反应全过程尽可能在接近最适宜温度的条件下进行。由于最适宜温度随变换率的升高而下降，因此随着反应的进行，需要移出反应热，降低反应温度，生产中通常采取两种办法：一种是多段间接式冷却法，用原料气或蒸汽进行间接换热，移走反应热；另一种是直接冷激式，在段间直接加入原料气、蒸汽或冷凝液进行降温，这样一段温度高，可以加快反应速率，使大量一氧化碳进行变换反应，下一段温度低，可提高一氧化碳的变换率。

2. 操作压力

压力对变换反应的平衡几乎无影响，但加压变换与常压相比有以下优点。

① 可以加快反应速率和提高催化剂的生产能力，因此可用较大的空速增加生产负荷。

② 由于干原料气体积小于干变换气的体积，因此，先压缩原料气后再进行变换的动力消耗比常压变换后再压缩变换气的动力消耗低很多。

③ 需用的设备体积小，布置紧凑，投资较少。

④ 湿变换气中蒸汽的冷凝温度高，利于热能的回收利用。

但压力提高后，设备腐蚀加重且必须使用中压蒸汽。加压变换有其缺点，但优点占主要地位，因此得到广泛采用。目前中型甲醇厂变换操作压力一般为0.8～3.0MPa。

3. 汽气比

汽气比一般指蒸汽与原料气中一氧化碳的摩尔比或蒸汽与干原料气的摩尔比。增加蒸汽用量，可提高一氧化碳变换率，加快反应速率，防止催化剂中 Fe_3O_4 被进一步还原，使析炭及甲烷化等副反应不易发生；同时增加蒸汽能使湿原料气中一氧化碳的含量下降，催化剂床层的温升减少，所以改变水蒸气用量是调节床层温度的有效手段。但过大则能耗高，不经济，也会增大床层阻力和余热回收设备的负担。因此，应根据气体成分、变换率要求、反应温度、催化剂活性等合理调节蒸汽用量。甲醇生产中，中变水蒸气比例一般为汽/气(干原料气)＝0.2～0.4。

4. 空间速度

空间速度（空速）的大小，既决定催化剂的生产能力，又关系到变换率的高低。在保证变换率的前提下，催化剂活性好，反应速率快，可采用较大的空速，充分发挥设备的生产能力；若催化剂活性差，反应速率慢，空速太大，因气体在催化剂层的停留时间短，来不及反应而降低变换率，同时床层温度也难以维持。

二、低变工艺条件

1. 温度

设置低温变换的目的是为了变换反应在较低的温度下进行，以便提高变换率，使低变炉出口的一氧化碳含量降到更低。但反应温度并非越低越好，若温度低于湿原料气的露点温度就会出现析水现象，破坏与粉碎催化剂，因此，入炉气体温度应高于其露点温度20℃以上，一般控制在190～260℃之间。

2. 压力和空间速度

低变炉的操作压力取决于原料气具备的压力，一般为0.8～3.0MPa，空速与压力有关，压力高则空速大。

3. 入口气体中一氧化碳

入口气体中一氧化碳含量高，需用催化剂量多，寿命短，反应热量多，易超温。所以低变要求入口气体中一氧化碳含量应小于6%，一般为3%～6%。

4. 催化剂

在甲醇生产中，因变换率仅有 30％，考虑其耐硫性能差、使用寿命短、成本也较高，一般不选用铜锌系低温变换催化剂。

三、全低变工艺操作条件

（1）压力　变换反应对压力的要求并不严格，有 0.8MPa、2.5MPa，还有的更高，选用多高压力与全厂工艺和压缩机的选型有关，对变换本身附操作影响不大。只是提高压力可加大生产强度，节省压缩做功，并因蒸汽压力的相应提高而充分利用过剩蒸汽的热能。

（2）温度　一段入口温度≥200℃；二段入口温度≥230℃；一段出口温度≥320℃；二段出口温度≥250℃。

这是一组参考指标，一般在催化剂的初期要控制得低些，随着使用情况和化学活性的变化而稳步提高，以此延长使用寿命。

（3）汽气比　因甲醇合成的氢碳比要求，变换率仅为 30％ 左右，故汽气比很低。在实际生产中，既要满足变换出气的指标要求，又要保证变换炉床层温度在活性范围内，只得采取部分变换而另一部分走变换炉近路的办法来稳定生产，一般汽气比控制在 0.2 左右。

（4）空速　因变换炉配有近路阀，所以空速也不尽相同，要根据生产负荷、变换率、催化剂的活性温度等条件灵活掌握。

第四节　有机硫 COS 的变换

气化煤气中硫化物主要为 H_2S，约占总硫含量的 90％ 以上，其次为有机硫，约占总硫含量的 10％ 左右，主要为羰基硫（COS）和少量的 CS_2。气化煤气的常规湿法脱硫工序，像栲胶法脱硫（第六章）只能有效地脱除煤气中的 H_2S，无法脱除煤气中的有机硫。气化煤气变换不仅是 CO 的变换，同时将煤气中的有机硫在催化剂的作用下水解变换为 H_2S，便于后续脱硫。

一、COS 水解变换的基本原理

COS 呈中性或弱酸性，化学性能稳定，难以用常规的湿法脱硫方法脱除干净，在化学吸收中它的反应性较差，甚至使溶液降解；在物理吸收中 COS 与 CO_2 的溶解度接近，造成选择性分离困难。当然气化煤气作为甲醇原料气在脱碳（脱除 CO_2）过程中希望吸收 COS，不存在二者的选择性分离。由于平衡等因素的限制，湿法脱硫要达到 10^{-6} 级净化度是有困难的。

COS 水解变换是指在催化剂和温度条件下，COS 与水反应生成 H_2S 和 CO_2，其化学反应如下：

$$COS + H_2O \Longrightarrow H_2S + CO_2 \quad \Delta H = -35.53kJ/mol \tag{7-16}$$

其平衡常数 $K_p = \dfrac{p_{H_2S} p_{CO_2}}{p_{H_2O} p_{COS}}$，在不同温度下，$K_p$ 值可按下式计算：

$$\lg K_p = \frac{3369.5}{T} - 4.823 \times 10^{-3} T + 0.753 \times 10^{-6} T^2 + 11.247 \lg T - 33.071 \tag{7-17}$$

从式(7-17) 可以看出，平衡常数随温度的降低而增大。例如 100℃ 时 K_p 为 2.98×10^4，38℃ 时 K_p 为 4.16×10^5，说明常温下平衡常数很大，降低温度对 COS 水解有利。

二、COS 水解催化剂

COS 水解的催化剂是浸渍碱性组分的 Al_2O_3，中国主要 COS 水解催化剂的性能见表 7-3。

表 7-3　中国主要 COS 水解催化剂型号及使用条件

型号　　项目	T503	T504	T907	TGH-2	SN-4	r-909
粒度/mm	$\phi 3\sim 6$	$\phi 2\sim 4$	$\phi 3\sim 4$	$\phi 3\times(5\sim 10)$条	$\phi 4\sim 5$	$\phi 4\sim 5$
堆密度/(kg/L)	$0.8\sim 0.9$	$0.7\sim 1.0$	$0.8\sim 1.0$	$0.5\sim 0.6$	0.7	$0.9\sim 1.1$
比表面积/(m²/g)	—	$150\sim 250$	150	200	>200	$100\sim 150$
径向抗压碎力/(N/cm)	$\geqslant 30$	$\geqslant 25$	>50	—	>80	>50
使用压力/MPa	>1.0	$0.1\sim 8.0$	常压~5.0	$1.5\sim 2.5$	$0.1\sim 4.0$	常压/加压
使用温度/℃	$\geqslant 10$	$30\sim 120$	$10\sim 40$	$100\sim 140$	$35\sim 100$	$70\sim 130$
空速/h⁻¹	1500 2~5(液)	$1000\sim 3000$	3~5(液)	$300\sim 1000$	$800\sim 1500$	$1000\sim 2000$
出口 COS 含量/×10⁻⁶	$1\sim 10$		<0.1	<0.12	<0.1	<0.1

三、工艺流程及控制条件

一般先采用粗脱硫方法将原料中的 COS 脱除至 10×10^{-6} 左右，再经水解将 COS 转化为 H_2S，最后由氧化锌脱硫剂进行精脱硫（见第九章），将 H_2S 脱除至小于 0.1×10^{-6}，即可作为甲醇原料气合成甲醇。

COS 的水解转化率与煤气中 H_2S 的含量关系很大。H_2S 抑制 COS 的水解反应，当煤气中 H_2S 的含量达 $14g/m^3$ 时，COS 的水解转化率仅为 65%，H_2S 的含量降到 $1mg/m^3$ 时，COS 的水解转化率可达 99% 以上。煤气经过粗脱硫（第六章）后，煤气中的 H_2S 含量还比较高，约为 $70mg/m^3$ 左右，致使 COS 的水解转化率不是很高，所以煤气变换脱硫、脱碳（该过程也能吸收一部分 H_2S 和 COS）后，还必须进行精脱硫才能达到甲醇原料气的要求。

COS 水解催化剂的寿命与进口气中 COS 含量、氧的含量和温度有关。COS 的含量越低，催化剂的寿命越长，如 COS 含量 $<10mg/m^3$，寿命 2~4 年；COS 含量 $>10mg/m^3$，寿命 1~2 年。在 O_2 有存在时，原料气中的 H_2S 与 O_2 发生下列反应：

$$2H_2S+O_2 =\!=\!= 2S+2H_2O \tag{7-18}$$

$$S+O_2 =\!=\!= SO_2 \tag{7-19}$$

$$2SO_2+O_2 =\!=\!= 2SO_3 \tag{7-20}$$

低温下发生式(7-18) 的反应，生成的硫堵塞催化剂微孔而影响催化剂寿命；较高温度下发生式(7-19) 和式(7-20) 反应，生成的 SO_2 或 SO_3 与活性组分及 Al_2O_3 载体反应生成硫酸盐或亚硫酸盐而使催化剂失活，在较高温度下比低温下对催化剂寿命的影响大得多。

综上所述，COS 水解操作时要求"三低一严"，即进口 H_2S 低，O_2 含量低，床层温度低，并要严禁催化剂床层进水。

工程示例：同煤集团煤气厂 5 万吨/年甲醇生产的煤气变换工艺流程

一、水煤气全低变工艺流程

工艺流程如图 7-3 所示。煤气经栲胶法脱硫后经压缩机加压首先进入油水分离器，分离掉气体中的气雾、煤焦油等杂质后进入热交换器，与中温水解槽出来的变换气换热后进入中间换热器管程，与壳程的变换气换热后达到 200~220℃，进入变换炉一段，出来后的气体进入增湿器提高汽气比后进入变换炉二段，然后变换气经中间换热器壳程与管程的煤气换热后，温度降至 165~170℃进入中温水解槽，将大部分有机硫转换为 H_2S 后，达到工艺指标的变换气经热交换器壳程、软水加热器管程、变换气冷却器管程，温度降至 30~35℃，经变换气分离器分离掉冷凝液后送入变换气脱硫塔底部，与塔顶部来的脱硫液逆流接触，气体

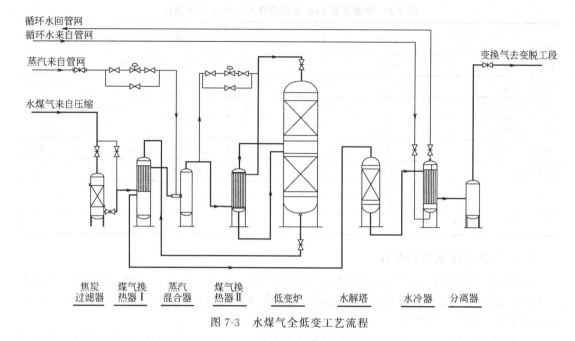

图 7-3　水煤气全低变工艺流程

从塔顶出来后，$H_2S < 10mg/Nm^3$，经塔后分离器后送往脱碳工序。

二、工艺指标

1. 压力　系统进口压力 ≤ 0.85MPa；总蒸汽压力 1.0～1.3MPa；系统压差 < 0.1MPa；冷凝泵出口压力 ≥ 1.0MPa。

2. 气体成分　出变换工段煤气成分 CO ≤ 21%～23%，$H_2S < 30mg/m^3$；半水煤气中的 $O_2 ≤ 1.0\%$；变换系统进口 $H_2S ≥ 100mg/m^3$。

3. 炉温控制

① 变换炉进口温度 200～220℃，开车时用电炉功率调节。

② 水解炉进口温度 165～170℃，用中间换热器副线调节。

③ 注意二层的炉温变化，由增湿器补水量或蒸汽量调节。

④ 密切注意炉温，防止严重超温。

三、操作要点

① 根据分析保证气体成分 CO 含量在 21%～23% 以内。

② 及时排放冷却水，防止带液。

③ 观察脱盐水、循环冷却水及外供蒸汽压力的变化。

④ 在正常操作中，催化剂层温度在规范范围内平稳是十分重要的，因为超过这个范围，变换率就会降低，温度波动太大，催化剂的活性和力学性能也要显著下降，同时催化剂层会产生温度差，既影响了催化剂效用的发挥，也降低了设备的生产能力。

由变换反应的化学平衡可知，在较高的温度下，变换反应具有较快的反应速率，在较低的温度下，则可获得较高的变换率。根据这一原则，在操作中一般将上段温度控制得高些，以加快变换反应的进行，下段温度控制得低些，以使 CO 变换反应进行得尽可能完全来提高变换率。

半水煤气、蒸汽混合气体进入变换炉的温度对催化剂温度的影响很大，所以催化剂层温度主要是以入口气体温度控制的，控制好气体进口温度是稳定催化剂层温度的有效方法，进口气温度的确定，根据催化剂的活性温度使用时间和使用情况而定，新装填的催化剂为充分发挥其低温活性的潜力，进气温度应控制得低些，随着使用时间的增长，催化剂活性逐渐降低，进气温度也逐步提高。催化剂层温度随着进气温度的逐步提高经历了一个由低到高的过程，以适应催化剂活性由高到低的变化，这样不仅仅可以使 CO 变换反应始终保持在较高的变换率，并且最大限度地合理使用了催化剂。

各段温度的调节以各段"灵敏点"温度的变化判断，所谓"灵敏点"温度是指催化剂层中反应温度变化最灵敏的温度点，以这点为依据，可及时发现催化剂层温度的波动，调整各控制参数。

系统负荷的变化，对催化剂层温度影响很大，增加负荷时，由于进入变换炉的气体温度较低，流速较快，从一段催化剂层带来的热量较多，因此温度下降，但很快就会恢复正常后转而上升。因此在操作中应注意加强下层副线的调节和添加蒸汽的时间（添加蒸汽量的时间对炉温是有影响的），如果先加大气量再加大蒸汽，炉温波动小，但变换气中 CO 含量将会增大，加大气量时先添加蒸汽炉温波动较大，但变换气中 CO 含量不会增加，因此，后一种调节方法，在气体中 CO 含量较高或炉温下降时具有特殊意义。一般来讲，在操作中采取的方法是：炉温平稳加大负荷时应添加蒸汽，减少负荷时则与此相反，可根据减量的情况控制蒸汽的添加量，无论加大或减小负荷都不应过于频繁。气体成分的变化也会引起催化剂层温度的波动，气体中 CO 含量增高，变换反应热增多，催化剂温度升高，反之则炉温下降。蒸汽的添加或减少应根据气体中 CO 含量的变化进行，一般来讲，半水煤气中 CO 含量在一定范围内，炉温不会因之而急剧上升或下降，但在操作中仍需给予足够的重视。炉温猛涨往往是由于半水煤气 O_2 含量的增加而引起的，此时应及时分析气体成分，减小蒸汽量，以防止炉温的继续上升，当炉温上升已经减慢，应及时加大蒸汽量，炉温不再上升时则应将蒸汽添加量恢复正常。O_2 含量过高时会使炉温有几十度的温升，甚至使催化剂过热造成熔融结块，失去活性；此外 O_2 含量过高时，还会引起设备爆炸，因此 O_2 含量过高时除采取上述措施防止炉温猛涨外，必要时应及时减量或紧急停车。煤气压力和蒸汽压力的波动都会影响催化剂层温度的稳定，煤气压力的波动往往是由于压缩机岗位引起的，除及时联系检查外，应视情况调节炉温；蒸汽压力的波动往往是因总管蒸汽压力不稳定造成的，应加强联系并及时调节进系统的蒸汽阀，保证入炉压力的稳定，如果总管压力过低，短时间解决不了，则应减小负荷，直至要求停车。

⑤ 变换反应所需蒸汽比例一般在二段一次加足，适宜的蒸汽比例是以既维持较高的变换率又能保证较低的消耗量为依据而确定的，一般蒸汽比例 $(V_汽/V_气)$ 控制在 0.3～0.4。

在正常操作中，不能以添加补充蒸气作为主要调节手段来维持催化剂层最适宜的温度，蒸汽比例较大、蒸汽消耗量较高都是不太合理的，一般主张应尽可能采用副线调节，以降低吨醇生产的蒸汽消耗量。

⑥ 设置冷却塔的目的是为了使变换气冷却，以便送压缩并分离掉变换气中的水分，在一定压力下，一定量的气体温度愈低，体积愈小，冷却塔出口气体温度低，压缩机的实际打气量就会增加。因此，尽可能控制变换气的温度在 35～40℃，保证变换气脱硫液的温度。

⑦ 系统排污是为了防止系统阻力增加或冷凝水带进变换炉及二次脱硫系统，所以必须及时排污，半小时一次。

四、全低变催化剂的硫化升温

1. 硫化原理 钴钼系催化剂的主要活性组分为氧化钴和三氧化钼，在使用前需将其转化为硫化物才具有活性，这一过程称为硫化，其反应方程式为：

$$MoO_3 + 2H_2S + H_2 =\!\!=\!\!= MoS_2 + 3H_2O \qquad (7\text{-}21)$$

$$CoO + H_2S =\!\!=\!\!= CoS + H_2O \qquad (7\text{-}22)$$

为了使气体中有足够的 H_2S 含量以保证硫化过程顺利进行，通常采用向系统连续加 CS_2 的方法或使用固体硫化剂，并在一定温度（200℃）下发生氢解作用生成 H_2S。

$$CS_2 + 4H_2 =\!\!=\!\!= 2H_2S + CH_4 \qquad (7\text{-}23)$$

2. 升温硫化方案

① 升温阶段。干半水煤气经电炉加热进入变换炉系统出口后放空，催化剂层温度在 $100\sim200℃$ 之间。

② 硫化初期阶段。因为硫化剂在 200℃ 时发生氢解反应放出 H_2S，当电加热器出口温度 $\geq220℃$ 时加入 CS_2，入炉 H_2S 含量 $10\sim15g/Nm^3$，空速为 $200\sim250h^{-1}$，催化剂床层温度 $200\sim350℃$，约 $10h$，待出口 H_2S 含量达 $\geq3g/Nm^3$，床层为穿透结束。

③ 硫化主期分两个阶段。第一阶段将催化剂床层温度升到 $350\sim400℃$，变换炉入口气中 H_2S 含量 $10\sim20g/Nm^3$，时间约为 $6h$，空速可达 $200h^{-1}$。第二阶段催化剂床层各点温度为 $400\sim450℃$，变换炉入口气中 H_2S 含量 $10\sim20g/Nm^3$，时间约为 $5h$，进口、出口气体中的 H_2S 含量接近或出口 $H_2S\geq10g/Nm^3$ 可认为硫化结束。

④ 降温置换阶段。加大空速进行置换，将催化剂床层温度降低到 $\leq200℃$，然后停止加硫，当放空气中 H_2S 浓度 $<1g/Nm^3$，即可转入正常生产。

3. 注意事项

① CS_2 在系统温度升高以后床层热点在 $200\sim220℃$ 时加入。

② 半水煤气中 $O_2\leq0.5\%$，一旦跑高床层温度暴涨，必须及时切气。

③ 注意排污，防止带水。

④ 防止油污带入，油污在高温下炭化造成积炭，使催化剂活性减退，所以要及时排放油水分离器中的油水。

⑤ 当 H_2S 穿透床层之后，浓度急剧上升，需加强分析，越快越准确越好。

具体硫化时间见表 7-4。

表 7-4 全低变催化剂的硫化升温时间

步骤	时间/h	空速/h^{-1}	床层各点温度/℃	入炉 H_2S 含量/(g/Nm^3)	备 注
升温	约 8	$300\sim400$	$100\sim200$		先用半水煤气将系统置换后，开电炉升温
硫压	约 10	$200\sim250$	$200\sim350$	$10\sim20$	控制床层各点在 350℃，出口 $H_2S>3g/m^3$，穿透床层
强化	$6\sim2$	约 200	$350\sim400$ $400\sim450$	$10\sim20$	出口 $H_2S>3g/m^3$，连续分析三次
降温置换	约 6	$300\sim400$	200		逐渐减少直至切断电炉，降至 200℃ 后，当置换出口放空气 $H_2S<1g/m^3$，转入正常生产。350℃ 出口 $A_2S>3g/m^3$

五、常见事故的处理办法

1. 变换系统阻力过大或送不出气 系统的阻力增加，会使水煤气流量变小，设备生产能力降低，阻力增大的原因大致分为两个方面。

① 由于变换催化剂粉碎、设备管道积垢堵塞、变换炉内钢板断裂以及设备内件下塌堵塞出口等。

② 由于系统阀门未敞开、阀芯脱落、系统存有冷凝水未及时排出，出现阻力大或送不出气的情况，可根据各管压力的变化进行判断，在操作中，应经常注意排放各倒淋的冷凝水，检查各阀门的开关情况，如果催化剂粉化出现设备问题，则应停车检修或筛换催化剂。

2. 仪表用空气中断和仪表失灵　空压机发生故障，中断仪表空气，会使气动调节阀门和部分仪表失灵，如果处理不当或不及时可产生严重后果，除联系空气压缩机迅速恢复空气供应外，应使用自动调节阀门副线手动阀调节。

仪表失灵常常可遇到，当煤气流量计失灵时入炉半水煤气流量的大小可根据压力的变化加以判断和调整，也可根据催化剂温度波动来确定增减蒸汽量或根据其它温度的变化调节。变换炉温度计全部失灵后会给生产带来很大威胁，短时间的操作可根据失灵的指标进行，如加蒸汽、煤气流量和压力的变化及气体成分的分析、据反应好坏判断炉温的正常与否等，长时间失灵是不允许的，必须及时修理。

3. 系统着火或爆炸　管道和设备漏气或煤气中混有大量的 O_2 会导致着火或爆炸，当发生爆炸时，切断煤气来源，关闭出口阀，打开放空加入蒸汽置换系统中的可燃气体，系统蒸汽保证正压，防止催化剂与空气接触，以免急剧氧化烧坏催化剂。

4. 气柜抽负或跑气　变换系统开停车或加减负荷时，若操作不当常会发生抽负或跑气事故，气柜高度低于安全指标极易发生抽负事故，严重时会抽入空气引起爆炸，造成气柜损坏，因此，发生气柜抽负时应立即紧急停车。

气柜充气过多，压力大冲破压力水封槽就会发生跑气现象，环形水槽漏水或水管被堵塞、水封水面过低，也会发生跑气。

气柜内压力过高时可适当放空降低气柜压力，如系环形水槽漏水或水管堵塞必要时应停车。

5. 煤气中 O_2 含量≤0.5％、O_2 含量≥0.8％时开始减量，O_2 含量≥1％时联锁停车或切气。

6. 变换炉垮温

① 由于长时间不排放冷凝水，致使原料气中水蒸气的含量增加，炉温下降。此时应打开电炉升温，同时打开中间换热器副线以提高变换炉温度。升温幅度由此变换工段中 CO 的含量（含量在 21％～23％）控制。

② 操作失误垮温。当炉温刚开始下降时，可打开中间换热器副线进行调节，若调节不及时，造成垮温。

7. CO 跑高　CO 跑高有以下原因及处理方法：

① 变换炉炉温过高或过低，要控制好炉温并达标。

② 冷凝液温度低或补水过大，要控制好冷凝液补入量，必要时加入蒸汽，停止补水。

③ 蒸汽加量小，要加大蒸汽加量。

④ 热交换漏气，要更换热交换器或处理漏点。

⑤ 催化剂中毒、失活或老化，要进行更新并硫化。

⑥ 催化剂塌方或表面盐的覆盖造成气体偏流，要重新装填催化剂并处理掉表面盐。

8. 气体带液使脱硫液位升高

① 冷却塔排放水量不够或排放不及时，气体得不到充分冷却使水分冷凝而造成气体带液。

② 冷却器出口气体温度高，使气体带水后得不到充分冷凝，处理时应加大变换冷却水循环量，控制变换气温度出口为 35～40℃。

六、变换岗位安全技术规程

① 操作人员必须经本岗位专业技术和安全技术培训，做到懂生产、懂工艺、懂设备构造及会操作，会排除故障，会处理事故。本岗位新上岗人员经考试合格取得安全、操作两证，并经安全教育方可上岗。

② 操作人员必须严格遵守各项规章制度，严禁违章作业，不准超温、超压、超指标运行。

③ 操作人员必须严格劳动纪律，严禁班前、班中喝酒、脱岗，严禁串岗、睡岗，严格禁止在本岗位抽烟，做于生产不利之事。

④ 岗位所属安全防护装置必须牢固可靠，不得随意拆除挪用，高空作业、生产动火必须严格办证手续，夜间现场必须有充分的照明。

⑤ 变换岗位的压力容器、电器、仪表的使用及检修必须遵循化工部电器、仪表、压力容器的工艺安全技术规定，防止超温、超压，经常保持绝缘状态，防止事故隐患，对突发事故操作人员会同有关人员采取紧急措施停车处理，并逐级上报。

⑥ 变换岗位的各类设备要统一编号，其中管道标明流向，设备名称、位号应用规定色漆写于设备醒目位置，防止盲目操作，影响生产。

⑦ 各种检修及施工作业必须健全安全手续，严格执行安全技术规程，实行置换、分析、动火"一条龙"签字手续，否则操作人员有权拒绝检修。

⑧ 及时做好防暑、防水、防冻、防风、防雷电等工作，避免人为事故与自然灾害发生，保证安全生产。

思 考 题

1. 气化煤气的变换原理是什么？为什么要进行 CO 变换？
2. 变换催化剂为什么要进行硫化？硫化的步骤和要求是什么？
3. 什么是反硫化作用？如何防止反硫化作用？
4. 有机硫 COS 如何变换？为什么要变换？

第八章　气化煤气的脱碳

煤气化制得的甲醇粗原料气中，二氧化碳本身是过剩的，经过 CO 变换后，部分 CO 又转化成二氧化碳，致使合成甲醇时氢碳比太低，对合成反应极为不利。因此，多余的二氧化碳必须从系统中脱除，使最终煤气组成符合合成甲醇的氢碳比。顺便需要指出，以天然气、石脑油为原料制气时则氢气过剩，还需适当补充二氧化碳才能达到甲醇合成的要求。煤气脱碳时还可去除气体中的一部分硫化氢和 COS，为后续的精脱硫减轻负担，可谓一举两得。

煤气的脱碳分湿法脱碳和干法脱碳。

第一节　湿法脱碳

湿法脱碳根据吸收原理的不同，可分为物理吸收法和化学吸收法。

物理吸收法是利用溶剂分子的官能团对不同分子的亲和力不同而有选择性地吸收气体。其主要优点在于物理溶剂吸收气体遵循亨利定律（$p_i = EX_i$），吸收能力仅与被吸收气体的分压成正比，适用于 CO_2 含量 $>15\%$，无机硫、有机硫含量高的煤气。目前国内外主要有水洗法、低温甲醇洗涤法、碳酸丙烯酯法、聚乙醇二甲醚等吸收法。吸收剂吸收 CO_2 后可减压再生，重复利用。其中水洗法的动力消耗大，氢气和一氧化碳损失大；低温甲醇洗涤法既可脱碳，又可脱硫，但需要足够多的冷量，因为吸收是放热反应，故需冷却，因此一般在大型化工厂使用；碳酸丙烯酯法由于溶液造成的腐蚀严重，并且液体损失量较大，所以聚乙醇二甲醚脱碳广泛被采用。

化学吸收法是利用 CO_2 的酸性特性与碱性物质进行反应将其吸收，常用的吸收剂有热碳酸钾法、有机胺法和浓氨水法等，其中热的碳酸钾适用于 CO_2 含量 $<15\%$ 时，浓氨水吸收最终产品为碳铵，达不到环保要求，该法逐渐被淘汰，有机胺法逐渐被人们所看好。

一、物理吸收法

物理吸收法的原理都相同，区别在于采用的吸收剂不同。

1. 物理吸收剂

（1）碳酸丙烯酯

① 物理性质。碳酸丙烯酯的分子式为 $CH_3CHOCO_2CH_2$，沸点（0.1MPa）为238.4℃，冰点 -48.89℃，密度（15.5℃）1.198g/cm^3，黏度（25℃）2.09×10^{-3} Pa·s；比热容（15.5℃）1.40kJ/（kg·℃），饱和蒸气压（34.7℃）27.27Pa，对二氧化碳溶解热14.65kJ/mol，临界温度 523.11K，临界压力 6.28MPa。

碳酸丙烯酯纯净时略带芳香味，无色，当使用一定时间后，由于溶解 CO_2、H_2S、有机硫、烯烃、水及碳酸丙烯酯降解使溶液变成棕黄色，密度 1.198kg/L，闪点 128℃，着火点133℃，属中度挥发性有机溶剂，极易溶于有机溶剂，但对压缩机油难溶。吸水性极强，碳酸丙烯酯液吸水能力与压力成正比，与温度成反比，对材料无腐蚀性（无水解时），所以可用碳钢做材料，投资少，但碳酸丙烯酯降解后对碳钢有腐蚀，使碳酸丙烯酯颜色变成棕色，这一点需特别注意。

各种气体在碳酸丙烯酯中的溶解度见表 8-1。

表 8-1　各种气体在碳酸丙烯酯中的溶解度（0.1MPa，25℃）

气　体	CO_2	H_2S	H_2	CO	CH_4	COS	C_2H_2
溶解度/(m^3/m^3)	3.47	12.0	0.025	0.50	0.3	5.0	8.6

② 化学性质

水解性：
$$C_3H_6CO_3 + 2H_2O \longrightarrow C_3H_6(OH)_2 + H_2CO_3 \tag{8-1}$$
$$H_2CO_3 \longrightarrow H_2O + CO_2 \tag{8-2}$$

碳酸丙烯酯水解成 1,2-丙二醇，溶液含水量越多，被水解的量也多。温度升高能加快水解速度，增加碳酸丙烯酯液的水解量，在酸性介质中水解速度加快。

③ CO_2 在碳酸丙烯酯中的溶解度。碳酸丙烯酯对 CO_2 的吸收能力较强，在相同条件下约为水的 4 倍。在 0～40℃，二氧化碳分压 p 为 0.2～1.2MPa 下，由实验测得数据归纳，CO_2 在碳酸丙烯酯中的溶解度可用如下经验式估算

$$\lg X_{CO_2} = \lg p_{CO_2} + \frac{726.69}{T} - 3.39 \tag{8-3}$$

式中　X_{CO_2}——CO_2 在碳酸丙烯酯中的溶解度，mol/mol；

$\quad\quad p_{CO_2}$——平衡时的 CO_2 分压，MPa；

$\quad\quad T$——温度，K。

(2) 聚乙二醇二甲醚（NHD）　此法是美国 ATLLied 化学公司在 1965 年开发成功的物理吸收法，此法主要优点：对 H_2S、CS_2、C_4H_4S、COS 等硫化物有较高的吸收能力，能选择吸收 H_2S，也能脱除 CO_2，并能同时脱除水；溶剂本身稳定，不分解，不起化学反应，损耗少，对普通碳钢腐蚀性小，无毒性，也不污染环境。

该溶剂是聚合度为 3～9 的聚乙二醇二甲醚的混溶剂。该溶剂的主要物理性质：分子结构 CH_3—O—C_2H_4O—CH_3；相对分子质量 280～315；凝固点 −29～−22℃；闪点 151℃；蒸气压（25℃）<1.33Pa·s；比热容（25℃）2.05kJ/(kg·℃)；密度（25℃）1.03kg/L；黏度（25℃）5.8×10^{-3}Pa·s；表面张力（25℃）34.3×10^{-5}N/cm²；溶解 CO_2 释放出热量 374.30kJ/kg；该溶剂能与水以任意比例互溶，不起泡，也不会因原料气中的杂质而引起降解，加上溶剂的蒸气压低，损失非常少。

当 CO_2 含量为 31%，吸收压力为 3.5MPa，溶剂消耗<00.01kg，如代替二乙醇胺法脱除 CO_2，每吨氨约可节省能量 2.93kJ。

(3) N-甲基吡咯烷酮（Puisol）　Lurgi 法重油气化制得的甲醇原料气采用 N-甲基吡咯烷酮法脱除 CO_2。因这种变换气中 CO_2 高达 30%，要降到 3%～6%，以满足甲醇合成的需要，考虑 N-甲基吡咯烷酮对二氧化碳的吸收能力比水高 6 倍，而 H_2 和 CO 的损失却很小，故选用这种溶剂作物理吸收剂。

(4) 低温甲醇　甲醇在 −70～−30℃ 的低温条件下，能同时脱除气体中的 H_2S、COS、CS_2、RSH、C_4H_4S、CO_2、HCN 以及石蜡烃、粗汽油等杂质，还可同时吸收水分。加上甲醇在低温下选择性强，有效 CO、H_2 等损失小，热稳定性和化学稳定性好等许多优点，被好多厂家广泛使用。但低温甲醇洗也有缺点，甲醇毒性大，再生流程复杂，多用于以天然气、石脑油为原料蒸汽转化制得的原料气的脱碳，也有以固体燃料为原料加压连续气化的厂家用来同时脱硫和脱碳。

2. 吸收的基本原理

物理吸收的原理基本相同，故选择一种典型的吸收剂（碳酸丙烯酯）阐述吸收原理，其

它吸收剂的吸收过程就不作介绍。

碳酸丙烯酯吸收 CO_2 是典型的物理吸收过程。CO_2 在碳酸丙烯酯中的溶解度能较好地服从亨利定律，CO_2 的溶解度随其压力升高、吸收温度降低而增大。因此，在高压、低温下进行 CO_2 的吸收过程，当系统压力降低、温度升高时，溶液中溶解的气体释放，实现溶剂的再生过程。

碳酸丙烯酯吸收二氧化碳气体是一个物理吸收过程，二氧化碳气体在碳酸丙烯酯溶液中的含量很低时，其平衡溶解度可用亨利定律来表示。

$$p_{CO_2} = E_{CO_2} X_{CO_2} \tag{8-4}$$

式中　X_{CO_2}——液相中二氧化碳的摩尔分数；

E_{CO_2}——二氧化碳的亨利系数；

p_{CO_2}——二氧化碳在气相中的平衡分压，kPa。

如果液相中二氧化碳的含量用 $kmol/m^3$ 表示，则亨利定律可用下式表示

$$C_{CO_2} = H_{CO_2} p_{CO_2} \tag{8-5}$$

式中　C_{CO_2}——液相中二氧化碳的含量，$kmol/m^3$；

H_{CO_2}——二氧化碳的溶解度系数，$kmol/(m^3 \cdot kPa)$；

p_{CO_2}——二氧化碳在气相中的平衡分压，kPa。

当二氧化碳气体压力大于 2.0MPa 后，其溶解度规律已逐渐偏离亨利定律。

由上式可知，提高系统压力，亦即提高二氧化碳气体的分压力 p_{CO_2}，降低碳酸丙烯酯溶液的温度，将增大二氧化碳气体在碳酸丙烯酯中的溶解度，对吸收过程有利。

合成甲醇的变换气中除含有二氧化碳外，还含有氢、一氧化碳、甲烷、氮、氩、氧、硫化氢气体，这些气体在碳酸丙烯酯中也有一定的溶解度，只是大小不同。表 8-1 列出了这些工艺气体在该溶剂中的溶解度及其与二氧化碳溶解度的比较。

从表 8-1 可以看出，在实际生产中，碳酸丙烯酯脱除变换气中二氧化碳的同时，又吸收了硫化氢，在一定程度上起到了脱硫作用，而对一氧化碳、氢气等气体的吸收能力很小。

(1) 吸收速率　在碳酸丙烯酯吸收二氧化碳的过程中，还存在着气体溶于液体的速率问题。二氧化碳气体溶于碳酸丙烯酯的过程，可以认为是二氧化碳分子通过气相扩散到液相（碳酸丙烯酯）分子中去的质量传递过程。如以气相二氧化碳分压做推动力，碳酸丙烯酯吸收二氧化碳的速率可写为

$$G_{CO_2} = K_G (p_{CO_2} - p_{CO_2}^*) \tag{8-6}$$

式中　G_{CO_2}——单位传质表面吸收 CO_2 的速率，$kmol/(m^2 \cdot h)$；

K_G——传质总系数，$kmol/(m^2 \cdot MPa \cdot h)$；

p_{CO_2}——气相中的二氧化碳分压，MPa；

$p_{CO_2}^*$——与液相浓度相平衡时的二氧化碳分压，MPa。

从上式可知，欲提高吸收二氧化碳的速率，可通过提高吸收过程中的总传质系数 K_G 和 $(p_{CO_2} - p_{CO_2}^*)$ 值。总传质系数 K_G 由下式求得：

$$\frac{1}{K_G} = \frac{1}{R_G} + \frac{1}{H \times R_L} \tag{8-7}$$

式中　R_G——二氧化碳在气相中的传质系数，$kmol/(m^2 \cdot MPa \cdot h)$；

R_L——二氧化碳在液相中的传质系数，m/h；

H——二氧化碳在碳酸丙烯酯中的溶解度系数，$kmol/(m^2 \cdot MPa \cdot h)$。

根据双膜理论，碳酸丙烯酯吸收 CO_2 时的传质阻力在液相，属于液膜控制。因此在塔器的选择和设计上，应考虑提高液相湍动、气流逆流接触、减薄液膜厚度以及增加相际接触面等措施，以提高 CO_2 的传递速率。在工业运行时，可通过增大溶剂喷淋密度或降低温度来提高 CO_2 的吸收速率。

动力学研究结果也表明，碳酸丙烯酯吸收二氧化碳气体，其传质总系数 K_G 与吸收过程中的气体速度、气体压力、气体中二氧化碳含量基本无关，而与溶剂（碳酸丙烯酯）的喷淋密度 L 有关。

实验测得 $K_G \propto L^{0.76}$ [L 的单位为 $m^3/(m^2 \cdot h)$]，传质阻力主要在液相，整个吸收过程中的速率取决于二氧化碳在液相中的扩散速率，属液膜扩散控制，则 $K_G \propto HR_L$，因此，加大溶剂喷淋密度可以使传质总系数增大。

提高传质推动力（$p_{CO_2} - p_{CO_2}^*$）也可提高吸收二氧化碳的速率。改变气相压力，对 K_G 无明显影响，但对气相二氧化碳的分压有很大的影响，气相压力升高后（$p_{CO_2} - p_{CO_2}^*$）的差值将升高，从而提高了吸收二氧化碳的速率 G_{CO_2}。

温度的影响主要表现在溶解度系数 H 和二氧化碳与液相浓度平衡时的分压 $p_{CO_2}^*$ 方面。因为温度与溶解度系数 H 成反比，即温度升高，H 降低，故升高温度将使其降低；另一方面，由于温度升高还会使液相浓度所对应的平衡分压 $p_{CO_2}^*$ 增大，致使吸收二氧化碳的推动力（$p_{CO_2} - p_{CO_2}^*$）降低。因此，升高温度将降低吸收速率，反之，降低温度，因 K_G 和（$p_{CO_2} - p_{CO_2}^*$）的值升高，碳酸丙烯酯吸收二氧化碳的速率会锐增。

（2）二氧化碳的吸收饱和度　在脱碳塔底部的碳酸丙烯酯富液中二氧化碳的浓度（C_{CO_2}）与达到相平衡时的浓度（$C_{CO_2}^*$）之比称为二氧化碳的吸收饱和度（ϕ）。

$$\phi = \frac{C_{CO_2}}{C_{CO_2}^*} \leqslant 1 \tag{8-8}$$

假设脱碳塔底部的碳酸丙烯酯与原料气中的二氧化碳达到相平衡时，按亨利定律溶剂中的二氧化碳浓度为：

$C_{CO_2}^* = Hp_{CO_2}$，因 $p_{CO_2} = py_{CO_2}$，则 $C_{CO_2}^* = Hpy_{CO_2}$

$$\phi = \frac{C_{CO_2}}{Hpy_{CO_2}} \tag{8-9}$$

式中　y_{CO_2}——二氧化碳的摩尔分数；

p——系统总压。

ϕ 的大小对溶剂循环量和脱碳塔塔高等都有较大影响，对溶剂循环量的影响还可以近似地用下式表达

$$\frac{L}{G} = \frac{1}{\phi Hp} \tag{8-10}$$

式中　L——液体质量流量，kg/h；

G——原料气质量流量，kg/h；

H——二氧化碳的溶解度系数，$kmol/(m^2 \cdot MPa \cdot h)$；

p——吸收压力（脱碳塔内的压力），MPa。

当 G 一定时，L 可看作与吸收饱和度 ϕ、溶解度系数 H 及吸收压 p 的乘积成反比。在操作温度和压力一定时，即 H 和 p 一定，则 L 与 ϕ 成反比。所以提高 ϕ 值对降低溶剂流量 L 是一项有效的措施。

对于填料塔，选择比表面积较大的填料和增大填料容量，以加大气液两相的接触面积，从而提高二氧化碳的吸收饱和度，降低溶剂流量 L。在设计中一般取 ϕ 为 $75\%\sim90\%$。

(2) 溶剂贫度　溶剂贫度 (α) 是指吸收富液解吸再生后溶剂（贫液）中二氧化碳的含量。溶剂贫度大，则其吸收能力弱，反之吸收能力强。一般溶剂贫度应控制在 $0.1\sim0.2\mathrm{m}^3\mathrm{CO_2}/\mathrm{m}^3$ 溶剂。

溶剂贫度的大小主要取决于汽提过程（解吸过程）的操作。当操作温度确定后，在气液相有充分接触面积的情况下，溶剂贫度与汽提空气量有直接关系。若汽提空气量（或汽提气液比）越大，则溶剂贫度会越小；反之，汽提空气量（或汽提气液比）减小，则溶剂贫度将上升，但是，加大空气量（或气液比）要增加汽提鼓风机电耗，而且随汽提气带走的溶剂蒸气量也要增加。综合技术可行、经济合理，一般取汽提气液比在 $6\sim12$ 可使溶剂贫度 (α) 达到所需程度。当溶剂操作温度较高时，如夏季温度，其气液比可取上述范围的低限；当溶剂温度较低时，如冬季温度，其气液比可取上述范围的高限。在生产过程中，根据贫液中二氧化碳的含量来调节汽提气液比。

(3) 吸收气液比的选择　吸收气液比是指单位时间内进脱碳塔的原料气体积与进塔的贫液体积之比 $(\mathrm{Nm}^3/\mathrm{m}^3)$。一般表示气体体积为标准状态下的体积，贫液体积为工况下的体积，该比值在某种程度上也是反映生产能力的一种参数。

吸收气液比对工艺过程的影响主要表现在工艺经济性和气体的净化质量，若吸收气液比增大，意味着在处理一定的原料气量时所需的溶剂量就可减小，因而，输送溶剂的电耗也就可以降低，但吸收气液比大，则相应降低了吸收的推动力，在达到相同净化度时所需塔板数就增加，即需要增大脱碳塔的设计容量，从而增加了塔的造价。对于一定的脱碳塔，吸收气液比增大后，净化气中的二氧化碳含量将增大，影响到净化气（脱碳气）的质量，所以，在生产中应根据净化气中的二氧化碳的含量要求调节气液比至适宜值。一般工程上脱碳压力为 $1.7\mathrm{MPa}$ 时，气液比取 $25\sim35$，脱碳压力为 $2.7\mathrm{MPa}$ 时，气液比取 $55\sim56$。

(4) 碳酸丙烯酯的解吸　吸收了二氧化碳的碳酸丙烯酯富液必须进行解吸，解吸后的贫液才能循环使用。解吸过程就是碳酸丙烯酯的再生过程，它包括闪蒸解吸、常压解吸、真空解吸和汽提解吸四部分。解吸过程的气液平衡关系可用亨利定律来描述。

吸收了二氧化碳的碳酸丙烯酯富液中也含有少量的氢、氮，经减压到 $0.4\mathrm{MPa}$（绝）进行闪蒸几乎全部被解吸出来，另有少量的二氧化碳随氢、氮气一起被解吸。这是多组分闪蒸过程，各个部分具有不同的解吸速率和不同的相平衡参数。闪蒸过程中各组分在闪蒸汽中的浓度随闪蒸压力、温度而异，在生产过程中，调节闪蒸压力，可达到闪蒸气各组分浓度的调节。

经 $0.4\mathrm{MPa}$（绝）闪蒸后的碳酸丙烯酯在常压（或真空）下继续解吸，此时可近似处理为单组分（二氧化碳）的解吸过程，解吸程度取决于解吸压力和液相内传质。所以，在常压（或真空）解吸过程中应使碳酸丙烯酯保持良好的湍动程度以促进解吸。

碳酸丙烯酯的汽提解吸是在逆流接触的设备中进行的，吹入溶剂的惰性气体（空气）降低了气相中的二氧化碳含量，即降低了气相中的二氧化碳分压。此时溶剂中残余的二氧化碳进一步解吸出来，以达到所要求的碳酸丙烯酯溶剂的贫度。

3. 碳酸丙烯酯脱碳工段工艺流程

碳酸丙烯酯脱碳工艺流程如图 8-1 所示。自外界来的变换气首先进入变换气分离器，分离出油水后进入活性炭脱硫槽进行脱硫。脱硫后的变换气由脱碳塔底部导入，碳酸丙烯酯液由贫液泵打入过滤器，溶剂经冷却器冷却后从脱碳塔顶部进入与自下而上的气体进行逆流吸

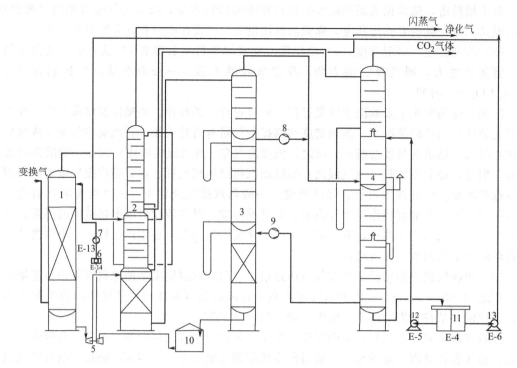

图 8-1　脱碳工艺流程

1—吸收塔；2—闪蒸洗涤塔；3—再生塔；4—洗涤塔；5—贫液泵-蜗轮机；6—过滤器；7—贫液水冷器；
8—真解风机；9—汽提风机；10—循环槽；11—稀液槽；12,13—稀液泵

收，脱除二氧化碳气体的脱碳气经净化、分离后进入闪蒸洗涤塔中部，净化气经碳酸丙烯酯液回收段与稀液泵来的稀液逆流接触，回收碳酸丙烯酯后，经洗涤分离器分离回收净化气中夹带的液体，净化气送往后工序。

吸收二氧化碳后的碳酸丙烯酯富液从脱碳塔底部出来，经自动调节减压后，直接或间接经脱碳蜗轮机回收能量后进入洗涤塔下部闪蒸段，在闪蒸段闪蒸出氢气、一氧化碳、二氧化碳等气体，闪蒸气经闪蒸洗涤塔上部回收段回收碳酸丙烯酯后放空（或回收到压缩机的低压段）。

闪蒸后的富液经自动减压阀减压后，进入再生塔常解段（常压解吸），大部分二氧化碳在此解吸。解吸后的富液经溢流管进入中部真空解吸段，由真空解吸风机控制真空解吸段真空度，真空解吸气由真空解吸风机加压后与常解段解吸气汇合后依次进入洗涤塔上部洗涤后，二氧化碳作为产品。

真空解吸段碳酸丙烯酯液经溢流管进入再生塔下段汽提段，汽提段由汽提风机抽吸空气形成负压，汽提碳酸丙烯酯液与自下而上的空气逆流接触，继续解吸碳酸丙烯酯液中残余的二氧化碳，再生后的贫液进入循环槽，经脱碳泵加压打入溶剂冷却器，再去脱碳塔循环使用。汽提气依次进入洗涤塔下部洗涤后放空。

净化气回收段排出的稀液进入闪蒸汽洗涤段，回收的碳酸丙烯酯依次进入常解气下段、洗涤段及汽提气下段回收到稀液槽，经稀液泵加压去净化气回收段循环使用。另外由泵出口配一管线，定期将部分稀液补入稀液泵进口稀液槽。

碳酸丙烯酯液分离器排放的稀碳酸丙烯酯液回收到地下槽，由地下泵加压后补充到循环槽。

稀液的循环浓度一般为 $2\%\sim4\%$，当稀液浓度达到 $8\%\sim12\%$ 时，由洗涤塔汽提段下段排液管将稀液排到地下槽，由地下泵打到循环槽，及时补加脱盐水降低浓度后再循环使用。

二、化学吸收法（以改良热钾碱法为例）

以改良热钾碱法为典型示例。

1. 热的钾碱法吸收反应原理

（1）纯碳酸钾水溶液和二氧化碳的反应　气相中的 CO_2 扩散到溶液界面，CO_2 溶解于界面的溶液中，溶解的 CO_2 在界面液层中与碳酸钾溶液发生化学反应，反应产物向液相主体扩散。据研究，在碳酸钾水溶液吸收 CO_2 的过程中，化学反应速率最慢，起了控制作用。

纯碳酸钾水溶液吸收 CO_2 的化学反应式为：

$$K_2CO_3 + H_2O + CO_2 \longrightarrow 2KHCO_3 \tag{8-11}$$

纯碳酸钾水溶液和二氧化碳的反应速率较慢，提高反应速率最简单方法是提高反应温度，但溶液温度提高会使溶液对碳钢设备有较强的腐蚀性，因此在碳酸钾水溶液中加入活化剂——二乙醇胺（DEA）以提高反应速率。

活化剂 DEA 的加入对整个吸收过程的影响较为复杂，主要是活化剂参与了化学反应，改变了碳酸钾与 CO_2 的反应机理，有效地提高了反应速率。

脱碳后气体的净化度与碳酸钾水溶液中 CO_2 的平衡分压有关。CO_2 平衡分压越低，达到平衡后气相中残存的 CO_2 越少，气体中的净化度也越高；反之，平衡后气体中 CO_2 含量越高，气体的净化度越低。碳酸钾水溶液中 CO_2 平衡分压与碳酸钾浓度、溶液的转化率（表示溶液中碳酸钾转化成碳酸氢钾的摩尔分数）、吸收温度等有关。

（2）碳酸钾溶液对原料气中其它组分的吸收　含 DEA 的碳酸钾溶液在吸收 CO_2 的同时，也可除去原料气中的硫化氢、氰化氢、硫醇等酸性组分，吸收反应如下。

$$H_2S + K_2CO_3 \longrightarrow KHCO_3 + KHS \tag{8-12}$$

$$HCN + K_2CO_3 \longrightarrow KCN + KHCO_3 \tag{8-13}$$

$$R{-}SH + K_2CO_3 \longrightarrow RSK + KHCO_3 \tag{8-14}$$

有机羰基硫 COS、二硫化碳首先在热钾碱溶液中水解生成 H_2S，然后再被溶液吸收

$$COS + H_2O \longrightarrow CO_2 + H_2S \tag{8-15}$$

$$CS_2 + H_2O \longrightarrow COS + H_2S \tag{8-16}$$

温度越高，对 COS 的吸收越完全，在实际生产条件下其吸收率可达 $75\%\sim99\%$。二硫化碳需经两步水解生成 H_2S 后才能全部被吸收，因此吸收效率较低。

2. 吸收溶液的再生

碳酸钾溶液吸收 CO_2 后生成碳酸氢钾，溶液 pH 值减小，活性下降，故需要将溶液再生，逐出 CO_2，使溶液恢复吸收能力，循环使用，再生反应为

$$2KHCO_3 \longrightarrow K_2CO_3 + CO_2 + H_2O \tag{8-17}$$

压力越低，温度越高，越有利于碳酸氢钾的分解。为使 CO_2 能完全从溶液中解析出来，可向溶液中加入惰性气体进行汽提，使溶液湍动并降低解析出来的 CO_2 在气相中的分压。在生产中一般是在再生塔下设置再沸器，采用间接加热的方法将溶液加热到沸点，使大量的水蒸气从溶液中蒸发出来，水蒸气再沿塔向上流动，与溶液逆流接触，这样不仅降低了气相中 CO_2 的分压，增加了解析的推动力，同时增加了液相中的湍动程度和解析面积，从而使溶液得到更好的再生。

3. 操作条件的选择

（1）碳酸钾浓度　增加碳酸钾浓度可提高溶液吸收 CO_2 的能力，从而可以减少溶液循

环量与提高气体的净化度，但是碳酸钾的浓度越高，高温下溶液对设备的腐蚀越严重，在低温时容易析出碳酸氢钾结晶，堵塞设备，给操作带来困难，通常维持碳酸钾的质量分数为25%~30%。

（2）活化剂的浓度　二乙醇胺在溶液中的浓度增加，可加快吸收 CO_2 的速度和降低净化后气体中 CO_2 的含量，但当二乙醇胺的含量超过5%时，活化作用就不明显了，且二乙醇胺损失增高。因此，生产中二乙醇胺的含量一般维持在 2.5%~5%。

（3）吸收压力　提高吸收压力可增强吸收推动力，加快吸收速率，提高气体的净化度和溶液的吸收能力，同时也可使吸收设备体积缩小。但化学吸收的速率毕竟受制于化学反应的速率，当压力达到一定程度时，其影响就不明显了。生产中一般压力为 1.3~2.0MPa。

（4）吸收温度　提高吸收温度可加快吸收反应速率，节省再生的耗热量。但温度增高，溶液上方的 CO_2 平衡分压也随之增大，降低了吸收推动力，因而降低了气体的净化度。即吸收过程温度产生了两种相互矛盾的影响，为了解决这一矛盾，生产中采用了两段吸收两段再生的流程，吸收塔和再生塔均分为两段。从再生塔上段出来的大部分溶液（叫半贫液，占总量的 2/3~3/4），不经冷却由溶液大泵直接送入吸收塔下段，温度为 105~110℃，这样不仅可以加快吸收反应，使大部分 CO_2 在吸收塔下段被吸收，而且吸收温度接近再生温度，可节省再生热耗。而从再生塔下部引出的再生比较完全的溶液（称贫液，占总量的 1/4~1/3）冷却到 65~80℃，被溶液小泵加压送往吸收塔上段。由于贫液的转化度低，碳酸钾含量高，且在较低温度下吸收，溶液的 CO_2 平衡分压低，因此可达到较高的净化度，使出塔碱洗气中 CO_2 降至 0.2%以下。

（5）再生工艺条件　在再生过程中，提高温度和降低压力，可以加快碳酸氢钾的分解速度。为了简化流程和便于将再生过程中解吸出来的 CO_2 送往后工序，再生压力应略高于大气压力，一般为 0.11~0.14MPa（绝压），再生温度为该压力下溶液的沸点，因此，再生温度与再生压力和溶液组成有关，一般为 105~115℃。

再生后贫液和半贫液的转化度越低，在吸收过程中吸收 CO_2 的速率越快，溶液的吸收能力也越大，脱碳后的碱洗气中 CO_2 浓度就越低。在再生时，为了使溶液达到较低的转化度，就要消耗更多的热量，再生塔和煮沸器的尺寸也要相应加大。在两段吸收两段再生的流程中，贫液的转化度约为 0.1~0.25，半贫液的转化度约为 0.35~0.45。

由再生塔顶部排出的气体中，水气比 $n(H_2O)/n(CO_2)$ 越大，说明煮沸器提供的热量越多，溶液中蒸发出来的水分也越多，这时再生塔内各处气相中 CO_2 分压相应降低，所以再生速度也必然加快。但煮沸器向溶液提供的热量越多，意味着再生过程耗热量增加。实践证明，当 $n(H_2O)/n(CO_2)$ 等于 1.8~2.2 时，可得到满意的再生效果，而煮沸器的耗热量也不会太大。再生后的 CO_2 纯度到 98%以上。

4. 两段吸收、两段再生典型流程

工艺流程如图 8-2 所示。含二氧化碳18%左右的变换气于 2.7MPa、127℃下从吸收塔 1底部进入，在塔内分别用110℃的半贫液和70℃左右的贫液进行洗涤。出塔净化气的温度约70℃，经分离器 13 分离掉气体夹带的液滴后进入后工段。

富液由吸收塔底引出，为了回收能量，富液进入再生塔 2 前先经过水力透平 9 减压膨胀，然后借助自身的残余压力流到再生塔顶部。在再生塔顶部，溶液闪蒸出部分水蒸气和二氧化碳后沿塔流下，与由低变气再沸器 3 加热产生的蒸汽逆流接触，被蒸汽加热到沸点并放出二氧化碳。由塔中部引出的半贫液，温度约为 112℃，经半贫液泵 8 加压进入吸收塔中部。再生塔底部贫液约为 120℃，经锅炉给水预热器 5 冷却到 70℃左右，由贫液泵 6 加压进

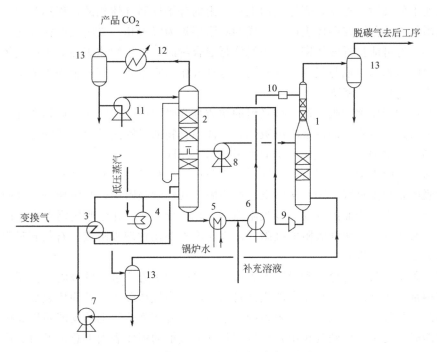

图 8-2　两段吸收、两段再生脱碳工艺流程

1—吸收塔；2—再生塔；3—变换气再沸器；4—蒸汽再沸器；5—锅炉给水预热器；6—贫液泵；

7—淬冷水泵；8—半贫液泵；9—水力透平；10—机械过滤器；11—冷凝液泵；

12—二氧化碳冷却器；13—分离器

入吸收塔顶部。

再沸器 4 所需要的热量主要来自变换气，变换炉出口气体的温度约为 250～260℃。为防止高温气体损坏再沸器和引起溶液中活性剂 DEA 的降解，变换气首先经过淬冷器，喷入冷凝水使其达到饱和温度（约 175℃），然后进入变换气再沸器。在再沸器中和再生溶液换热并冷却到 127℃ 左右，经分离器分离冷凝水后进入吸收塔。由变换气回收的热能基本可满足溶液再生所需的热能，若热能不足而影响再生时，可使用与之并联的蒸汽再沸器 4，以保证贫液达到要求的转化度。

再生塔顶排出的气体温度约为 100～105℃，其中蒸汽与二氧化碳摩尔比为 1.8～2.0，经二氧化碳冷却器 12 冷却至 40℃ 左右，分离冷凝水后，几乎纯净的二氧化碳气作为产品。

第二节　干　法　脱　碳

干法脱碳是利用孔隙率极大的固体吸附剂在高压、低温条件下，选择性吸收气体中的某种或某几种气体，再将所吸附的气体在减压或升温条件下解吸出来的脱碳方法。常见的方法有变压吸附和变温吸附。这种方法固体吸附剂的使用寿命可长达十年之久，克服了湿法脱碳时大量的溶剂消耗，运行成本低，所以被广泛采用。

一、吸附及吸附剂

1. 吸附的定义

当气体分子运动到固体表面上时，由于固体表面原子剩余引力的作用，气体中的一些分子便会暂时停留在固体表面上，这些分子在固体表面上的浓度增大，这种现象称为气体分子在固体表面上的吸附。相反，固体表面上被吸附的分子返回气体相的过程称为解吸或脱附。

被吸附的气体分子在固体表面上形成的吸附层称为吸附相。吸附相的密度比一般气体的密度大得多，有可能接近液体密度。当气体是混合物时，由于固体表面对不同气体分子的引力差异，使吸附相的组成与气相组成不同，这种气相与吸附相在密度上和组成上的差别构成了气体吸附分离技术的基础。

吸附物质的固体称为吸附剂，被吸附的物质称为吸附质，伴随吸附过程所释放的热量叫吸附热，解吸过程所吸收的热量叫解吸热。气体混合物的吸附热是吸附质的冷凝热和润湿热之和。不同的吸附剂对各种气体分子的吸附热均不相同。

按吸附质与吸附剂之间引力场的性质，吸附可分为化学吸附和物理吸附。

化学吸附是吸附过程伴随有化学反应的吸附。在化学吸附中，吸附质分子和吸附剂表面将发生化学反应生成表面配合物，其吸附热接近化学反应热。化学吸附需要一定的活化能才能进行。通常条件下，化学吸附的吸附或解吸速度都要比物理吸附慢，石灰石吸附氯气，沸石吸附乙烯都是化学吸附。

物理吸附是靠吸附质分子和吸附剂表面分子之间的引力所进行的吸附。由于固体表面的分子与其内部分子不同，存在剩余的表面自由力场，当气体分子碰到固体表面时，其中一部分就被吸附并释放出吸附热。在被吸附的分子中，只有当其热运动的动能足以克服吸附剂引力场的位能时才能重新回到气相中，所以在与气体接触的固体表面上总是保留着许多被吸附的分子。由于分子间的引力所引起的吸附其吸附热较低，接近吸附质的汽化热或冷凝热，吸附和解吸速度也都较快，被吸附气体也较容易地从固体表面解吸出来，所以物理吸附是可逆的。

2. 吸附剂种类

工业上常用的吸附剂有硅胶、活性氧化铝、活性炭、分子筛等，另外还有针对某种组分选择性吸附而研制的吸附材料，气体吸附分离成功与否很大程度上依赖于吸附剂的性能，因此选择吸附剂是确定吸附操作的首要问题。

硅胶是一种坚硬、无定形链状和网状结构的硅酸聚合物颗粒，分子式为 $SiO_2 \cdot nH_2O$，为一种亲水性的极性吸附剂。它是用硫酸处理硅酸钠的水溶液生成的凝胶，并将其水洗除去硫酸钠后经干燥得到的玻璃状硅胶，它主要用于干燥气体、分离气体混合物以及气相石油组分的分离等。工业上用的硅胶分成粗孔和细孔两种。粗孔硅胶在相对湿度饱和的条件下，吸附量可达吸附剂质量的 80% 以上，而在低湿度条件下，吸附量大大低于细孔硅胶。

活性氧化铝是由铝的水合物加热脱水制成，它的性质取决于最初氢氧化物的结构状态，一般都不是纯粹的 Al_2O_3，而是部分水合无定形的多孔结构物质，其中不仅有无定形的凝胶，还有氢氧化物的晶体。由于它的毛细孔通道表面具有较高的活性，故又称活性氧化铝，它对水有较强的亲和力，是一种对微量水深度干燥用的吸附剂。在一定操作条件下，它的干燥深度可达露点 $-70℃$ 以下。

活性炭是将木炭、果壳、煤等含碳原料经炭化、活化后制成的。活化方法可分为两大类，即药剂活化法和气体活化法。药剂活化法就是在原料里加入氯化锌、硫化钾等化学药品，在非活性气氛中加热进行炭化和活化。气体活化法是把活性炭原料在非活性气氛中加热，通常在 $700℃$ 以下除去挥发组分以后，通入水蒸气、二氧化碳、烟道气、空气等，并在 $700\sim1200℃$ 温度范围内进行反应使其活化。活性炭含有很多毛细孔构造，所以具有优异的吸附能力，因而它的用途遍及水处理、脱色、气体吸附等各个方面。

沸石分子筛又称合成沸石或分子筛，主要是由硅酸钠、硅胶、铝酸钠、$Al(OH)_3$ 等与氢氧化钠水溶液反应制得的胶体物，经干燥后便成沸石。

沸石的特点是具有分子筛的作用，它有均匀的孔径，如 3A 分子筛，其孔径为均匀的 0.3nm，还有 4A、5A、10A 等分子筛。像 4A 分子筛可吸附甲烷、乙烷，而不吸附三个碳原子以上的正烷烃。分子筛已广泛用于气体吸附分离、气体和液体干燥以及正异烷烃的分离。

碳分子筛实际上也是一种活性炭，它与一般的碳质吸附剂不同之处在于其微孔孔径均匀地分布在一个狭窄的范围内，微孔孔径大小与被分离的气体分子直径相当，微孔的比表面积一般占碳分子筛所有表面积的 90% 以上；碳分子筛孔结构的主要分布形式为大孔直径与碳粒的外表面相通，过渡孔从大孔分支出来，微孔又从过渡孔分支出来。在分离过程中，大孔主要起运输通道的作用，微孔则起分子筛的作用。以煤为原料制取碳分子筛的方法有炭化法、气体活化法、炭沉积法和浸渍法，其中炭化法最为简单，但要制取高质量的碳分子筛必须综合使用这几种方法。碳分子筛在空气分离制取氮气领域已获得了成功应用，在其它气体分离方面也有广阔的前景。

3. 吸附剂的物理性质

（1）孔容（V_p） 吸附剂中微孔的容积称为孔容，通常以单位质量吸附剂中的吸附剂微孔的容积来表示（cm^3/g）。孔容是吸附剂的有效体积，它是用饱和吸附量推算出来的值，也就是吸附剂能容纳吸附质的体积，所以孔容越大越好。吸附剂的孔体积（V_k）不一定等于孔容（V_p），吸附剂中的微孔才有吸附作用，所以 V_p 中不包括粗孔，而 V_k 中包括了所有孔的体积，一般要比 V_p 大。

（2）比表面积 即单位质量吸附剂所具有的表面积，常用单位是 m^2/g。吸附剂的表面积每克有数百至千余平方米，吸附剂的表面积主要是微孔孔壁的表面，吸附剂外表面是很小的。

（3）孔径与孔径分布 在吸附剂内，孔的形状极不规则，孔隙大小也各不相同。直径在零点几至数纳米的孔称为细孔，直径在数十埃以上的孔称为粗孔。细孔越多，则孔容越大，比表面也大，有利于吸附质的吸附。粗孔的作用是提供吸附质分子进入吸附剂的通路，所以粗孔也应占有适当的比例。活性炭和硅胶之类的吸附剂中粗孔和细孔是在制造过程中形成的。沸石分子筛在合成时形成直径为数微米的晶体，其中只有均匀的细孔，成形时才形成晶体与晶体之间的粗孔。

孔径分布是表示孔径大小与对应的孔体积的关系，由此来表征吸附剂的孔特性。

（4）表观密度（d_1） 又称视密度。吸附剂颗粒的体积（V_1）由两部分组成，固体骨架的体积（V_g）和孔体积（V_k），即：

$$V_1 = V_g + V_k$$

表观密重度就是吸附颗粒的本身质量（D）与其所占有的体积（V_1）之比。

（5）真实密度（d_g） 又称真密度或吸附剂固体的密度，即吸附剂颗粒的质量（D）与固体骨架的体积 V_g 之比。

假设吸附颗粒质量以 1g 为基准，根据表观密度和真实密度的定义则

$$d_1 = \frac{1}{V_1}; \quad d_g = \frac{1}{V_g}$$

于是吸附剂量的孔体积为

$$V_k = \frac{1}{d_1} - \frac{1}{d_g}$$

（6）堆积密度（d_b） 又称填充密度，即单位体积内所填充的吸附剂质量。此体积中还

包括有吸附剂颗粒之间的空隙，堆积密度是计算吸附床容积的重要参数。

（7）孔隙率（ε_k）　即吸附剂颗粒内的孔体积与颗粒体积之比。

$$\varepsilon_k = \frac{V_k}{V_g + V_k} = \frac{d_g - d_1}{d_g} = \frac{1 - d_1}{d_g}$$

（8）空隙率（ε）　即吸附颗粒之间的空隙与整个吸附剂堆积体积之比。

$$\varepsilon = \frac{V_b - V_1}{V_b} = \frac{d_1 - d_b}{d_1} = 1 - \frac{d_b}{d_1}$$

表 8-2 列出了一些吸附剂的物理性质。

表 8-2　吸附剂的物理性质

吸附剂名称	硅　胶	活性氧化铝	活性炭	沸石分子筛
真实密度/(g/cm³)	2.1～2.3	3.0～3.3	1.9～2.2	2.0～2.5
表观密度/(g/cm³)	0.7～1.3	0.8～1.9	0.7～1.0	0.9～1.3
堆积密度/(g/cm³)	0.45～0.85	0.49～1.00	0.35～0.55	0.6～0.75
孔隙率	0.40～0.50	0.40～0.50	0.33～0.55	0.30～0.404
比表面积/(m²/g)	300～800	95～350	500～1300	400～750
孔容/(cm³/g)	0.3～1.2	0.3～0.8	0.5～1.4	0.4～0.6
平均孔径/(nm)	1～14	4～12	2～5	—

二、变压吸附原理

变压吸附（Pressure Swing Adsorption），简称 PSA。"P"表示系统内要有一定压力；"S"表示系统内压力升降波动情况发生；"A"表示该装置必须有吸附床层存在。该法技术较为先进、成熟，运行稳定、可靠、劳动强度小，操作费用低，特别是自动化程度高，全部微机控制准确可靠，其工作原理如下。

利用床层内吸附剂对吸收质在不同分压下有不同的吸附容量，并且在一定压力下对被分离的气体混合物各组分又有选择吸附的特性，加压吸附除去原料气中杂质组分，减压又脱附这些杂质而使吸附剂获得再生，因此，采用多个吸附床，循环地变动所组合的各吸附床压力，就可以达到连续分离气体混合物的目的。当吸附床饱和时，通过均压降方式，一方面充分回收床层死空间中的氢气、一氧化碳；另一方面增加床层死空间中的二氧化碳浓度，整个操作过程温度变化不大，可近似地看作等温过程。

三、变压吸附脱碳工艺流程

变压吸附脱碳工艺流程如图 8-3 所示。变压吸附脱碳原料气首先进入气液分离器分离游离水，进 PSA 工序，原料气由下而上同时通过吸附床层，其中吸附能力较弱的组分如 H_2、N_2、CO 等绝大部分穿过吸附床层；相对吸附能力较强的吸附组分如 CH_4、CO_2、H_2O 等组分大部分被吸附剂吸附，停留在床层中，只有小部分穿过吸附床层进入下一工序，穿过吸附床层的气体称之为半成品气。当半成品气中 CO_2 的含量达标时，停止吸附操作，并随降压、抽空等再生过程将 CO_2 从吸附剂上解吸出来，纯度合格的 CO_2 可回收利用，其

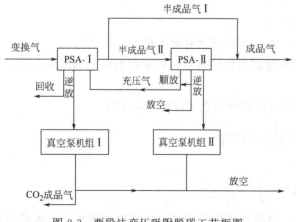

图 8-3　两段法变压吸附脱碳工艺框图

余放空。若半成品气中的 CO_2 含量超标，则进入二段 PSA 工序，重复上述操作。吸附饱和后，再减压将吸附剂吸附的 CO_2 解吸出来，然后解吸后的吸附剂即可继续吸收，循环往复。

第三节　空气分离制备置换气——氮气

在煤气 PSA 脱碳工艺流程中，需用氮气对系统进行置换，氮气由空气分离制备。

一、空气分离的方法

1. 低温精馏

低温精馏是先将气体混合物冷凝为液体，然后再按各组分蒸发温度的不同将它们予以分离。精馏方法适用于被分离组分沸点相近的情况，如氧和氮的分离、氧和氩的分离等。

2. 冷凝法

是利用各组分沸点的差异进行分离，与低温精馏不同的是不将全部组分冷凝，而是使某一组分或某几个组分冷凝，其它组分仍保持气态，也是一种低温分离方法。这种方法适用于被分离组分沸点相距较远的情况，如氮和氢的分离、氖和氦的分离等。

3. 吸收法

用某种液态吸收剂在适当的温度、压力条件下吸收气体混合物中的某些组分，以达到分离的目的。吸收过程根据其吸收机理的不同分为物理吸收和化学吸收，这在前面已经阐述，在此不作介绍。

4. 吸附法

利用多孔性的固体吸附剂对气体混合物中的某些组分具有选择性吸附的机理，达到气体分离的目的。这在前面已经阐述，在此不作介绍。

5. 薄膜渗透法

利用高分子聚合物薄膜的渗透选择性从气体混合物中将某种组分分离出来的一种方法，该分离过程不需要发生相态变化，不需低温，设备简单，操作方便。

在煤气 PSA 脱碳工艺流程中，空气分离制备氮气也采用变压吸附法。

二、PSA 空气制氮工艺

1. 吸附原理

空气经过净化系统先除去 $>5\mu m$ 的固体微粒和大部分水分，然后洁净的带压空气通过 3Å 碳分子筛，其中大部分氧气及剩余的微量水分被分子筛吸附，氮气则未能被吸附而排放出来，此为吸附制氮阶段。而在压力减低为大气压或负压下，分子筛吸附氧的能力下降，则解析出其在受压状态下所吸附的氧、水，此为解析再生（制氧）阶段。解析后的分子筛又可进行下一周期的吸附制氮阶段，循环反复，从而制得一定纯度的氮气，同时得到一定纯度的富氧空气。其装置模块见图 8-4。

2. 工艺流程

以同煤集团煤气厂 5 万吨/年甲醇 PSA 空气制氮工艺为例，对工艺流程、技术参数加以说明。

该厂 PSA 制氮机由空气净化系统、PSA 氧氮分离系统、电气控制系统、压力和流量调节及纯度检测系统等组成。

（1）PSA 制氮系统

① 空气净化系统。由管道过滤器、冷冻干燥机、精过滤器、阀门、压力表等组成。压缩空气先进入管道过滤器滤去 $>5\mu m$ 的微粒及大部分水分，保证冷冻干燥机和后级滤器的

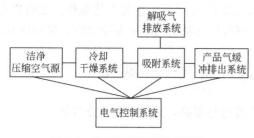

图 8-4　变压吸附制氮装置模块

正常使用，再进入冷冻干燥机使之强制冷却到5℃左右，空气中的水汽凝结成水，通过分水过滤器分离并过滤，由排污阀排出，使压缩空气露点达－20℃后经两级过滤器过滤得到洁净的压缩空气。

② PSA 氧氮分离系统。由吸附塔、消声器、管道式气动阀、压力表等组成。净化后压缩空气经调压阀、节流阀，通过管道式气动阀的开启，以一定的压力和时间间隔交替进入吸附塔内，其中直径较小的氧分子被碳分子筛优先吸附，直径较大的氮分子则通过吸附塔流出，经过管道阀、节流阀、过滤器进入缓冲罐中以备输出。当一个吸附塔处于进气吸附产氮过程时，另一个吸附塔则处于排气解吸再生过程。所谓排气解吸再生过程，就是通过管道气动阀的开启，将碳分子筛吸附的富氧气体通过管道气动阀及消声器迅速排入大气中，使碳分子筛获得再生。这样，两个吸附塔在不断的交替吸附与解吸过程中输出氮气。为了提高氮气回收率，在吸附和再生之间有一个短暂的均压过程，就是通过启动气动阀，使两只吸附塔压力均衡。

截止阀用来调节排气时的流速，使吸附塔再生的效果处于最佳状态，在出厂前已经调试好，不得随意调节。

③ 电气系统由可编程序控制器、NFY-1 氮气分析仪、电磁阀、熔断器、指示灯组成。由可编程序控制器按设定程序输出信号，使电磁阀动作，从而控制 PSA 制氮系统中的气动阀启闭。

④ 压力、流量调节及检测系统由缓冲罐、调压阀、节流阀、手动三通阀、流量计、氮气分析仪和压力表等组成。NT 缓冲罐并不是单纯是一个氮气缓冲罐，它具有几个方面的作用，一是使氮气中的氧含量平滑，二是使氮气流量较为平稳。

吸附塔内产生的氮气通过过滤器后首先贮存在缓冲罐内，由调压阀按需要调节压力，将手动三通阀结合氮气纯度来调节流量。对于调试尚未合格的氮气，将手动阀调到 2 号位，通过排空管排出，等氮气纯度达到所设定的值，将手动三通阀调到 1 号位，氮气送入用气管。在制氮机运行过程中，当氮气纯度低于设定值时，氮气分析仪发出灯光信号报警。

氮气缓冲罐设有安全阀，当系统超压时自动排空。

(2) 主要技术参数　产品气体流量（标准状态）100Nm³/h；产品气体压力 0.1～0.6MPa；氮气纯度≥99%；氮气露点－40℃（常压）。

(3) 主要设备　吸附塔 2 个，缓冲罐 2 个，氮气分析仪 1 个，可编程控制器 1 个，管道式气动阀 3 个。

(4) 操作规程

① 仪表设定。气源压力 0.75MPa；吸附塔进口压力 0.7MPa；仪表气压力 0.3～0.5MPa；氮气出口压力 0.6MPa；吸附塔压力 0.7MPa；氮气流量 100Nm³/h；产品气取样流量 3～5L/min。

② 空气流程。空气从过滤器吸入，经卸荷进入压缩机主机后被压缩，压缩后的油气混合物通过单向阀进入储气罐/油气分离器，分离后的压缩空气经最小压力阀、空气冷却和水气分离器后从出气阀排出。单向阀防止当压缩机停机时空气倒流，最小压力阀防止储气罐压力低于某一最小压力。

③ 油系统。在储气罐/油气分离器中，大部分油通过离心方式从油气混合物中分离，其余的油由油分离器分离，分离出的油收集在储气罐/油气分离器底部。

④ 卸载。如果耗气量小于压缩机的排气量，则气网压力增加，当气网压力达到卸载压力，电磁阀失电，弹簧把电磁阀中的活塞复位。加载活塞和卸荷阀阀室中起控制作用的压力空气通过电磁阀放空。加载活塞向上移动，导致进气阀关闭，无空气进入。储气罐中的压缩空气向卸荷组件释放，把卸荷阀打开，压力稳定在一个低值。少量的空气吸入，并最终通过卸荷阀释放。这时，压缩机停止供气，处于卸载运行状态。

⑤ 加载。当气网压力降低到加载压力时，电磁阀通电，电磁阀中的活塞克服弹力向上移动，控制压力从储气罐经电磁阀进入加载活塞和卸荷压力腔中。卸荷阀关闭排气口，加载活塞下移，进气阀完全打开。这时，压缩机恢复供气，处于加载运行状态。

工程示例：同煤集团煤气厂 5 万吨/年甲醇的煤气 PSA 脱碳工艺流程

PSA 脱碳装置由八台吸附塔、三台真空泵、一台鼓风机和一系列程控阀组成。采用 PSA 分离气体工艺技术从气体中脱除 CO_2 等杂质的原理是利用吸附剂对不同吸附质的选择性和吸附剂对吸附质的吸附容量随压力变化而有差异的特性，在高压下吸附原料中的杂质组分、低压下脱附这些杂质而使吸附剂获得再生。整个操作过程均在环境温度下进行。

一、基本工作步骤

变压吸附基本工作步骤分为吸附和再生两步，而再生又包括以下三个步骤。

① 吸附塔压力降至低压。首先是顺着吸附的方向进行降压（以下简称为顺向放压），接着是逆着吸附的方向进行降压（以下简称逆向放压）。顺向放压时，有一部分吸附剂仍处于吸附状态。逆向放压时，被吸附的部分杂质从吸附剂中解吸，并被排出吸附塔。为了充分回收气体中的有用组分，释放的气体按浓度高低分别对其它吸附塔进行升压或者冲洗置换。

② 真空泵抽吸已逆向放压的吸附塔，使其在低真空清除尚残留于吸附剂中的杂质。

③ 用其它塔顺放气体逐步升高吸附塔的压力，并用产品脱碳气将其升至吸附压力，以准备再次投入吸附运行。

本装置主程序采用八塔四次均压真空解析逆放气置换回收的变压吸附过程，每个吸附塔在一次循环中均需经历吸附（A）、一均降压（E1D）、二均降压（E2D）、三均降压（E3D）、四均降压（E4D）、置换（RP）、逆向放压（D）、抽空（V）、升压（R）、四均升压（E4R）、三均升压（E3R）、二均升压（E2R）、一均升压（E1R）、终充（FR）14 个步骤。八个吸附塔在执行程序的安排上相互错开，构成一个闭路循环，以保证原料连续输入和产品不断输出。当其中某个吸附塔出现故障时，可将其隔离检修，此时本装置控制程序切换为七塔四次均压真空解析逆放气置换回收的变压吸附过程，每个吸附塔在一次循环中仍需经历上述八塔的 14 个步骤，整个过程主要由 59 个程序控制阀及 3 个压力调节阀来实现。程序阀编号如下：KV10XY，其中 KV 表示程序控制阀；1 表示工段编号；0X 表示阀门的功能，01 表示原料气进口阀，02 表示产品出口阀，03 表示一次均压、终充阀，04 表示置换、升压阀，05 表示二、三、四次均压阀，06 表示逆放、置换阀，07 表示抽空阀，11 表示第三次均压阀，12 表示终充阀；13 表示逆放阀；Y 表示与吸附塔的编号 A、B、C、D、E、F、G、H 对应的阀门编号 a、b、c、d、e、f、g、h。

工艺指标如下：煤气处理量 23980m³/h（标准状态）；进口煤气压力 0.8MPa；进口煤气温度 20～40℃；脱碳气流量 19489m³/h（标准状态）；脱碳气压力≥0.7MPa；脱碳气温度 20～40℃；脱碳气含量约 2.6%。

二、PSA 工作过程

前已述及，每个吸附塔在一次循环过程中需经历吸附（A）、一均降压（E1D）、二均降压（E2D）、三均降压（E3D）、四均降压（E4D）、置换（RP）、逆向放压（D）、抽空（V）、升压（R）、四均升压（E4D）、三均升压（E3R）、二均升压（E2R）、一均升压（E1R）、终充（FR）14 个步骤。八个吸附塔在执行程序的安排上相互错开，构成一个闭路循环，以保证原料连续输入和产品不断输出。

现以 A 塔为例对工作过程进行说明（阀门的开关只介绍与 A 塔有关的）。

1. 吸附（A）

开启阀 KV101a，来自界外的变换气通过阀 KV101a 自下而上进入 A 塔，在工作压力下吸附杂质组分，未被吸附的产品组分通过阀 KV102a 流出，其中大部分作为产品从本系统中输出，剩余部分通过阀 KV108、KV103b、KV103c、KV103d 向 B、C、D 塔进行终充。

吸附完毕，关闭阀 KV101a、KV102a。

2. 一均降压（E1D）

开启阀 KV103e，顺放完成后，与刚结束二均升压步骤的 E 塔出口端相连，通过阀 KV103a、KV103e 与 E 塔进行第一级压力平衡，A 塔压力降低，均压后 A、E 塔压力基本相等。

3. 二均降压（E2D）

开启阀 KV105a，A 塔剩余的气体继续通过阀 KV105a、KV105f 与 F 塔出口端相连，进行第二级压力平衡，A 塔压力再一步降低，直到两塔压力基本相等。

关闭阀 KV105f，保持阀 KV105a 开启状态。

4. 三均降压（E3D）

开启阀 KV111，A 塔剩余的气体继续通过阀 KV105a、KV111 与脱碳均压罐 F102 入口端相连，进行第三级压力平衡，A 塔压力再一步降低，直到两塔压力基本相等。

关闭阀 KV111，保持阀 KV105a 开启状态。

5. 四均降压（E4D）

开启阀 KV105g，A 塔剩余的气体继续通过阀 KV105a、KV105g 与 G 塔出口端相连，进行第四级压力平衡，A 塔压力进一步降低，直至两塔压力基本相等。

关闭阀 KV105a、KV105g。

6. 置换（RP）

开启阀 KV106a、KV104a、PV102，利用 J102 置换气鼓风机将存储于 F105（逆放气缓冲罐）内的逆放气压入 A 塔，并将塔内有用气体逐步顶入 F103（回收气缓冲罐Ⅱ），这一过程依次通过阀门 KV106a、KV104a、PV102 及 PV102 的旁路节流阀（该阀始终处于一定开度）。

置换完成关闭阀 PV102、KV104a，保持阀 KV106a 开启状态。

7. 逆向放压（D）

开启阀 KV113，A 塔中的残存气体通过阀 KV106a、KV113 进入 F105（逆放气缓冲罐），A 塔压力降为接近常压。

置换完成关闭阀 KV106a、KV113。

8. 抽空（V）

开启阀 KV107a，在真空泵 J101A/B/C（两开一备）的作用下，残留在 A 塔内的置换气、吸附杂质通过阀 KV107a 和放空总管排入大气，吸附剂得到再生，此时 A 塔压力约为

−80～−70kPa，抽空完成关闭阀KV107a。

9. 升压（R）

开启阀KV104a，A塔抽空后，利用F103塔的置换气体，通过阀KV104a与A塔以出口端相连，进行压力平衡，A塔压力升高，直至两塔压力基本相等。

关闭阀KV104a。

10. 四均升压（E4R）

开启阀KV105a、KV105c，从C塔出来的四均降气体通过KV105c、KV105a进入A塔，对A塔进行第一次升压，使A和C塔的压力基本相等。

四均升压结束后关闭KV105c，保持KV105a的开启状态。

11. 三均升压（E3R）

开启阀KV111，从F102（均压罐）存储的C塔三均降气体经过KV111、KV105a进入A塔，对A塔进行第二次升压。

三均升压结束后关闭KV111，保持KV105a的开启状态。

12. 二均升压（E2R）

开启阀KV105d，从D塔出来的二均降气体经过KV105d、KV105a进入A塔，对A塔进行第三次升压，使A和D塔的压力基本相等。

二均升压结束后，关闭KV105a、KV105d。

13. 一均升压（E1R）

开启阀KV103a、KV103e，从E塔出来的一均降气体经过KV103e、KV103a进入A塔，对A塔进行第四次升压，使A和E塔的压力基本相等。

一均升压结后，关闭KV103e，保持KV103a的开启状态。

14. 终充（FR）

开启阀KV112，A塔的最终升压是利用产品气进行的，产品气经KV112、KV103a进入A塔，最终使A塔压力基本接近吸附压力。通过这一步骤后，再生过程全部结束，紧接着便进行下一次循环。

其它7个塔的操作步骤与A塔相同，不过在时间上是相互错开的。当运行七塔程序时，操作步骤和八塔程序相同，只是均压对应的塔不相同。

变压吸附系统各步骤压力及时间分配见表8-3。

表8-3 变压吸附系统各步骤压力及时间分配

序号	步骤	压力/MPa	时间/s	序号	步骤	压力/MPa	时间/s
1	吸附（A）	0.6	300	8	抽空（V）	0.01→−0.8	100
2	一均降（E1D）	0.60→0.40	16	9	升压（R）	−0.8→0.05	16
3	二均降（E2D）	0.40→0.30	16	10	四均升（E4R）	0.05→0.10	16
4	三均降（E3D）	0.30→0.20	32	11	三均升（E3R）	0.10→0.20	32
5	四均降（E4D）	0.20→0.10	16	12	二均升（E2R）	0.20→0.30	16
6	置换（RP）	0.10→0.16	48	13	一均升（E1R）	0.30→0.40	16
7	逆放（D）	0.16→0.01	16	14	终充（FR）	0.40→0.60	48

说明：1. 上列数值根据用户实际情况可做适当调整。

2. 七塔操作中仅吸附时间改为200s。

三、开车操作

装置启动分为初次开车和正常开车。初次开车前应做好一系列准备工作，而正常开车时只要按规定将某些阀及控制点设定好后即可启动。

1. 初次开车前的准备工作

在 PSA 装置安装完毕且完成了整个装置的吹除和气密性试验后，吸附塔装填吸附剂，并对自控系统进行严格的检查及调试以保证整个装置可随时投入运行。但在通入原料气前还必须用干燥、无油的氮气对整个设备和管道进行置换，使含氧量降到 0.5%（体积分数）以下，因为本装置的原料、产品以及解析气均含有大量氢，尤其是产品氢，如果不预先将装置内的氧置换掉，那么在开车初期容易形成爆炸性混合物而引起爆炸燃烧。以上工作完毕后，再将全部阀门处于关闭状态。

（1）检查 PLC 的功能　PLC 的主控信号通过电磁阀及快排阀操纵现场各程控阀，以上系统按照要求安装完毕并检查接线无错误后，再按下列步骤进行动态考察。

① 启动电源。

② 任意设置各时间片时间，程序即从初始状态开始执行，检查程序运行情况。

③ 将系统切换为手动，按数值序号调试各程控阀。

④ 对 PLC 控制系统进行空负载功能调试。将所有电磁阀和快排阀送上仪表空气，PLC 控制器退出自检状态，使信号输往现场。

⑤ 检查置换气鼓风机、真空泵手动盘车，观察连接轴运转是否灵活。

（2）用氮气进行装置全流程置换　置换的方法可按正常运行步骤进行，即以氮气为原料通过装置，到产品出口及解析气出口氧含量小于 0.5% 为止。置换过程中系统所有模拟控制均为手动控制。

如果氮气不足，可分阶段进行，先进行吸附塔的置换，再进行缓冲罐及管道的置换。进行吸附塔置换时，可逐塔进行置换，当一个吸附塔出口气体中氧含量小于 0.5% 后，即可进行另一个吸附塔的置换，吸附塔置换完毕，便可进行其它罐及管道的置换。对于界区交接处，应在上述置换过程开始前关闭去用户有关系统的阀门，并卸下连接与用户有关系统的法兰。对交接处管道同样用氮气置换，使该管道的氧含量降至 0.5% 以下为止，置换完毕后再装好连接法兰。

整个装置置换完毕后，关闭所有工艺阀门。

2. 投料启动

在经过整个装置的工艺、仪表检查并确定氮气置换合格后，装置已处于随时可以投料运行状态。

（1）阀门的设定　全开所有压力表阀，但应注意逐步开启，以防止压力表损坏；不合格产品入放空管阀，开启 1/2 圈；全开进 PSA 系统管阀；全开置换气鼓风机进出口管路阀；全开真空泵进出口阀；全开解吸气放空管阀。检查仪表空气输入压力，开启所有使用仪表的阀门。

（2）PLC 控制器设定　选择"停机"按钮，设置顺放时间按正常运行的操作参数的 1/4~1/3 设定，其余时间设定按正常操作设定，选择"启动"按钮，机器投入运行。

（3）启动　渐开进气阀，调节原料气流量，使吸附塔压力在每一吸附周期升高 0. MPa。此后每当吸附塔压力上升 0.1MPa，便延长 30s 顺放时间，当吸附塔压力升至 0.6MPa 时，可将吸附压力自动调节系统投入自动操作，其给定值约 0.6MPa。当吸附塔的吸附压力升到 0.6MPa 时，可将原料气流量逐步增加至满负荷，同时将终充压力调整到比吸附压力低 0.01~0.05MPa，将置换压力设定在 0.5MPa 左右，但应随时取样分析，其指标应满足产品脱碳气的要求，据此最终确定置换时间和压力，最后通知后续工段准备接受脱碳产品气。

3. 正常运行调节

(1) 吸附压力 吸附压力是决定装置脱碳能力的关键，在装置设计弹性范围内，提高吸附压力，装置能力增大。通过吸附压力调节系统在允许范围内尽量保持较高的吸附压力。

(2) 均压时间 由于存在阻力、吸附、解吸速度等多种因素，两个吸附塔均压时要达到压力完全平衡，需要花费很长时间。为此规定进行均压（二均、三均、四均）的两个吸附塔，其压差小于 0.05MPa，即认为完成均压过程。一个吸附塔进行一均步骤时，另外有一吸附塔正在进行置换步骤，因此，设定一均时间时，还应考虑完成该步骤所需的时间。

(3) 置换时间 置换时间与二均、三均、四均、逆放时间相关联，在设置时应综合平衡。

(4) 逆放步骤与抽空压力 逆放时，应尽可能保证在规定时间使吸附塔压力降到要求压力；抽真空是吸附剂能否在规定的时间内完成再生的关键，此压力越低，对吸附剂解吸杂质越有利。

(5) 终充流量 吸附塔在再次进行吸附步骤之前，利用产品通过终充阀对吸附塔进行充压，使在最终升压步骤结束时，被充压的吸附塔刚好达到规定的吸附压力，这样不仅保持吸附压力稳定，而且降低了原料处理量和产品输出的波动。

(6) 产品纯度 一个吸附塔具有固定的负载杂质的能力，在一个吸附-再生循环里能提纯一定数量的原料气。循环时间过长或原料气流量过大，产品纯度下降；循环时间过短，产品纯度很高，床层未充分利用而引起产品的损失增大。纯度越高，产品组分回收率相应降低，所以操作中不必单纯追求产品的纯度，而要根据实际需要出发，选择适当的纯度以获得较高的效益。

四、停车操作

1. 正常停车

正常停车是有计划地停车，停车前通知本装置前后有关工序，然后按步骤实施正常停车。

① 关闭装置界区原料气入口阀。

② 关闭装置界区产品出口阀。

③ 程序控制器顺放时间设定值随着吸附压力下降逐渐减小，使各吸附器压力逐渐降至 0.2MPa 左右（各塔均能保持在正压状态）。

④ 停 PLC 电源。

⑤ 停其它仪表电源。

⑥ 关闭装置界区解吸气输出阀。

2. 紧急停车

当突然停电、停水或装置出现故障时，则需要紧急停车。

① 切断电源，所有程控阀关闭（如遇突然停电，所有程控阀自动关闭）。

② 如非停电紧急停车，则按下"紧急停车"按钮。

③ 迅速关闭总进气阀和出气阀。

④ 根据现场具体情况，参照正常停车步骤处理。

3. 临时停车

因故不超过 1 小时的停车为临时停车，其操作步骤为：关闭进气总阀；按"暂停"按钮，使 PSA 工作步骤保持在当前状态；关闭出口总阀。

4. 长期停车

① 同正常停车①、②。

② 程序控制器顺放时间设定值随着吸附压力的下降逐渐减小，使各吸附塔压力降至零为止。

③ 开启装置内置换用氮气入口阀。

④ 程序吸附塔设定为手动方法，分别开启 KV101a、KV101b、KV101c、KV101d、KV101e、KV101f、KV101g、KV101h，将所有吸附塔充氮并保持压力在 0.1MPa。

⑤ 同正常停车④、⑤、⑥。

五、故障与处理办法

发生故障是指外界条件供给失常或系统本身在运转过程中操作失调或某一部分失灵，引起产品纯度下降。但在故障原因没有确定之前，装置不需停运，可继续观察，此时不合格脱碳气可排放至放空管网。

1. 外界条件供给失常

（1）原料气带水　由于原料气分离系统液位失控或操作失误，使水进入吸附塔导致吸附剂失效时，应立即把原料气切换到放空总管，然后迅速关闭进气阀，排除本装置内水分，检查带水程度并做出相应处理。

（2）停电　停电时，PLC 控制器无输出，所有程控阀自动关闭，装置处于停运状态，这种情况可按紧急停车处理。

（3）仪表空气压力下降　本装置要求空气压力不低于 0.4MPa，如压力过低，会使程控阀不能正常开或关，导致各吸附塔工作状态混乱，产品质量下降，此时应停车处理。

2. 操作失调

PSA 过程运输是否正常，关键是各吸附塔的运行状态是否良好，系统操作失调会立即或逐步使塔的再生恶化，由于 PSA 过程是周期性循环过程，因此只要其中一个吸附塔再生恶化，就会很快波及和污染到其它吸附塔，最终导致产品质量的下降。

（1）原料处理量与周期时间　吸附塔内的吸附剂对杂质的吸附能力是定量的，一旦处理量增大，就应该相应缩短周期，使由原料气带入的杂质量不超过吸附剂的承受能力，如不及时调整周期，杂质就会很快污染产品。

（2）顺放气量　设置顺放步骤的主要目的是将吸附后期的气体作为产品气加以回收。因而，顺放时间和流量取决于顺放气是否符合产品脱碳气的要求。另外，顺放压力也应略高于 PV102 阀后压力。

3. 装置故障

程序控制器故障，可能表现在无信号输出、程序切换停留于某一状态或程序执行紊乱。它的故障及处理方法详见程序控制器技术手册的有关章节。

制氢装置共有 62 个程控阀，只要其中一个发生故障就会影响全系统的正常运行，操作人员应及时准确地判断出故障的阀门，以便做出正常的处理。

4. 产品纯度从不合格状态到合格状态的调整方法

产品纯度下降表明吸附塔在吸附步骤中杂质组分已达到吸附塔的出口端，其原因是操作调节不当或是自控系统发生故障，一旦找出原因，经过处理后应尽快恢复至正常状态。调整的有效方法一是低负荷（小的处理气量）运转一段时间，二是缩短循环时间，如果二者结合起来则产品纯度恢复更快，但注意缩短循环时间要保证顺放和最终升压步骤所需的时间。

思 考 题

1. 湿法脱碳有哪些方法？其原理各是什么？

2. 化学吸收法脱碳有何特点？

3. 简述变压吸附的原理。为什么煤气化煤气作为甲醇原料气的脱碳常采用变压吸附法？与其它脱碳方法比较有何优点？

4. 简述 PSA 空气制氮工艺。

第九章 气化煤气的精脱硫

气化煤气经过湿法脱硫（大部分采用栲胶法）、变换和脱碳后还含有不同数量的硫化物，由于甲醇合成催化剂（一般采用 Cu-Zn 催化剂）对硫化物特别敏感，少量的硫化物便会使其中毒而丧失活性。精脱硫的目的是将原料气中的总硫含量脱除至小于 0.1×10^{-6}，以保证催化剂有较长的使用寿命。

变换工序出口煤气中含 $H_2S < 30mg/Nm^3$，$COS < 17mg/Nm^3$，尽管变换工序已经对有机硫 COS 进行了变换，即 COS 水解成 H_2S 并进行了脱除，但是在变换工序对有机硫 COS 变换时，由于系统煤气中 H_2S 的含量比较高，抑制了 COS 的水解转换，致使变换气中还存在一部分 COS。经过脱碳工序后，煤气中的 H_2S 和 COS 得到进一步的脱除（被吸收），此时煤气中 $H_2S < 15mg/Nm^3$，$COS < 7mg/Nm^3$，但作为甲醇合成气还远远超标，必须进行精脱硫。

第一节 精脱硫原理

从脱碳工序来的煤气，首先用氧化锌将煤气中的 H_2S 脱除至 $< 0.03 \times 10^{-6}$，再经水解将煤气中剩余的 COS 转化为 H_2S。由于水解前 H_2S 含量很低，小于 0.03×10^{-6}，所以 COS 的转化率很高，达 99% 以上，再进入精脱硫塔用氧化锌将水解转化生成的 H_2S 脱除至 $< 0.03 \times 10^{-6}$。经过两次脱硫后煤气中总硫含量 $\leqslant 0.1 \times 10^{-6}$。

一、氧化锌脱硫反应

氧化锌脱硫剂是一种转化吸收型固体脱硫剂，严格来说，它属于净化剂，能脱除 H_2S 和多种有机硫（噻吩除外），脱硫精度高，使用方便，价格较低，H_2S 与 ZnO 反应可生成难以离解的 ZnS，故不能再生，一般用于精脱硫过程。

吸收硫化物的化学反应如下：

$$ZnO + H_2S \Longrightarrow ZnS + H_2O \qquad \Delta H = -76.6kJ/mol \qquad (9\text{-}1)$$
$$ZnO + COS \Longrightarrow ZnS + CO_2 \qquad \Delta H = -126.4kJ/mol \qquad (9\text{-}2)$$
$$ZnO + C_2H_5SH \Longrightarrow ZnS + C_2H_4 + H_2O \qquad \Delta H = -0.58kJ/mol \qquad (9\text{-}3)$$
$$2ZnO + CS_2 \Longrightarrow 2ZnS + CO_2 \qquad \Delta H = -283.95kJ/mol \qquad (9\text{-}4)$$
$$ZnO + C_2H_5SH + H_2 \Longrightarrow ZnS + C_2H_6 + H_2O \qquad \Delta H = -137.83kJ/mol \qquad (9\text{-}5)$$

当脱硫剂中添加了 MnO、CuO 时，也会发生类似反应，如：

$$MnO + H_2S \Longrightarrow MnS + H_2O \qquad (9\text{-}6)$$
$$CuO + H_2S \Longrightarrow CuS + H_2O \qquad (9\text{-}7)$$

金属或其氧化物与 H_2S 的结合能力（脱硫精度）顺序为：

$$CuO > ZnO > NiO > CaO > MnO > Ni > Cu > MgO$$

CuO 的脱硫能力优于 ZnO，某些常温氧化锌脱硫剂中添加 CuO 就是为了提高其脱硫能力。

二、氧化锌脱硫反应的热力学平衡

式(9-1) 中 ZnO 和 ZnS 均以固体存在，反应平衡常数只与 H_2O 和 H_2S 的分压有关，

表 9-1 是 ZnO 脱硫气相平衡常数。从表中可以看出，平衡常数相当大，故反应实际上是不可逆的。但在水蒸气含量过高时，为了保证脱硫精度，在低温下操作有较好的脱硫效果，因为上述反应都是放热反应，降低温度有利于反应的进行。

COS 的水解转换同第七章。

表 9-1 不同温度下反应式(9-1) 的平衡常数

温度/℃	$K_p = \dfrac{p_{H_2O}}{p_{H_2S}}$	温度/℃	$K_p = \dfrac{p_{H_2O}}{p_{H_2S}}$	温度/℃	$K_p = \dfrac{p_{H_2O}}{p_{H_2S}}$
200	2.081×10^8	300	7.121×10^6	400	6.648×10^5
220	9.494×10^7	320	4.152×10^6	420	4.490×10^5
240	4.605×10^7	340	2.514×10^6	440	3.101×10^5
260	2.359×10^7	360	1.569×10^6	460	2.158×10^5
280	1.268×10^7	380	1.008×10^6	480	1.568×10^5

第二节　精脱硫工艺

一、精脱硫工艺流程

精脱硫工艺流程如图 9-1 所示。由脱碳系统来的原料气进入系统后首先进入第一脱硫塔，在该塔内由 ZnO 脱除气体中的 H_2S，使出塔气体中 H_2S 含量 $<0.03\times10^{-6}$，而后进入加热器，加热至 60℃进入精脱硫塔，精脱硫塔内装有水解催化剂，在水解催化剂作用下有机硫 COS 发生水解反应 $COS+H_2O=H_2S+CO_2$，生成的气体再进入精脱硫塔下部将气体中的

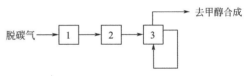

图 9-1　精脱硫工艺流程图
1—第一脱硫塔；2—加热器；3—精脱硫塔

H_2S 脱至 $<0.03\times10^{-6}$。由于水解催化剂对 COS 的水解率很高，经过两次脱硫之后气体中总硫化物含量 $\leqslant0.1\times10^{-6}$，满足甲醇催化剂对气体中硫化物的要求。

二、工艺指标

第一脱硫塔进气温度 40℃；第一脱硫塔进气压力 0.75MPa；第一脱硫塔出口压力 0.7MPa；进口气 $H_2S\leqslant15mg/Nm^3$；有机硫 $\leqslant7mg/Nm^3$；精脱硫塔进气温度 100℃；精脱硫塔出口温度 80℃；精脱硫塔出口压力 0.7MPa；冷却器出口温度 40℃；水蒸气压力 0.5MPa；循环水压力 0.3MPa；出工段 $\sum S\leqslant0.1\times10^{-6}$。

三、精脱硫操作规程

① 全面检查系统所有设备、管线、阀门应符合开车要求，联系有关人员检查仪表等应灵敏好用。

② 联系蒸汽、循环水等。

③ 通知变换岗位做好送气准备。

④ 开系统进口阀，关闭再生用蒸汽阀、空气阀。

⑤ 调节加热器、冷凝水流量，使入精脱硫塔温度为 100℃。

⑥ 取样分析精脱硫塔出口煤气中的总硫含量，$\sum S<0.1\times10^{-6}$ 时，开系统出口阀向压缩送气。

思 考 题

1. 气化煤气为何要进行精脱硫？
2. 简述气化煤气精脱硫原理。
3. 影响精脱硫的因素有哪些？如何调节？
4. 简述精脱硫工艺。

第十章 脱盐水的制备

水的除盐处理是除去水中溶解的盐类，以满足甲醇合成工艺用水标准，目前应用的除盐工艺有如下四种：化学除盐——离子交换法；电力除盐——电渗透法；压力除盐——反渗透法；热力除盐——蒸馏法。

第一节 水的化学除盐

一、化学除盐原理

化学除盐是将原水通过 H 型阳离子交换器（阳床）和 OH 型阴离子交换器（阴床），经过离子交换反应，将水中的阴、阳离子除掉，从而制得除盐水。除阳床、阴床外，还有混合床。混合床是将阴、阳离子交换树脂均匀混合后放在同一交换器内直接进行化学除盐的设备。在混合床中，水中的阴阳离子几乎同时发生交换反应，经 H 型阳离子交换树脂交换反应生成的 H^+ 和经 OH 型阴离子交换树脂交换反应生成的 OH^- 在交换器内立即得到中和，不存在反离子的干扰，因此，离子交换反应进行得十分彻底，出水纯度很高。其再生方法是利用阳、阴离子交换树脂湿真密度（湿树脂质量与湿树脂的颗粒体积的比值，g/mL）的差异，用水力反洗法将两种树脂分开，然后用酸和碱分别进行再生，再生结束后用除盐水清洗至合格，用压缩空气将它们混合均匀后再投入运行。

二、化学除盐系统

1. 一级复床系统

原水经阳离子交换树脂、阴离子交换树脂进行一次交换（一级交换）的除盐处理系统。其交换过程是由阳床和阴床组成的复床来完成的，所以将其称为一级复床系统，如图 10-1 所示。

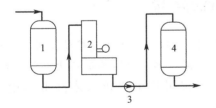

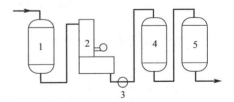

图 10-1　一级复床除盐系统

1—阳床；2—除二氧化碳器；
3—中间水泵；4—阴床

图 10-2　一级复床加混床系统

1—阳床；2—除二氧化碳器；3—中间水泵；4—阴床；5—混床

由图可见，该系统由阳、阴两床和除气器组成，因此又称为二床三塔系统。

在处理水量较大的情况下，往往需要设置若干个阳床和阴床，依据管道连接方式的不同，又可分为单元制系统和母管制系统。前者为一台阳床对应一台阴床，以串联的方式进行；后者则将各台阳床的出水都送入一条母管内，然后再从母管分别送至各台阴床。

2. 一级复床加混床系统

对于水质要求较高的用水，通常采用一级复床加混床系统，如图 10-2 所示，该系统又称为三床四塔系统。

3. 除盐系统设备的布置及对进水水质的要求

一般阳床布置在系统的前边，因为强型阳树脂的交换容量几乎是强型阴树脂的 3 倍左右，在交换过程中阳床抗反离子干扰的能力强，可防止阴床在前时生成 $CaCO_3$ 或 $Mg(OH)_2$ 沉淀对树脂污染及阴床的反离子干扰，使阴床离子交换反应彻底，对除去水中的碳酸、硅酸等弱酸也十分有利。除二氧化碳器应设置在阴床之前，以减轻阴床负担。混合床一般设置在一级复床后面，可以对一级复床短时间出现的水质恶化起到防护作用，以利于提高制水纯度。

采用顺流再生工艺时，除盐系统设备一般要求进水中的浊度应小于 $5mg\ SiO_2/L$；采用对流再生工艺时，应小于 $2mgSiO_2/L$；残余活性氯 $(Cl_2)<0.1mg/L$；耗氧量小于 $1mgO_2/L$，以防有机物对凝胶型强碱性阴离子交换树脂的污染；为防止铁污染，通常要求含铁量在 $0.3mg/L$ 以下，混合床进水则要求在 $0.1mg/L$ 以下。

三、化学除盐的出水水质

在除盐系统中，阳床在运行阶段，出水中的阳离子为 H^+，其硬度几乎等于零，Na^+ 含量也很小（一般小于 $1mg/L$）。失效时，出水中的 Na^+ 含量增加，酸度降低。故当阳床运行至出现漏 Na^+ 时应停止而转入再生阶段。监督阳床失效终点通常是用专门的仪表——阳床终点计，也可以测定出水中的含 Na^+ 量进行监督，但不宜用测定出水中的 pH 值来监督，因为出水的 pH 值常受原水水质变化的影响。

在一级复床运行阶段，阴床出水的水质比较稳定，一般是电导率 $<5\mu S/cm$，水中 $(SiO_2)<0.1mg/L$。阴床失效时，首先是出水中 SiO_2 含量增加，此时出水电导率会有一个瞬间下降阶段，这是因为微量漏过的 H_2SiO_3 与阳床微量漏过的 Na^+ 反应生成电导率更低的 Na_2SiO_3 所致。当阴床出水出现 Cl^-，即有 HCl 漏过时，电导率急剧增加，pH 值开始下降。因此，一级复床除盐系统中，如果阴床失效而阳床未失效时系统出水显酸性；反之，系统出水显碱性。

阴床失效终点一般采用测定阴床出水的电导率或 SiO_2 含量来监督。

一级复床加混合床除盐系统中，混合床出水水质其电导率（25℃）$<0.2\mu S/cm$，$SiO_2<30\mu g/L$，失效终点的监督同阴床。

第二节　电渗析法除盐

对于含盐量较大的水（如含盐量在 $1000mg/L$ 以上），单纯用离子交换法除盐需用的离子交换树脂多，再生剂消耗大，很不经济，这时可以采用电渗析法来降低水中的含盐量。

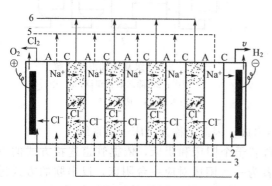

图 10-3　多膜电渗析槽示意图
1—阳极室；2—阴极室；3—淡水室入口；
4—浓水室入口；5—淡水室
出口；6—浓水室出口

一、电渗析除盐原理

电渗析除盐是在外加直流电场的作用下，利用阴、阳离子交换膜对水中阴、阳离子的选择透过性，使一部分水中的离子转移到另一部分水中而达到除盐的目的。如图 10-3 所示，在阳电极（正极）和阴电极（负极）之间交替平行放置若干阴膜和阳膜，膜间保持一定距离，形成隔离室。在直流电场作用下，进入隔离室的原水中的电解质离子做定向迁移，即阳离子向负极，阴离子向正极运动，由于离子交换膜具有选择透过性，当阳离子迁移到阴膜处时就受到阻力不能穿透；同样，阴离子迁移到阳膜处也不能穿透。这样就形成了间隔交替的容留他室离子的浓水室和迁出离子的淡水室，将浓水排放，淡水即为除盐水。

为了使电流不断地通过，必然要发生电极反应。其阳极反应为：

$$2Cl^- - 2e \longrightarrow Cl_2 \uparrow$$
$$H_2O \longrightarrow H^+ + OH^-$$
$$4OH^- - 4e \longrightarrow O_2 \uparrow + 2H_2O$$

阴极反应为：

$$H_2O \longrightarrow H^+ + OH^-$$
$$2H^+ + 2e \longrightarrow H_2 \uparrow$$

二、电渗析除盐工艺流程

1. 设备组成

电渗析器的结构包括压板、电极托板、电极、极框、阴膜、阳膜及隔板甲、乙等部件，将这些部件按一定顺序组装并压紧，即组成一定形式的电渗析器。

电渗析器的整体结构分为膜堆、极区、紧固装置三大部分。

（1）膜堆 一对阴、阳膜和一对隔板甲、乙交错排列，组成膜堆的最基本单元——膜对，电极间由若干组膜对堆叠一起即为膜堆。

① 离子交换膜。离子交换膜是电渗析除盐设备的关键材料，是用具有交换能力的高分子材料（离子交换树脂）制成的一种薄膜，膜厚一般为0.5~1mm。离子交换膜只允许离子通过，而水分子不易通过，并具有一定的弹性和强度，对电解质具有选择透过性。因为离子交换膜的固定基团具有强烈的电场，对带异性电荷的离子有吸引力，能使其通过，对带同种电荷的离子具有排斥力，故不能通过。

按生产工艺分，离子交换膜又有均相膜和异相膜之分。均相膜具有电阻小、选择透过性高等优点，但有制造复杂、价格高等缺点。异相膜虽不如均相膜，但能满足除盐要求，并且组装方便、价格低，故应用较多。选择交换膜时应注意：交换膜应有较好的离子选择透过性；要有较小的膜电阻；具有一定的化学稳定性，耐酸、碱、耐高温；要有一定的弹性和强度；厚度要均匀、平整，不允许有针眼和气泡。

② 隔板。用于隔开阴、阳膜的隔板上有配水孔、布水槽、流水通道以及搅动水流用的隔网。因为用以连接配水孔与流水通道的布水槽的位置有所不同，隔板分为甲、乙两种，隔板甲、乙分别构成了相应的淡水室和浓水室。

隔板要有足够的强度和化学稳定性；耐酸、碱，不导电；板面要平整，厚度要均匀，并要求有大的有效膜面积；水在通道内流动时要形成紊流，以提高电渗析效率和防止结垢。隔板材料有硬质聚氯乙烯和聚丙烯两种，厚度为0.8~2.0mm。

（2）极区 上、下两端的电极区与整流区电源相连，并兼作原水进口、淡水和浓水出口以及极室水的通路。组装有共电极（中间电极）的电渗析器，其共电极除了增加电渗析器的级数外，还兼有改换流水方向的作用。

端电极区由电极、极框、电极托板、橡胶垫板等组成。用作电极的材料应满足耐腐蚀、电化学稳定性好、电阻小，导电性能好、有一定的机械强度，价格低廉、加工方便等要求。目前用作电极材料的有铅、石墨、不锈钢（作阴极）、钛镀铂合金及钛镀钌合金等。极框较极板为厚，约20mm，旋转在电极与阳膜之间，以防止膜贴到电极上去，保证极室水流畅通，及时排除电极反应产物，故极框也是极室水的通道。电极托板用来承托电极并连接进、出水管。橡胶垫板起防漏作用。

（3）紧固装置　紧固装置用来把整个极区与膜堆均匀夹紧，使电渗析器在正常压力下运行时不致漏水，通常采用由槽钢加强的钢板制成的上、下压板，四周用螺杆拧紧。

2. 工艺流程

（1）组装方式　根据电极对数和水流方向，电渗析器有级和段之分。设置一对电极称为一级，设置二对电极称为二级；凡是水流方向一致的膜对或膜堆都称为一段，水流方向改变一次，就增加一段。

（2）工艺流程

① 连续式。连续式除盐也称一次除盐或直流式除盐，适用于用水量大的情况。按其运行工艺不同，可分为一级一段、一级多段、多级多段等形式。

一级一段是指原水一次流往膜堆内部并联的膜对以后就完成了除盐过程，直接制出淡水；一级多段指原水一次流往膜堆内部串联的膜对以后，才完成除盐过程制出淡水；多级多段是指原水依次流往多台一级一段的电渗析器同时进行除盐，或者是原水流经中间设有几个共电极的电渗析器，进行多级多段串联除盐。

② 循环式。循环式除盐是指浓水和淡水分别通过各自的循环通路进行循环除盐，达到淡水指标后，再换一批水进行循环除盐。或者以一部分淡水（或浓水）进行循环除盐，并连续向外供给淡水，故其只适用于用水量不大的情况。

原水经电渗析器处理后，除盐率可达 81.6％。

第三节　反渗透法除盐

一、渗透与反渗透

1. 渗透与渗透压

采用一种特殊性能的膜将一个盛水的容器隔开，这种膜只允许水透过而不允许溶质透过，这种膜称为半透膜。在膜的一侧注入稀溶液，另一侧则注入浓溶液，注入时两液面等高且同处于大气压力下。然后注意观察就可以发现，稀溶液一侧的液面逐渐下降，而浓溶液一侧的液面逐渐升高，说明稀溶液中的水自发地通过半透膜而流入浓溶液中去，这种现象称为渗透。经过一段时间，两液面不再变动，保持一定的液位差，这一水力压头 H 就称为渗透压 P_0，如图 10-4(a)、图 10-4(b) 所示。

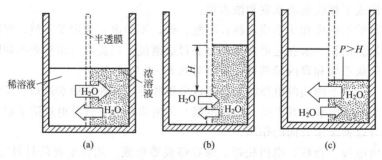

图 10-4　渗透和反渗透示意图

2. 反渗透与反渗透压

如果在浓溶液一侧的液面上施加压力 P，且 $P > P_0$ 时，浓溶液中的水向稀溶液一侧渗透而使稀溶液一侧的液面升高。这种在外力的作用下，浓溶液中的水通过半透膜向稀溶液中渗透的现象称为反渗透，反渗透所需的压力 P 称为反渗透压，如图 10-4(c) 所示。反渗透除盐就是应用反渗透原理，在含有盐分的原水中施加比渗透压更大的压力，把原水中的水分压到半透膜的另一边，变成除盐水，达到制取除盐水的目的。

在渗透与反渗透过程中，溶剂水迁移的推动力是浓度差和压力差，为了不致采用很高的压力来克服浓度差引起的反作用，进行反渗透处理的原水的浓度不宜过高。

二、反渗透膜

反渗透膜是一种具有不带电荷的亲水性基团的半透膜。良好的反渗透膜应具备以下特点：透水量大；机械强度高，多孔支撑层的压实作用小；化学稳定性好，耐酸、耐碱、耐微生物侵蚀；结构均匀，使用寿命长，性能衰减小；制膜容易，价格便宜，原料易得。

1. 反渗透膜种类

（1）醋酸纤维素膜（CA）　以醋酸纤维素为原料，由极薄致密的表皮层和多孔支撑层复合而成。其表皮层厚度约为 $0.25\mu m$，膜的总厚度为 $100\mu m$，在表皮层中由于发孔剂的作用形成极多的微孔，孔径为几百纳米，支撑层由硝酸纤维素和醋酸纤维素制成，孔多且孔径大（约几十微米）。

在反渗透除盐时，原水必须先经过表皮层才能起到分离盐分的作用，这种非对称结构的膜具有透水量大、除盐率高的特点，表皮层越薄，透水量越大。

（2）芳香聚酰胺膜　用芳香聚酰胺制取的中空纤维膜其外径一般在 $30\sim150\mu m$ 之间，有足以承受反渗透操作压力的壁厚（一般为 $7\sim40\mu m$）。中空纤维膜外径与内径之比为 $2:1$，实际上是一种厚壁圆柱体。这种膜采用溶液纺丝法制成极细的中空纤维，其体积小，膜面积大，具有良好的透水性能和较高的脱盐率，机械强度高，化学稳定性好，耐压，能在 pH 值为 $5\sim9$ 的范围内长期使用，由它制成的反渗透器具有体积小、产水量大的优点。

2. 半透膜的性能

（1）方向性　反渗透膜具有不对称结构，所以在反渗透操作中，必须使表皮层与原水接触，才能达到预期的除盐效果，绝不能将膜倒置使用。

（2）选择透过性　反渗透膜对溶液中不同溶质的排除作用具有较高的选择性。根据反渗透膜除盐效果的实验结果可得出：有机物比无机物易分离；电解质比非电解质易分离；电解质的离子价数越高或同价离子的水合离子半径越大，除盐效果越好。如阳离子，$Al^{3+}>Fe^{3+}>Mg^{2+}>Ca^{2+}>Li^+>Na^+>K^+$；对于阴离子，则磷酸根离子＞硫酸根离子＞碳酸氢根离子＞氯离子＞溴离子＞碘离子；非电解质的相对分子量愈大，愈易分离；气体容易透过膜，故对氨、氯、二氧化碳和硫化氢等气体的去除效果差。

3. 影响反渗透膜性能的因素

（1）pH 值的影响　pH 值影响膜的化学稳定性，尤其是醋酸纤维素膜，当 pH＞7 时，易于水解，某些溶解物质易在膜表面上沉积结垢而堵塞膜孔。因此，在通常情况下，醋酸纤维素膜长期工作的 pH 值范围为 $3\sim7$，聚酰胺膜的 pH 值范围为 $5\sim9$。

（2）操作压力的影响　在反渗透过程中，透水量随着操作压力的提高而增加，但提高压力又会使膜受到压实作用而导致透水量下降，这对醋酸纤维素膜最为显著。因此，应根据膜的性能、原水的浓度和水的回收率来选用反渗透膜的操作压力。

（3）温度的影响　水的黏度随温度的升高而减小，所以膜的透水量随水的温度升高而增加，但温度过高会加速膜的水解。一般高分子有机膜由于温度升高而软化，易被压实。因此膜的工作温度应控制在 20～30℃。

（4）浓度极化的影响　在反渗透操作中，由于水不断透过膜，引起膜表面溶液的浓度升高，使膜表面的盐类向外扩散，这种现象称为浓度极化。

浓度极化后会引起局部区域的渗透压增加，导致有效推动力降低，这就要求提高操作进水压力来抵消这个影响，但渗透压力增加后会导致膜的透盐量增加，使成品水中盐类增加；与此同时，某些有害物质（如 $CaSO_4$ 等）在膜表面浓缩沉淀，使水的回收率降低，并且加快了膜的变质速度。为了避免发生浓度极化，须使进水水流保持湍动状态，即提高进水流速，以防止膜表面浓度的增加。

4. 反渗透膜的保护和清洗

天然水中一般都含有悬浮物、胶体颗粒和微生物及有机物等杂质，这种水不能直接用来进行反渗透工艺处理，必须先进行严格的预处理，如混凝、澄清、普通活性炭过滤、精密过滤等。为了防止膜的水解和表面结垢，还需将进水的 pH 值调至 5.5～6.5。

反渗透膜长期使用后，膜表面易被一层沉淀所覆盖，膜孔被堵塞，透水量下降，故必须定期清洗膜面。通常采用稀盐酸（pH 值 2～3）冲洗，或用各种配合剂如柠檬酸、过硼酸钠、亚硫酸氢钠、六偏磷酸钠等，防止铁盐、锰盐以及硫酸钙的形成。

三、反渗透装置

反渗透膜不能直接用来制取淡水，还必须以膜为主要部分形成组件（称滤元）。膜的透水量与膜的面积成正比，所以膜组件在可能的范围内，膜的充填密度应该尽量大，让原水与膜表面充分地接触。目前采用的反渗透装置有板框式、管式、螺旋卷式、中空纤维式和槽条式，应用较多的是螺旋卷式和中空纤维式。

1. 螺旋卷式

螺旋卷式组件是在两层反渗透膜之间夹入一层多孔支撑材料，并用黏胶封闭其三面边缘，使之成为袋状，以便使盐水和淡水隔开，开口边与多孔淡水收集中心管密封连接。在袋状膜下面铺上一层盐水隔网，然后将这些膜和网沿着钻有孔眼的淡水收集中心管卷绕。依次叠好的多层组装（膜/多孔支撑材料/膜/盐水隔网）就构成一个螺旋卷式反渗透组件，如图 10-5 所示。将组件串联起来装入封闭的容器内，便组成螺旋卷式反渗透器。

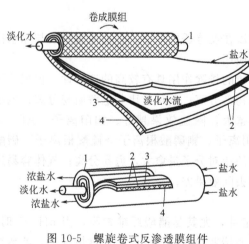

图 10-5　螺旋卷式反渗透膜组件
1—多孔淡水收集中心管；2—反渗透膜；
3—多孔支撑材料；4—盐水隔网

螺旋卷式反渗透器运行时，原水在高压下从组件的一端进入后，通过由盐水隔网形成的通道，沿膜表面流动，淡水透过膜并经袋中多孔支撑材料螺旋地流向淡水收集中心管，最后由中心管一端引出，浓盐水也从膜组件的一端流出。

多孔淡水收集中心管一般采用聚氯乙烯、不锈钢管或其它塑料管制成，多孔支撑材料可采用涤纶织物等材料，盐水隔网可采用聚丙烯单丝编织网等材料。

膜愈长，产水量愈大，但过长的膜其透过水必须流经很长的多孔支撑层到达中心管，水流阻力就会增大。因此，通常在一个膜组件内采用几组膜，即几组依次叠好的多层材料一起卷绕在一个中心管上，这样既可增加膜的装载面积，又能降低透过水的阻力。

螺旋卷式反渗透器的优点是单位体积的内膜装载面积大，结构紧凑，占地面积小；缺点是容易堵塞，清洗困难，因此对原水的预处理很严格。

2.中空纤维式

如图10-6所示，中空纤维是一种比头发丝还细的空心纤维管，由数百万根中空纤维绕成U形，均匀而有顺序地排列在一根多孔配水管周围，U形中空纤维的开口端用环氧树脂浇铸在一起，并用激光切割成光滑的断面，使空心纤维管的端头全部均匀地分布在这一断面上；另一端也用环氧树脂粘合固定，以防中空纤维管束的偏移，然后把它装入一个由环氧玻璃钢制成的筒形承压容器中。在出口管板一端，依次装上多孔垫板和出入口端板，用圆形密封环加以密封，即组成中空纤维式反渗透器。

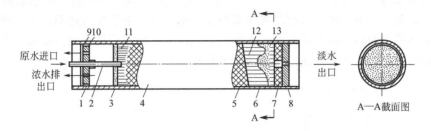

图 10-6　中空纤维式反渗透器结构图

1—入口隔板；2—供水管；3—环氧树脂板；4—环氧树脂玻璃钢外壳；5—软塑料网；
6—定位套筒；7—多孔滤纸；8—出口端环；9—卡板环；10—圆形密封圈；
11—中心进水分散管；12—空心纤维管束；13—环氧树脂管板

中空纤维式反渗透器的优点是装置紧凑，工作效率高，操作压力 2.8MPa 时除盐率为 $90\%\sim95\%$，操作压力为 5.6MPa 时除盐率可达 98.5%，这是目前效率最高的反渗透器。缺点是与螺旋卷式反渗透器相同，即膜孔容易堵塞，清洗困难，对原水的预处理要求很高。

四、反渗透除盐工艺

原水经过反渗透装置后，如果淡水是一次反渗透制成，此系统就称为一级反渗透系统，如图10-7(a) 所示。如果一次反渗透制出的淡水再次经反渗透装置净化，此系统就称为多级反渗透系统，如图10-7(b) 为二级反渗透系统。如果将一级反渗透排出的浓水再次经反渗透装置净化，此系统就称为多段反渗透系统，图10-7(c) 为一级二段反渗透系统。多级反渗透系统用于提高淡水水质，而多段反渗透系统是为了提高水的回收率。

一级反渗透系统工艺流程比较简单，设备少，运行成本低，但易产生浓度极化和膜被压实等现象；二级反渗透系统可允许第一级除盐效率较低（如90%），第二级反渗透装置的操作压力也较低，因而设备材料没有第一级那样严格，但经过两次反渗透操作能量

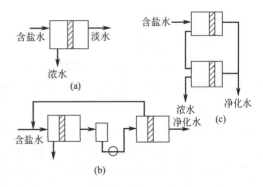

图 10-7　反渗透工艺流程

(a) 一级反渗透系统；(b) 二级反渗透系统；(c) 一级二段反渗透系统

消耗大。

第四节　蒸馏法除盐简介

将原水加热使其沸腾，水变成蒸汽，将蒸汽冷凝便制得蒸馏水，盐类则残留在水中变成浓缩水，排污排掉，这种除盐处理的方法称为蒸馏法。

由于蒸馏法除盐处理使用的设备仅有蒸发器，对于生产高温高压蒸汽或回收高压废蒸汽的工厂来说，采用这种方法的比采用其它方法更为简便。目前蒸馏法除盐处理使用的是沸腾型和闪蒸型两类蒸发器。

一、沸腾型蒸发器

最简单的沸腾型蒸发器如图10-8所示。工作时，蒸发器内不断输入的原水被热源加热至沸腾，产生蒸汽，蒸汽经冷却凝结成为蒸馏水。输入到蒸发器作为热源的蒸汽称为一次蒸汽，原水受热蒸发而得到的蒸汽称为二次蒸汽，二次蒸汽冷凝后就得到蒸馏水。为防止蒸发装置受热而结垢，对原水应预先进行离子交换软化处理。

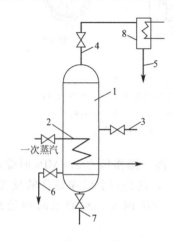

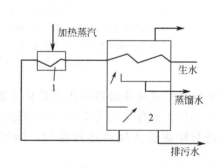

图 10-8　最简单的蒸发装置示意图
1—蒸发器壳体；2—受热部件；3—给水
导入管；4—一次、二次蒸发引入管；
5—蒸馏水引出管；6—排污；
7—放空管；8—冷凝管

图 10-9　闪蒸型蒸发器工作原理示意图
1—加热器；2—扩容室

二、闪蒸型蒸发器

表面式蒸发器结垢的可能性较大，需要对原水进行离子交换软化处理，闪蒸型蒸发器可有效防止结垢的影响。闪蒸型蒸发器的工作原理如图10-9所示。预先将水在一定压力下加热到某一温度后，将其注入一个压力较低的扩容室中，这时由于注入水的温度高于该室压力下的饱和温度，一部分水急速汽化（即闪蒸）为蒸汽，与此同时水温下降，直到水和蒸汽都达到该温度下的饱和状态。在闪蒸型蒸发器中，因水的加热和蒸汽的形成是在不同的部件内进行的，所以大大降低了结垢的可能性。运行经验表明，对闪蒸型蒸发器的给水只做简单的加酸处理即可，当给水温度为120℃，蒸发器内也不会结垢。闪蒸型蒸发装置可以是单级的，也可以是多级的，闪蒸型蒸发器的二次蒸汽量主要取决于循环水流量和装置的温降。

工程示例：同煤集团煤气厂 5 万吨/年甲醇的脱盐水工艺流程

一、脱盐水工艺流程

工艺流程如图 10-10 所示，原水（流量 $Q \geqslant 20t/h$，压力 $0.3 \sim 0.6MPa$）经多介质过滤器过滤掉水中悬浮的泥沙及灰尘，然后经精滤器去除粒度更小的杂质颗粒，再经高压泵升到 $1.3MPa$，通过反渗透装置除去水中各种胶类、盐类、细菌及有机物，生成净水。净水通过脱碳器释放水中的 CO_2 后进入中间水箱，经增压泵增压后通过海绵铁除氧器除氧，再经软水器除掉水中 Ca^{2+}、Mg^{2+} 等离子，然后经过 EDI 电子除氧器去除剩余阴、阳离子，再经微过滤器进入膨胀水箱，最后用高压泵（$5.01MPa$）打到各用水工段。

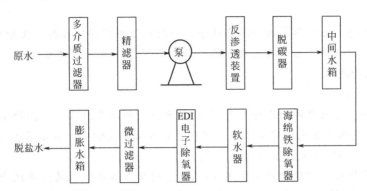

图 10-10 同煤集团煤气厂 5 万吨/年甲醇的脱盐水工艺流程

二、工艺技术参数

原水进水压力 $0.3 \sim 0.6MPa$；高压泵进水压力 $>0.1MPa$；高压泵出水压力 $<1.9MPa$；原水温度 $\leqslant 35℃$；脱盐水温度 $30℃$；脱碳塔出水 CO_2 浓度 $<5mg/L$；原水 pH 值 $7 \sim 8$；脱盐水 pH 值 $6.5 \sim 7.3$；总硬度 $\leqslant 0.03mg/L$；含氧 $<0.05mg/L$；$Cl^- < 5mg/L$；脱盐水电导率 $\leqslant 5\mu S/cm$。

三、脱盐水站操作规程

1. 反渗透装置进水要求

浊度 <0.5；色度为清；污染指数 <4；pH 值 $4 \sim 11$；水温 $15 \sim 35℃$；化学耗氧量 $<1.5mg/L$；游离氯 $<0.1mg/L$；铁（总铁计）$<0.05mg/L$。

2. 反渗透装置操作

（1）除盐

① 反渗透装置周围环境温度为 $10 \sim 45℃$，水温控制在 $20 \sim 30℃$ 为宜。

② 检查高、低压差压力保护开关上、下限控制指针的位置，高压泵进口前的低压保护开关下限指针在 $0.01MPa$ 位置，出口高压上限为 $1.9MPa$。

③ 打开高压泵进出水阀、淡水排放阀、浓水排放阀。

④ 打开多介质过滤器运行阀门、计量泵，打开进水总阀，利用进水通过高压泵进行渗透组件数分钟，可以排除组件管路中的空气。

⑤ 开启高压泵，控制压力（$0.3 \sim 0.5MPa$）运行 $5 \sim 10min$，以便冲洗膜元件，然后逐渐关小浓水排放阀，使压力缓慢上升，每升高 $0.3MPa$ 保持 $5min$，切忌突然增压，以免损坏膜件。

⑥ 检查各段压力，利用浓水排放阀和高压泵出水阀调整浓水、淡水比例，使淡水回收率达到设计要求。

⑦ 测量淡水出口及各取样阀的水质电导，达到设计要求时，打开淡水输送阀，关闭淡水排放阀，反渗透装置进入工作状态。

（2）清洗 清洗时将清洗溶液以低压大流量在膜的高压侧循环，此时膜元件仍装在压力容器内，而且需要专用的清洗装置来完成该工作。

① 用泵将干净的、无游离氯的反渗透产品水从清洗箱打入压力容器中并排放几分钟。

② 用干净的产品水在清洗箱中配制清洗液。

③ 将清洗液在压力容器中循环 1 小时或预先设定的时间。

④ 清洗完成以后，排净清洗箱并进行冲洗，然后向清洗箱中充满干净的产品水以备下一步冲洗。

⑤ 用泵将干净、无游离氯的产品水从清洗箱打入压力容器中并排放几分钟。

⑥ 在冲洗反渗透系统后，在产品水排放阀打开状态下运行反渗透系统，直到产品水清洁、无泡沫或无清洗剂。

（3）保养与维护

① 短期保存。适应于停止运行 5 天以上 30 天以下的反渗透系统。用给水冲洗反渗透系统，同时注意将气体从系统中完全排除；将压力容器及相关管路冲满水后关闭相关阀门，防止气体进入系统；每隔 5 天按上述方法冲洗一次。

② 长期停用保存。适应于停止使用 30 天以上的反渗透系统。清洗系统中的膜元件；用反渗透产品水配制杀菌液，并用杀菌液冲洗反渗透系统；用杀菌液冲满反渗透系统后，关闭相应阀门使杀菌液保留于系统中，此时确认系统完全充满；如果系统温度低于 27℃，应隔 30 天用新的杀菌液进行第二、第三步的操作，如果系统温度高于 27℃，应每隔 15 天更换一次保护液（杀菌液）；在反渗透系统重新投入使用前用低压给水冲洗系统一小时，然后再用高压给水冲洗系统 5～10min，无论低压冲洗还是高压冲洗时，系统的产水排放阀均应全部打开。在恢复系统至正常操作前，应检查并确认产品水中不含任何杀菌剂。

③ 多介质过滤器。本过滤器为一个承压的钢罐，滤料为不同粒径的石英砂，通过不同阀门的开闭来达到反洗、正洗及运行的目的，顶部设有一个排气阀，以排除罐内和水中析出的空气。当运行阻力比平时提高 $0.5 \times 10^5 Pa$ 时即需要进行反洗，间隔时间视进水浊度而定，一般为 1 周左右。

④ 精密过滤器。精密过滤器采用聚丙烯熔喷滤芯，法兰连接形式，过滤精度为 $5\mu m$（滤芯为易耗品），在正常情况下，无需维修维护，当压力比平时提高 $0.5 \times 10^5 Pa \sim 10^5 Pa$ 时（时间一般为半年至一年），及时更换滤芯即可。

⑤ 加药装置。加药装置中的加药泵为美国进口产品，免维护，具体详见说明书，值得注意的是切勿使泵空运转，应随时观察加药箱中保持足够的药液，防止加药泵空转导致隔膜破裂，而且在配制药液时注意要用产品水配制。

⑥ 反渗透系统。反渗透系统高压部分采用不锈钢（或 UPVC）管路连接，如果在使用一段时间后发现管路法兰处出现渗漏现象，则应该首先关闭该系统，检查密封垫有无损坏，如有损坏则应更换密封垫，然后紧固法兰螺栓即可。

该系统中的高压泵为不锈钢多级离心泵，免维护产品，平时应注意避免使其空运转。

该系统中的药洗泵为耐腐蚀离心泵，平时注意在使用后尽量将泵液排空，以免长期浸泡加速密封垫的老化速度，同时还应注意避免使其空运转。

反渗透系统淡水部分采用 UPVC 管路连接，该管路属于卫生级管件，无毒无味，可连续使用 30～50 年，在使用时应防火、防冻（5～45℃）。如果在使用一段时间后发现管路法兰处出现渗漏现象，则应该首先关闭该系统，检查密封垫有无损坏，如有损坏则应更换密封垫，然后紧固法兰螺栓即可。阀门及活节处如出现渗漏现象，则应关闭该系统，检查密封圈有无损坏，如有损坏则应更换密封圈，然后紧固两端即可。

思 考 题

1. 用示意图说明电渗析除盐技术的原理。
2. 电渗析的极化沉淀如何防止和消除？
3. 什么是渗透、反渗透？它们产生的条件是什么？
4. 反渗透的压力对脱盐效率有何影响？
5. 螺旋卷式反渗透膜组件与中空纤维膜组件在结构上有何不同？
6. 反渗透与电渗析的级和段各是如何定义的？增加级或段的作用是什么？

第十一章 甲醇的合成

目前，工业上合成甲醇的流程分两类，一类是高压合成流程，使用锌铬催化剂，操作压力 25～30MPa，操作温度 330～390℃；另一类是低中压合成流程，使用铜系催化剂，操作压力 5～15MPa，操作温度 235～285℃。单醇生产厂家一般选用 5.0MPa 的低压合成流程。进合成塔的气体成分主要为氢、一氧化碳和二氧化碳，一般二氧化碳含量少于一氧化碳或不含二氧化碳，氢碳比的范围为 2～5，除此以外还有氮和甲烷等惰性气体，合成塔出口的甲醇含量一般为 5% 左右，大量未反应的气体必须循环继续合成。甲醇合成反应是在加压下进行的，反应较为复杂。

第一节 甲醇合成的基本原理

一、甲醇合成反应步骤

甲醇合成是一个多相催化反应过程，这个复杂过程共分五个步骤进行。

① 合成气自气相扩散到气体-催化剂界面。

② 合成气在催化剂活性表面上被化学吸附。

③ 被吸附的合成气在催化剂活性表面进行化学反应形成产物。

④ 反应产物在催化剂表面脱附。

⑤ 反应产物自催化剂界面扩散到气相中。

全过程反应速度取决于较慢步骤的完成速度，其中第三步进行得较慢，因此，整个反应速度取决于该反应的进行速度。

二、合成甲醇的化学反应

1. 主要化学反应

主要是合成气中的 CO 与 H_2 在催化剂的作用下发生如下反应：

$$CO + 2H_2 \longrightarrow CH_3OH \quad \Delta H = -100.4 kJ/mol \tag{11-1}$$

当有二氧化碳存在时，二氧化碳按如下反应生成甲醇：

$$CO_2 + H_2 \longrightarrow CO + H_2O \quad \Delta H = 41.8 kJ/mol$$

$$CO + 2H_2 \longrightarrow CH_3OH \quad \Delta H = -100.4 kJ/mol$$

两步反应的总反应式为：

$$CO_2 + 3H_2 \longrightarrow CH_3OH + H_2O \quad \Delta H = -58.6 kJ/mol \tag{11-2}$$

2. 典型的副反应

$$CO + 3H_2 \longrightarrow CH_4 + H_2O \quad \Delta H = -115.6 kJ/mol$$

$$2CO + 4H_2 \longrightarrow CH_3OCH_3 + H_2O \quad \Delta H = -200.2 kJ/mol$$

$$4CO + 8H_2 \longrightarrow C_4H_9OH + 3H_2O \quad \Delta H = -49.62 kJ/mol$$

三、合成甲醇反应的热效应

一氧化碳和氢气反应生成甲醇是一个放热反应，在 25℃ 时，反应热 $\Delta H = -90.8$ kJ/mol。常压下不同温度的反应热可按下式计算：

$$\Delta H_T^0 = 4.186(-17920 - 15.84T + 1.142 \times 10^{-2}T^2 - 2.699 \times 10^{-6}T^3) \tag{11-3}$$

式中　ΔH_T^0——常压下合成甲醇的反应热，J/mol；

　　　T——温度，K。

根据式(11-3)计算得到不同温度下的反应热见表11-1。

表 11-1　不同温度下的反应热

温度/℃	25	100	200	300	400	500	600	700
$\Delta H_T^0/(kJ/mol)$	−90.8	−93.68	−96.88	−99.44	−101.4	−102.9	−104	−104.7

在合成甲醇反应中，反应热不仅与温度有关，而且与压力也有关。加压下反应热可按下式计算。

$$\Delta H_p = \Delta H_T - 0.5411p - 3.255 \times 10^6 T^{-2}p \tag{11-4}$$

式中　ΔH_p——压力为 p、温度为 T 时的反应热，kJ/mol；

　　　ΔH_T——压力为 101.33kPa、温度为 T 时的反应热，kJ/mol；

　　　p——反应压力，kPa；

　　　T——反应温度，k。

根据式(11-4)可以计算出不同温度和压力下的反应热，反应热与温度和压力的关系见图 11-1。

从图 11-1 可以看出，合成反应热的变化范围是比较大的，在高压低温时的反应热大，25℃、100℃的等温线比 300℃等温线的斜率大。因此，合成甲醇在低于 300℃条件下操作比在高温条件下操作时要求严格，因为低温下反应热变化大，引起反应温度变化也就大，温度与压力波动大时容易失控。在压力为 20MPa 及温度大于 300℃时，反应热的变化不大，操作容易控制，故采用这种条件对甲醇的合成是有利的。

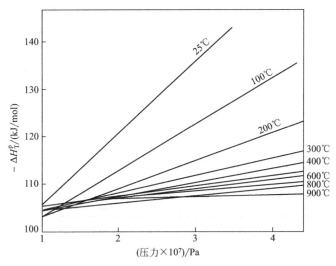

图 11-1　反应热与温度及压力的关系

四、甲醇合成反应的化学平衡

研究甲醇合成平衡，可以做出反应方向与限度的判断，避免制定在热力学上不可能或十分不利的生产操作或设计条件。

合成甲醇的原料气中一般都含一氧化碳和二氧化碳，因此它是一个复杂的反应系统。当达到化学平衡时，每一种物质的平衡浓度或分压必须满足每一个独立化学反应的平衡常数关系式。

前面已说明，甲醇合成反应系统中，如不计其它副反应，则可能的反应有

$$CO + 2H_2 \rightleftharpoons CH_3OH \tag{11-5}$$

$$CO_2 + 3H_2 \rightleftharpoons CH_3OH + H_2O \tag{11-6}$$

$$CO_2 + H_2 \rightleftharpoons CO + H_2O \tag{11-7}$$

这三个反应中，只有两个是独立的，其中任意一个反应都可由合并其它两个反应得到，如果写出三个平衡常数（K_{pi}）式

$$K_{p1} = \frac{p_m}{p_{CO} p_{H_2}^2} = \frac{1}{p} \frac{y_m}{y_{CO} y_{H_2}^2} \tag{11-8}$$

$$K_{p2} = \frac{p_m p_{H_2O}}{p_{CO_2} p_{H_2}^3} = \frac{1}{p^2} \frac{y_m y_{H_2O}}{y_{CO_2} y_{H_2}^3} \tag{11-9}$$

$$K_{p3} = \frac{p_{CO} p_{H_2O}}{p_{CO_2} p_{H_2}} = \frac{y_{CO} y_{H_2O}}{y_{CO_2} y_{H_2}} \tag{11-10}$$

显然 $K_{p3} = K_{p2}/K_{p1}$。当平衡时，各组分平衡分压 p_i 同时满足其中两式，另外一式当然也就自然满足。若已知其中两个平衡常数值，即可求得一定的温度、压力和原料气组成条件下系统中五个组分的平衡浓度 y_i，因此平衡常数是反应系统重要的基础数据。

CO 与 CO_2 同时参加反应时，对一定的原料气组成，不同温度、压力条件下的平衡组成和平衡常数值见表 11-2。

表 11-2　不同温度、压力下甲醇合成的平衡组成和平衡常数值

压力 /MPa(atm)	温度 /℃	平衡组成(y_i)摩尔分数							平衡常数/atm^{-2}	
		H_2	CO	CH_3OH	N_2	CH_4	CO_2	H_2O	$K_{p1} \times 10^3$	$K_{p2} \times 10^3$
5.0(50)	225	0.51	0.033	0.1434	0.006	0.180	0.108	0.013	6.4870	5.1652
	250	0.54	0.054	0.0382	0.005	0.168	0.103	0.010	2.0182	2.4821
	275	0.57	0.005	0.0564	0.004	0.156	0.095	0.010	0.7024	1.2858
	300	0.59	0.117	0.0285	0.004	0.148	0.089	0.011	0.2690	0.7121
	325	0.60	0.131	0.0136	0.004	0.141	0.083	0.011	0.1127	0.4162
	350	0.60	0.139	0.0065	0.004	0.142	0.079	0.017	0.0505	0.2540
	375	0.60	0.145	0.0032	0.004	0.141	0.075	0.021	0.0240	0.1607
	400	0.60	0.150	0.0015	0.006	0.141	0.071	0.024	0.0120	0.1049
15.0(150)	225	0.39	0.005	0.2422	0.006	0.208	0.082	0.059	12.0492	12.5398
	250	0.43	0.014	0.2057	0.006	0.198	0.093	0.041	3.1634	4.7429
	275	0.47	0.032	0.1666	0.006	0.187	0.007	0.030	0.9783	2.0751
	300	0.51	0.059	0.1229	0.005	0.175	0.095	0.024	0.3427	1.0053
	325	0.55	0.088	0.0809	0.005	0.163	0.089	0.021	0.1337	0.5318
	350	0.57	0.114	0.0482	0.005	0.154	0.082	0.022	0.0573	0.3040
	375	0.58	0.130	0.0271	0.004	0.148	0.076	0.023	0.0266	0.1850
	400	0.59	0.142	0.0149	0.004	0.144	0.071	0.026	0.0131	0.1179
30.0(300)	250	0.30	0.003	0.3017	0.007	0.225	0.051	0.101	9.6451	22.3736
	275	0.36	0.010	0.2570	0.007	0.212	0.070	0.074	2.1020	6.0591
	300	0.41	0.022	0.2142	0.006	0.200	0.081	0.055	0.5980	2.2003
	325	0.46	0.043	0.1608	0.006	0.188	0.185	0.042	0.2019	0.9502
	350	0.50	0.070	0.1245	0.005	0.175	0.083	0.035	0.0775	0.1642
	375	0.53	0.007	0.0839	0.005	0.164	0.078	0.032	0.0332	0.2513
	400	0.56	0.120	0.0529	0.005	0.155	0.073	0.032	0.0155	0.4481

注：上表计算时的原料气组成（摩尔分数）：H_2 62.58%；CO 13.05%；CH_4 0.47%；CO_2 14.06%；H_2O 9.24%；

	$y(H_2)$	$y(CO)$	$y(CH_3OH)$	$y(N_2)$	$y(CH_4)$	$y(CO_2)$	$y(H_2O)$
摩尔分数/%	62.58	13.05	0	0.47	14.06	9.24	0.33

不同原料气组成时的平衡组成及平衡常数的计算结果见表 11-3。

由表 11-2、表 11-3 所列数据可见，增高压力，降低温度，K_{p1} 和 K_{p2} 都增大，即有利于平衡。温度和压力相同时，气体组成对于甲醇合成反应的平衡常数值有影响。

表 11-3　不同原料气组分在 5.0MPa 下甲醇的平衡组成 y_M 及平衡常数 K_{p1}

| 温度/℃ | 一 | | 二 | | 三 | |
	$K_{p1} \times 10^3/\text{atm}^{-2}$	y_M	$K_{p1} \times 10^3/\text{atm}^{-2}$	y_M	$K_{p1} \times 10^3/\text{atm}^{-2}$	y_M
225	7.9226	0.4605	8.9022	0.2874	6.4870	0.1434
250	2.1686	0.2888	2.4015	0.2157	2.0182	0.0982
275	0.7151	0.1580	0.7567	0.1295	0.7026	0.0564
300	0.2693	0.0781	0.2766	0.0663	0.2699	0.0285
325	0.1117	0.0369	0.1130	0.0317	0.1127	0.0136
350	0.0499	0.0175	0.0501	0.0151	0.0505	0.0065
375	0.0237	0.0085	0.0237	0.0073	0.0240	0.0032
400	0.0119	0.0043	0.0119	0.0037	0.0120	0.0016

注：上表中的原料气组成一中 H_2、CO 的摩尔分数为表 11-2 中 H_2、CO 的摩尔分数的 2/3、1/3；二中 H_2、CO 的摩尔分数为表 11-2 中 H_2、CO 的摩尔分数的 3/10、1/5 倍；三同表 11-2。

根据表 11-2，可以明显地看出在一定的原料气组成情况下，温度低、压力高对生成甲醇的平衡有利，这是由于两个合成甲醇反应都是放热的可逆反应，反应分子数减少的缘故。值得提出的是一氧化碳的平衡浓度当条件变化时的改变幅度比二氧化碳大得多，例如在各种压力下，温度低，明显地对一氧化碳转化有利，对二氧化碳则虽有影响，但影响的幅度不大。这是由于温度降低，对反应式(11-5) CO 转化为甲醇有利，CO 的平衡浓度降低；对反应式(11-6) CO_2 转化为甲醇反应也有利，CO_2 的平衡浓度也降低。但温度降低对反应式 (11-7) 正好相反，因为该反应是吸热反应，即对二氧化碳的生成有利。二氧化碳一降一升，故变化不及 CO 大。由表 11-2 可见，低压下，二氧化碳的平衡浓度随温度的升高略有降低，而高压下，二氧化碳的平衡浓度随温度升高先升后降。总之一氧化碳的平衡浓度随条件的变化比较敏感，而二氧化碳相对不敏感，温度低时，二氧化碳与一氧化碳平衡转化率之比较温度高时小得多，这个结论对制定生产条件有一定的指导意义，即高温甲醇流程的原料气中二氧化碳的含量不宜过高，以避免一氧化碳利用率不高，同时多消耗氢气而且甲醇的浓度稀。低温甲醇流程的原料气中，二氧化碳的浓度允许高些，当然生产条件的制定还要考虑动力学因素。

在温度、压力、组成范围内计算结果表明：温度效应明显，压力效应在低温时明显，浓度效应一般不明显，只有在低温、高压下有差别。因此对平衡常数的关联，首先应考虑温度效应，然后再叠加压力效应。

五、甲醇合成反应动力学

动力学是研究反应速率的科学，一个化学反应要在工业上实现，首先必须从热力学角度判断反应进行的限度，即化学平衡问题，同时还要研究动力学，了解各种因素对反应速率的影响，以确定反应能迅速进行的条件。例如将 H_2、CO 气在高压下混合在一起，尽管从热力学角度看，常温下二者可以反应生成 CH_3OH，但如不用催化剂并保持一定的温度，即使经历若干年，混合气体仍然不会有什么变化。

从甲醇合成的步骤中发现，全过程反应速度取决于较慢步骤的完成速度，即合成气在催化剂活性表面进行的化学反应。尽管影响因素很多，但最关键的是由催化剂来提高合成甲醇的化学反应速度。

第二节　甲醇合成的催化剂

甲醇合成是有机工业中最重要的催化反应过程之一。没有催化剂的存在，合成甲醇反应几乎不能进行。合成甲醇工业的进展，很大程度上取决于催化剂的研制成功以及质量的改进。在合成甲醇的生产中，很多工艺指标和操作条件都由所用催化剂的性质决定。

一、甲醇合成催化剂的发展

从 19 世纪中叶至 20 世纪初，甲醇这种醇类最简单的分子仅能从木材中蒸馏得到，用 $60\sim100kg$ 木材来分解蒸馏，只获得约 $1kgCH_3OH$。而用 $700g$ 甲烷转换所得的 CO 与 H_2 在一定条件下合成，就可生产约 $1kg$ 甲醇。1923 年德国 BASJ 公司在高温高压下使用 ZnO 及 Cr_2O_3 的催化剂，第一次由 CO 与 H_2 大规模合成甲醇，这家公司最早建立的工业规模的氨合成装置，无疑为甲醇催化过程的发展提供了有益的经验，尤其是高压操作的经验，因此甲醇工业的发展一开始就与氨合成工业的发展紧密相连，这是由于两者有很多相似之处，它们部属于在高温高压下进行的可逆、放热催化反应过程。

然而，甲醇的合成还必须克服更多的属于化学本质的困难，在氨的合成过程中，氢和氮的分子反应只生成氨而没有其它副反应，但一氧化碳可通过许多不同的途径与氢气反应，在可能的诸多反应中，合成甲醇是热力学上最不利的反应之一，因此为寻求使反应过程定向进行的高选择性催化剂进行了大量的研究和探索，从时间上看，甲醇合成在工业上实现比氨的合成整整迟了十年。

经过大量研究，人们逐渐认识到，在各种不同的催化剂中，只含 ZnO 或 CuO 的催化剂才具有实际意义。但是纯 ZnO 或 CuO 的催化活性相当低，这些化合物与其它金属氧化物构成的某些多组分催化剂则具有较高的活性和较长的寿命，催化剂的活性与制备的原料和方法密切相关。因此以氧化锌和氧化铜为基本成分的催化剂组成的配比以及制备方法的研究是 1930 年以后甲醇合成催化剂研究的重要方向，与此内容相应的有许多专利。

1966 年以前国外的甲醇合成工厂几乎都使用锌铬催化剂，基本上沿用了 1923 年德国开发的 30MPa 的高压工艺流程。锌铬催化剂的活性温度较高（$320\sim400℃$），为了获取较高的转化率，必须在高压下操作。从 20 世纪 50 年代开始，很多国家着手进行低温甲醇催化剂的研究工作。1966 年以后，英国 ICI 公司和德国的 Lurgi 公司先后提出了使用铜基催化剂，操作压力为 5MPa，1966 年末 ICI 公司在英国 Bilingham 工厂的低压（5MPa）甲醇合成装置正式投入工业生产，使低压法最先问世。以后许多国家又提出了中压法，如 ICI 公司采用 10MPa 下操作，日本气体化学公司使用了 15MPa 操作的流程，丹麦 Topsφe 公司提出了操作压力 $4.8\sim18MPa$ 的流程，目前总的趋势是由高压向低、中压发展，低、中压流程所用的催化剂都是含铜催化剂。

1954 年中国开始建立甲醇工业，使用锌铬催化剂。对含铜催化剂的研究，是从 20 世纪 60 年代后期开始的，现在有些品种已在工业上应用，如 C207 型铜、锌、铝氧化物联醇催化剂，C301 型铜、锌、铝氧化物催化剂和 C303 型铜、锌、铬氧化物催化剂等。南京化学工业公司研究院、中国科学院长春应用化学研究所、天津大学、西南化工研究院等单位的研究者对低温合成甲醇铜基催化剂的活性组分、催化剂的制备方法进行了大量的研究和探讨，在理论和实践方面做出了贡献。

为了提高甲醇合成催化剂的反应活性，以逐步扩大甲醇合成装置的生产规模，往往将多种氧化物按一定比例混合，组成活性和选择性都较好的抗老化催化剂。

二、甲醇合成催化剂的活性组分及促进剂

1. 单组分氧化物催化剂的性质

（1）氧化锌　目前在甲醇合成工业中，不用纯氧化锌作催化剂，但 ZnO 是大多数混合催化剂中最重要的组分，因此对纯 ZnO 的催化性能的了解，有助于阐明混合催化剂的催化机理。研究表明，ZnO 对甲醇合成的选择性很好，在低于 380℃ 的温度下，能生成纯的甲醇；纯 ZnO 的寿命很短，ZnO 的活性与制备的原料和工艺条件有关。燃烧金属锌所得的氧化锌活性很差，在电子显微镜下观察，这种催化剂是由三角形的星状晶体组成，把沉淀的氢氧化锌进行烧结所得的 ZnO 活性则与原来和锌结合的阴离子有关，例如用 $Zn(NO_3)_2$ 为原料比用 $ZnCl_2$ 或 $ZnSO_4$ 所得催化剂的活性要好得多；ZnO 的活性与沉淀剂也有关系，用 NH_4OH、NaOH、Na_2CO_3 作沉淀剂时所得的催化剂活性不同；自碱式碳酸锌制得的 ZnO 比自碳酸锌或乙酸锌所制得的 ZnO 活性下降得快，而且选择性差，会生成较多的高级醇，因为碱金属离子对高级醇的生成能起明显的助催化作用，因此在甲醇合成催化剂的制备过程中不能带入碱金属离子。

ZnO 的催化活性与其晶体的大小有关，晶体较小的氧化锌活性较高。将一些锌的化合物热解制得的 ZnO 其晶体大小与原化合物种类以及热解的温度有关，ZnO 晶体随热解温度的升高而增大。表 11-4 列出了由不同原料、不同加热温度下热解所得的 ZnO 晶体大小。

表 11-4　各种制备方法所得氧化锌晶体大小

制备 ZnO 的方法	平均晶体大小/nm	制备 ZnO 的方法	平均晶体大小/nm
将碱式碳酸锌在 300℃ 下加热	20	将硝酸锌在 500℃ 下加热	>100
将碱式碳酸锌在 500℃ 下加热	40	将甲酸锌在 500℃ 下加热	50
将碳酸锌（菱锌矿）在 350℃ 下加热	10	将草酸锌在 500℃ 下加热	50
将碳酸锌（菱锌矿）在 500℃ 下加热	17	将金属锌在 500℃ 下加热	>100
将乙酸锌在 300℃ 下加热	25		

（2）氧化铜　虽然在某些最活泼的甲醇合成催化剂中含有 CuO 的成分，但纯的氧化铜只具有非常低的活性，氧化铜本身会很快地还原成金属铜并迅速地结晶出来。

（3）氧化铬　纯的氧化铬（Cr_2O_3）是活性较差的催化剂，其活性与制备方法有关，用氨处理 $Cr_2(NO_3)_3$，所生成的 $Cr(OH)_3$ 制得的氧化铬具有较好的催化活性，其活性与由 $Zn(NO_3)_2$ 及氨得到的氧化锌相当。总之，氧化铬单独作为催化剂的活性和选择性都差。

具有工业意义的甲醇合成催化剂由两种或多种氧化物所组成，要求具有选择性好、寿命长和耐毒物的性能。

2. 双组分氧化物混合催化剂

（1）氧化锌-氢化铬　以 ZnO 为主要成分的两元催化剂的助催化剂可分成两类，一类是晶内助催化剂，包括离子半径在 0.06～0.09nm 的氧化物，因氧化锌的离子半径为 0.075nm，因此这些氧化物能与 ZnO 形成固溶体。属于这类助催化剂的氧化物有 FeO、MgO、CdO 等，使用时不能使这些氧化物还原为金属，例如 FeO，不能使其还原为 Fe，以免促进甲烷的生成，而只能以 ZnO-FeO 固溶体形式存在，对甲醇的合成才有助催化作用。另一类是晶间助催化剂，包括难还原的高熔点的氧化物，其中最重要的是氧化铬。在使用前的还原过程中高价铬还原为低价铬，生成亚铬酸锌（$ZnO \cdot Cr_2O_3$）和 ZnO，亚铬酸锌起晶间助催化作用，在工业甲醇合成的温度范围内有阻止 ZnO 再结晶的作用，因此在催化剂中含有非常少量的氧化铬足以改善 ZnO 的寿命，使催化剂具有很高的抗老化能力，但是氧

化铬含量不能太多,以免降低选择性。

(2)氧化铜-氧化锌 CuO 和 ZnO 两种组分有相互促进的作用。所有 CuO-ZnO 混合催化剂在甲醇分解中所显示的活性较这两种氧化物中任何单独的一种都要高(当然,在甲醇合成反应与分解反应催化活性之间不一定完全相似,特别在催化剂的选择性方面),某些含 CuO 而不含 ZnO 的催化剂如 Cr_2O_3-CuO 催化剂其活性也相当高,但当有 ZnO 同时存在时活性却大大增加。而且在 Cr_2O_3 存在下,含 ZnO 和 CuO 的催化剂的反应活化能较 ZnO 为低,可见 CuO 加到 ZnO 中去与 Cr_2O_3 加到 ZnO 中的作用不同。但由于 CuO-ZnO 二元催化剂对老化的抵抗力差以及对毒物十分敏感,因此虽有很高的活性却几乎不被采用,有实际意义的含铜催化剂都是三组分氧化物催化剂。

3. 三组分氧化物混合催化剂

工业上应用的三元催化剂主要有 $CuO-ZnO-Cr_2O_3$ 和 $CuO-ZnO-Al_2O_3$ 两大类。Al_2O_3 不是 ZnO 好的助催化剂,而对铜却有非常好的助催化作用,但含铝的三元催化剂没有含铬的抗老化能力强,而且由于 Al_2O_3 对甲醇有脱水作用,因此在使用含 Al_2O_3 的催化剂时应特别小心,不要在高于 300℃的温度下操作。

三、工业用甲醇合成催化剂

自从由一氧化碳加氢合成甲醇工业化以来,合成催化剂和合成工艺不断研究改进。就目前来说,虽然实验室研究出了多种甲醇合成催化剂,但工业上应用的甲醇合成催化剂主要有锌铬催化剂和铜基催化剂。催化剂的选择性与活性既取决于其组成,又取决于其制备方法。催化剂的生产分为两个主要阶段:制备阶段和还原活化阶段。对于所有的甲醇合成催化剂来说,有害的杂质是铁、钴、镍,因为它们促进副反应的进行以及使催化床层的温度升高;碱金属化合物的存在则降低了选择性,使其生成高级醇。因此,在催化剂的制备及还原活化阶段所用的还原材料中,有害杂质的含量需严格控制。

1. 锌铬催化剂

(1)锌铬催化剂的制备 锌铬催化剂的制备方法有干法和湿法两种。

干法是将氧化锌和铬酐细粉按一定的比例在混合器中混合均匀,并添加少量的铬酐水溶液和石墨,然后送入压片机挤压成 $\phi 5mm \times 5mm$ 或 $\phi 9mm \times 9mm$ 的片剂,在温度为 $90 \sim 110℃$ 下干燥 24h 即可制得锌铬催化剂成品,这一方法的缺点是组分在片剂上分布不均匀。

湿法一般是锌和铬的硝酸盐溶液用碱沉淀,经洗涤、干燥后成形而制得催化剂成品。也有将铬酐溶液加进氧化锌的悬浮液中,充分混合,然后分离水分,将制得的糊状物料烘干,掺进石墨后成形。湿法制得的催化剂化学组成较为均匀,可以保证 ZnO 和 CrO_3 之间充分反应,而且由于晶粒较小,细孔较多,一般比表面较大,其活性比用干法制取的高 $10\% \sim 15\%$。

锌铬催化剂还原前的化学组成一般是符合分子式 $ZnO \cdot ZnCrO_4 \cdot H_2O$ 的,未还原的催化剂大约含 $ZnO(55.0 \pm 1.5)\%$、$CrO_3(34.0 \pm 1.0)\%$、石墨 $1.3\% \sim 1.5\%$,吸水不超过 2.0%,其余为结晶水。杂质 Fe_2O_3 应小于 0.01%、K_2O 应小于 0.01%、SO_3 小于 0.1%。

国产 M-2 型锌铬催化剂是用干法制造的,其规格为 $9mm \times 9mm$ 的圆柱形催化剂,还原前含 $ZnO(58 \pm 2)\%$、$CrO_3(34 \pm 1.5)\%$、$Cr_2O_3 < 1\%$、S(折合成 SO_3)$< 0.09\%$、$Fe_2O_3 < 0.03\%$、碱金属总和(换算成 K_2O 含量)$< 0.03\%$、水分 $< 3\%$、石墨 $0.6\% \sim 1\%$。

(2)锌铬催化剂的还原 用以上两种方法制得的催化剂需要用氢或一氧化碳将其还原后才能使用,其还原反应为

$$2ZnCrO_4 \cdot H_2O + 3H_2 \longrightarrow ZnO + ZnCr_2O_4 + 5H_2O$$

$$2ZnCrO_4 \cdot H_2O + 3CO \longrightarrow ZnO + ZnCr_2O_4 + 2H_2O + 3CO_2$$

在还原过程中，高价铬还原为低价铬，同时析出一定量的水分。还原后生成的亚铬酸锌（$ZnCr_2O_4$）起晶间助催化作用，即在工业合成甲醇的温度范围内，它具有阻止活性组分 ZnO 再结晶的性质。还原条件在很大程度上影响催化剂的活性、强度和使用寿命。

在生产实践中常以出水量的多少来衡量还原的程度，为便于计算催化剂的理论出水量，可将还原反应简写为

$$2CrO_3 \cdot H_2O + 3H_2 \longrightarrow Cr_2O_3 + 5H_2O$$

从反应式可知，$2 \times 100kgCrO_3$ 还原后得到 $5 \times 18kg$ 的水，1t 催化剂如含 340kg CrO_3 则还原后应放出的水量为 $340 \times 5 \times 18/(2 \times 100) = 153kg$ 水/t 催化剂。

目前，工业上锌铬催化剂的还原都是直接在合成塔中进行的，根据试验摸索，在低压下还原活化较在高压下还原的催化剂活性高，一般采用 $7 \sim 15MPa$ 压力下还原。并注意温度、空速和出水速度的调节，尤其在 220℃ 左右时出水速度增大，应尽量保持十几个小时恒温操作，在 $190 \sim 220$℃ 之间升温不宜过快。从出水量来看，一般在 $350 \sim 360$℃ 还原基本结束，还原后 $ZnO \cdot Cr_2O_x$ 化合物中的剩余氧含量会影响催化剂的活性，应使 x 尽量与 3 接近，最后的去氧过程需要较高的温度，因此在还原过程中温度应达到 400℃，并恒温 $4 \sim 5h$，国内 M-2 型还原操作最高温度也是 400℃，总的还原时间历时 $7 \sim 8$ 昼夜。

由于还原以后催化剂的体积将减小 $10\% \sim 15\%$，为了更好地利用合成反应器的有效空间和创造理想的还原条件，充分利用还原时间进行生产，已经研究出在合成塔外还原法和使用预还原锌铬催化剂。锌铬催化剂在合成塔外进行预还原，一般在常压下进行。由于预还原可以选择有利的操作条件，因此可以提高催化剂的活性，用甲醇蒸气预还原催化剂的方法，操作方便，过程平稳。也有报道催化剂在压片前先在流化床中进行还原，由于能及时移出热量，使还原期缩短到 $6 \sim 12h$，催化剂的活性也不低。

（3）锌铬催化剂的中毒和寿命　锌铬催化剂的活性和寿命，除了与制备、还原条件有关以外，合成过程的条件也有很大影响。合成气体中的硫化物能使催化剂中毒，这是因为硫化物与 ZnO 反应生成 ZnS 的缘故，气体中的油分也会影响催化剂的活性，因此有些工厂在合成塔前设置油过滤器。循环气中氢和一氧化碳的比例较高时能减少副反应的发生和延长催化剂的寿命。保持较低的操作温度对催化剂的寿命也有利，并且产品质量也好，但操作稳定程度较差，一般锌铬催化剂使用初期热点温度可达（385 ± 5）℃，使用末期操作温度可达（$410 + 5$）℃，最高不超过 420℃。

总的来说，锌铬催化剂的耐热性、抗毒性以及机械性能都比较好，锌铬催化剂使用寿命长，使用范围宽，操作容易控制。目前国内外仍有一部分工厂采用锌铬催化剂生产甲醇。

锌铬催化剂的粉尘能伤害人体的鼻黏膜，对呼吸系统有刺激作用，装卸催化剂时要注意加强防尘措施。

2. 铜基催化剂

铜基催化剂的主要特点是活性温度低，对甲醇反应平衡有利，选择性也好，允许在较低的压力下操作。ICI 公司使用铜基催化剂和锌铬催化剂的比较见表 11-5。由表 11-5 可知，得到同样的出口甲醇浓度，铜基催化剂所需的压力低得多，而在同样的压力下，使用铜基催化剂所得的出口甲醇浓度要高得多。据俄罗斯文献报道，使用两种催化剂所得的产品质量见表 11-6。从表中可以发现，用铜基催化剂所得的粗甲醇纯度高，因此目前各国绝大部分工厂均

采用铜基催化剂合成甲醇，由于铬对人体有害，因此工业上采用 Cu-Zn-Al 氧化物催化剂较 Cu-Zn-Cr 氧化物催化剂更为普遍。中国研制的 72-2、72-7 型联醇催化剂以及 C301 型催化剂均由 Cu-Zn-Al 氧化物组成。

表 11-5　两种催化剂比较

压力/MPa	合成塔出口甲醇/%	
	锌铬催化剂(出口温度 375℃)	铜基催化剂(出口温度 270℃)
33	5.5	18.2
20	2.4	12.4
10	0.6	5.8
5	0.15	2.5

注：气体组成为惰性气体 25%，进口 $V(H_2)/V(CO+CO_2)=2$，出口 $V(CH_3OH)/V(H_2O)=2$。

表 11-6　用两种催化剂所制得粗甲醇质量的比较（不考虑水含量）

组成	用 CHM-1 铜基催化剂制得粗甲醇/%	用锌-铬催化剂制得粗甲醇/%	组成	用 CHM-1 铜基催化剂制得粗甲醇/%	用锌-铬催化剂制得粗甲醇/%
甲醇	99.709	94.818	二甲醚	0.1333	4.4642
正丙醇	0.0221	0.2789	甲基-正-丙醚	0.0040	0.0230
异丁醇	0.0090	0.1697	甲酸甲酯	0.0685	0.0343
仲丁醇	0.0128	微量	异丁醛	—	0.0007
正丁醇	—	0.0195	丁酮	0.0014	0.0022
3-戊醇	0.0055	0.0062	乙酸甲酯	0.0036	微量
异戊醇	0.0044	0.0048	丙烯醛	—	0.0007
1-戊醇	0.0023	—			

（1）**铜基催化剂的制备**　铜基催化剂一般采用共沉淀法制备，例如 ICI 公司有一种催化剂是将硝酸盐或乙酸溶液共沉淀制得的，沉淀终了时 pH 不超 10。将沉淀物仔细地清洗，并在 105~150℃下烘干，然后在 200~400℃下煅烧，这时有一部分生成混合盐，将物料磨碎并成形。催化剂的活性与其制备工艺有关，其中共沉淀过程是关键，其后的干燥、煅烧等热处理过程对活性也有影响。

（2）**铜基催化剂的还原**　制成的混合氧化物催化剂，需经还原后才具有活性。催化剂还原的好坏，决定催化反应的产品数量、质量、消耗指标及其催化剂的使用寿命。因此，采用正确的还原方法，严格控制还原条件，是决定发挥催化剂性能的关键。工业上可使用氢、一氧化碳或甲醇蒸气作为还原剂，还原气体中需含少量二氧化碳，并在较低压力下操作。在此过程中，一般认为氧化铜被还原为一价铜或金属铜，这是一个强放热反应，还原操作的关键是升温和还原速度不能太快，以免破坏催化剂的结构和超温烧结，工业上用出水速率控制还原操作的进程。

文献报道了 CHM-1 型催化剂在工业反应器中的还原情况。该催化剂还原前的组成为：ZnO 含量为 24%~28%、CuO 含量为 52%~54%、Al_2O_3 含量为 4.8%~6.2%、WO_3 含量为 0.02%~0.06%、H_2O 含量为 2.5%~3.5%、CO_2 含量为 2.5%~4%。CHM-1 型催化剂还原升温进程见表 11-7。出水量与温度的关系和出水量与时间的关系分别如图 11-2、图 11-3 所示。

表 11-7 CHM-1 型催化剂还原升温进程表

操作	温度/℃	升温速度/(℃/h)	时间/h	操作	温度/℃	升温速度/(℃/h)	时间/h
升温	100	10	10	升温	160	1	10
	130	2	15	保温	160	0	5
	140	1	10	升温	170	1	10
保温	140	0	5		180	2	5
升温	150	1	10	保温	180	0	5
保温	150	0	35	合计			120

注：1. 还原时，压力 0.5～0.7MPa，空速不小于 1500/h，气体组成 H_2 不大于 1%，CO_2 0.1%～0.2%，其余为 N_2。

2. 在 35～40h 保温期间温度为 145～185℃，大量出水，出水速率 1.6～2.0kg/h[t(cat)]。

还原过程用出水量控制，用氢还原氧化铜时反应如下：

$$CuO + H_2 \longrightarrow Cu + H_2O \quad \Delta H = -84.9kJ/mol$$

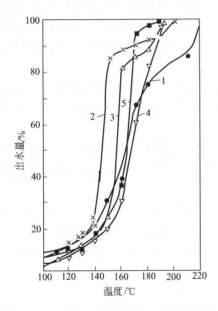

图 11-2 CHM-1 型催化剂在工业反应器中
还原出水量与温度的对应关系
1,2,3,4,5 表示在不同的工业反应器
的不同次试验

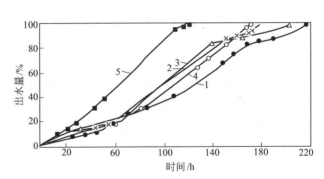

图 11-3 CHM-1 型催化剂在工业反应器中
还原出水量与时间的对应关系
1,2,3,4,5 表示在不同的工
业反应器中的不同次实验

还原 1tCHM-1 催化剂需 150m³ H_2，此时生成 120kg 水以及放出 564840kJ 热，实际上由于在工业催化剂中含 2%～3% 水，以及碱性碳酸盐相当于含 CO_2 量为 2%～3.5%，还原介质中也含 CO_2，CO_2 被氢还原生成水，因此实际出水量大于 120kg/t(cat)。干燥阶段约放出 20kg/t(cat) 的水（11.5%），碱式碳酸铜分解成氧化铜的阶段放出 35.1kg/t(cat) 的水（20.1%），由氧化铜还原为铜时放出 119kg/t(cat) 的水（68.4%）。实际上，当将催化剂加热到 110～120℃时出水 9%～12%（催化剂干燥），温度到达 120～140℃进行缓慢的还原，而 140～160℃则还原激烈，并在 10℃的范围内放出 50%～65% 水，在此温度区间内需要长时间的保温，每小时最高出水量不大于 2kg/t(cat)。均匀的出水保证了均匀的还原速率，当从 160～170℃加热到 180～200℃放出 15%～20% 的水。

按表 11-7 还原升温进程，从催化剂升温开始至反应气体进料，总共需 120h。绝不能在未还原好的催化剂上进料，以免催化剂温度突然升高或燃烧。因此，在 180℃时应检验还原是否完全，方法是逐步提高还原剂的含量至 5%～10%，此时出水速率如不高于还原时的出水速率，则认为还原完全，可以转入正常生产。

日本三菱瓦斯化学株式会社（简称 M.G.C.）新泻工厂的四层冷激式甲醇装置，采用该公司自行开发的低温高活性 M-5 催化剂，主要成分是铜、锌，还有极少量硼，催化剂的升温还原采用低压低氢法，其方法是首先充氮气，控制压力约 1MPa，然后点火（开工预热炉）升温，以 30℃/h 升温速率升温，当温度升高到 180℃时向系统内加入氢气，氢含量由 0.2%慢慢提高到 1%左右，还原结束时再在 10%氢含量下运转 1h，整个升温还原约 36h。

还原后的催化剂遇空气会自燃，因此使用后的废催化剂应使其钝化即表面缓慢氧化后卸出，方法是在氮气中加入少量空气，使其在反应器内循环，用进口气中的氧含量来控制温度，开始时进口氧含量约为 0.4%～0.8%，出口小于 0.01%，催化床层的温度则不超过 300℃。钝化结束时循环气中氧的含量要增至 2%～3%，如果温度不变则说明钝化已完成。值得一提的是新催化剂经还原后钝化，再还原，其活性与未经钝化的几乎相等，因此铜基催化剂也可在反应器外进行预还原，经钝化后再装入反应器内，在反应器内还原钝化过的催化剂比还原新催化剂快得多。

（3）铜基催化剂的中毒和寿命　催化剂使用的寿命也与合成甲醇的操作条件有关，铜基催化剂比锌铬催化剂的耐热性差得多，因此防止超温是延长寿命的最重要措施。另外，铜基催化剂对硫的中毒十分敏感，因此原料气中硫含量应小于 0.1×10^{-6}。

总之，铜基催化剂与锌铬催化剂相比主要优点是活性温度低，选择性高，因而粗甲醇中所含杂质少，主要问题是耐热性、耐毒性不及锌铬催化剂。因此有些专利提出在铜基催化剂中加入硼或稀土元素以提高耐热性。

为了强化现有的 30MPa 下的甲醇生产，还提出了在锌铬催化剂表面上覆盖一层铜化合物，用碱式碳酸铜的氨配合物或硝酸铜的水溶液浸泡已成形的锌铬催化剂，加铜量约为 7%左右。这种催化剂活性比一般锌铬催化剂高 20%～25%，同时还提高了选择性，因而所得的甲醇产品质量好。

（4）国外甲醇合成铜基催化剂一览表（表 11-8、表 11-9）

表 11-8　用于合成甲醇的 Cu-Zn-Al 氧化物催化剂

公司	组成(质量分数)/% (CuO)∶(ZnO)∶(Al_2O_3)	反应气	温度/℃	压力/MPa	空速/h^{-1}	甲醇产量 /[kg/(L·h)]
BASF	12∶62∶25	2	230	20.0	10000	3.290
BASF	12∶62∶25	2	230	10.0	10000	2.086
ICI	24∶38∶38	2	226	5.0	12000	0.7
ICI	60∶22∶8	1	250	5.0	40000	0.5
ICI	60∶22∶8	2	226	10.0	9600	0.5
俄罗斯科学院	64∶32∶4	3	250	5.0	1000	0.3
Du Pont	66∶17∶17	1	270	7.0	200mol/h	4.75

注：反应气 1、2、3 分别表示 $H_2 + CO + CO_2$、$H_2 + CO + CO_2 + CH_4$、$CO + H_2$，N_2 有时用于稀释剂。

（5）几种国产铜基甲醇催化剂的性能　国产铜基催化剂具有代表性的有以下三种：C207、C301、C303。

① C207 型铜基催化剂。C207 型铜基催化剂主要用于 10～13MPa 下的联醇生产，也可用于 25～30MPa 下的甲醇合成。

表 11-9　用于合成甲醇的 Cu-Zn-Cr 氧化物催化剂

公司	组成(质量分数)/% (CuO)∶(ZnO)∶(Cr₂O₃)	反应气	温度/℃	压力/MPa	空速/h⁻¹	甲醇产量 /[kg/(L·h)]
BASF	31∶38∶5	3	230	5.0	10000	0.755
BASF	31∶38∶5	4	230	5.0	10000	1.275
ICI	40∶40∶20	2	250	4.0	6000	0.26
ICI	40∶40∶20	2	250	8.0	10000	0.77
ICI	40∶10∶50	1	260	10.0	10000	0.48kg/(kg·h)
俄罗斯科学院	33∶31∶39	3	250	15.0	10000	1.1
俄罗斯科学院	33∶31∶39	3	300	15.0	10000	2.2
Metall-Ge-Sell-ScgAFT	60∶30∶10	1	250	10.0	9800	2.28
日本气体化学公司	15∶48∶37	3	270	14.5	10000	1.95kg/(kg·h)

注：反应气 1、2、3、4 分别表示 $H_2+CO+CO_2$、$H_2+CO+CO_2+CH_4$、$CO+H_2$、$CO+H_2+O_2$，N_2 有时用于稀释剂。

C207 型铜基催化剂为铜、锌、铝的氧化物，某厂使用的 C207 型催化剂含 CuO 为 48.0%，含 ZnO 为 39.1%，含 Al_2O_3 为 3.6%。外观为棕黑色光泽圆柱体，粒度 ϕ5mm×5mm，堆密度 1.4～1.5kg/L，侧压机械强度 1.4～2.6MPa。此种催化剂易吸潮及吸空气中硫化物，应密封贮存。其使用温度范围为 235～315℃，最佳使用温度范围为 240～270℃，催化剂孔结构见表 11-10。

表 11-10　C207 型催化剂孔结构

项　目	孔容/(mL/g)	比表面积/(m²/g)	孔半径/10^{-10}m	平均孔半径/10^{-10}m
还原前	0.1695	71.2	20～50	47.5
还原后	0.1868	55.2	50～70	68

② C301 型铜基催化剂。C301 型铜基催化剂由南京化工研究院研制，在上海吴泾化工厂以石脑油为主要原料年产 8 万吨的甲醇合成装置上，经高压下使用，取得良好的效果。某批号的 C301 型铜基催化剂含 CuO 为 58.01%，含 ZnO 为 31.07%，含 Al_2O_3 为 3.06%，含 H_2O 为 4.0%。外观为黑色光泽圆柱体，粒度 ϕ5mm×5mm，堆密度 1.6～1.7kg/L。

③ C303 型铜基催化剂。C303 型铜基催化剂是 Cu-Zn-Cr 型低温甲醇催化剂。某厂生产的该催化剂含 CuO 为 36.3%，含 ZnO 为 37.1%，含 Cr_2O_3 为 20.3%，含石墨为 6.3%，外观为棕黑色圆柱状 ϕ4.5mm×4.5mm 颗粒，颗粒密度 2.0～2.2kg/L。其活性指标为：用含 CO 为 4.6%，含 CO_2 为 3.5%、含 H_2 为 83.4%、含 N_2 为 8.5%的原料气，在操作压力 10.0MPa、温度 227～232℃下，当入口空速为在标准状态下 3700L/(kg·h) 时，出口甲醇含量大于 2.6%；入口空速在标准状态下 7900L/(kg·h) 时，出口甲醇含量大于 1.4%。

第三节　甲醇合成的工艺条件

合成甲醇反应是多个反应同时进行的，除了主反应之外，还生成二甲醚、异丁醇、甲烷等副反应。因此，如何提高合成甲醇反应的选择性，提高甲醇的收率是个核心问题，合成甲醇除了选择适当的催化剂之外，选择适宜的工艺条件也是很重要的。最主要的工艺条件是反应温度、压力、空速及原料气的组成等。

一、反应温度

在甲醇合成反应过程中，温度对于反应混合物的平衡和速率都有很大影响。

对于化学反应来说，温度升高会使分子的运动加快，分子间的有效碰撞增多，并使分子克服化合时的阻力的能力增大，从而增加了分子有效结合的机会，使甲醇合成反应的速率加快；但是，由一氧化碳加氢生成甲醇的反应和由二氧化碳加氢生成甲醇的反应均为可逆的放热反应，对于可逆的放热反应来讲，温度升高固然使反应速率常数增大，但平衡常数的数值将会降低。因此，甲醇合成存在一个最适宜温度。催化剂床层的温度分布要尽可能接近最适宜温度曲线。

另一方面，反应温度与所选用的催化剂有关，不同的催化剂有不同的活性温度。一般 Zn-Cr 催化剂的活性温度为 $320\sim400℃$，铜基催化剂的活性温度为 $200\sim290℃$，对每种催化剂在活性温度范围内部有较适宜的操作温度区间。如 Zn-Cr 催化剂为 $370\sim380℃$，铜基催化剂为 $250\sim270℃$。

为了防止催化剂迅速老化，在催化剂使用初期，反应温度宜维持较低的数值，随着使用时间增长，逐步提高反应温度，但必须指出的是整个催化剂层的温度都必须维持在催化剂的活性温度范围内。因为如果某一部位的温度低于活性温度，则这一部位的催化剂的作用就不能充分发挥；如果某一部位的催化剂温度过高，则有可能引起催化剂过热而失去活性。因此，整个催化剂层温度控制应尽量接近于催化剂的活性温度。

另外，甲醇合成反应温度越高，则副反应增多，生成的粗甲醇中有机杂质等组分的含量也增多，给后期粗甲醇的精馏加工带来困难。

因此，严格控制反应温度并及时有效地移走反应热是甲醇合成反应器设计和操作的关键问题。为此，反应器内部结构比较复杂，一般采用冷激式和间接换热式两种。

二、压力

压力也是甲醇合成反应过程的重要工艺条件之一。从热力学角度分析，甲醇合成是体积缩小的反应，因此增加压力对平衡有利，可提高甲醇平衡产率。在高压下，因气体体积缩小了，则分子之间互相碰撞的机会和次数就会增多，甲醇合成反应速率也就会因此加快。因而，无论对于反应的平衡或速率，提高压力总是对甲醇合成有利。但是合成压力不是单纯由一个因素来决定的，它与选用的催化剂、温度、空间速度、碳氢比等因素都有关系。而且，甲醇平衡浓度也不是随压力而成比例的增加，当压力提高到一定程度时其影响就不明显。另外，过高的反应压力给设备制造、工艺管理及操作都带来困难，不仅增加了建设投资，而且增加了生产中的能耗。对于合成甲醇反应，目前工业上使用三种压力，即高压法、中压法、低压法。最初采用锌铬催化剂，因其活性温度较高，合成反应在较高的温度下进行，相应的平衡常数小，则需采用较高的压力，一般选用 $25\sim30MPa$。在较高的压力和温度下，一氧化碳和氢反应生成二甲醚、甲烷、异丁醇等副产物，这些副反应的反应热高于甲醇合成反应，使床层温度提高，副反应更加速，如果不及时控制，会造成温度猛升而损坏催化剂。目前普遍使用的铜系催化剂活性温度低，操作压力可降至 5MPa，低压法单系列的日产量可达 $1000\sim2000t$ 以上，但低压法生产也存在一些问题，即当生产规模增大时，低压流程的设备与管道显得庞大，而且对热能的回收也不利，因此发展了压力为 $10\sim15MPa$ 的甲醇合成中压法，中压法也采用铜系催化剂。

三、气体组成

合成甲醇的原料气的组成在第三章中已经论述，其氢碳比 M 理论上等于 2，实际上应大于 2，一般在 $2.10\sim2.15$。保持略高的氢含量对减少羰基铁的生成与高级醇的生成以及延长催化剂寿命起着有益的作用。

甲醇原料气的主要组分是 CO、CO_2 与 H_2，其中还含有少量的 CH_4 或 N_2 等其它惰性气体组分。CH_4 或 N_2 在合成反应器内不参与甲醇的合成反应，会在合成系统中逐渐累积而增多。循环气中的惰性气增多会降低 CO、CO_2、H_2 的有效分压，对甲醇的合成反应不利，而且增加了压缩机动力消耗；但在系统中又不能排放过多，否则会引起过多的有效气体的损失。在催化剂的初期使用阶段，由于其活性较好，或者是当合成塔的负荷较轻、操作压力较低时，可将循环气中的惰性气体含量控制在 $20\% \sim 25\%$；反之，则控制在 $15\% \sim 20\%$。

控制循环气中惰性气体含量的主要方法是排放粗甲醇分离器后的气体，排放气量的计算公式如下。

$$V_{放空} \approx \frac{V_{新鲜} \times I_{新鲜}}{I_{放空}}$$

式中　$V_{放空}$——放空气体的体积，m^3/h；

$\quad\quad V_{新鲜}$——新鲜气体的体积，m^3/h；

$\quad\quad I_{放空}$——放空气体中惰性气体含量，$\%$；

$\quad\quad I_{新鲜}$——新鲜气体中惰性气体含量，$\%$

实际上因有部分惰性气体溶于液体甲醇中，所以放空气体体积要较计算值为小。此外，为了减少放空气的体积，应尽量减少新鲜气体中惰性气体的含量。

四、空速

气体与催化剂接触时间的长短通常以空速来表示，即单位时间内每单位体积催化剂所通过的气体量，其单位是 $m^3/(m^3$ 催化剂·$h)$ 时，简写为 h^{-1}。

在甲醇生产中，气体一次通过合成塔仅能得到 $3\% \sim 6\%$ 的甲醇，新鲜气的甲醇合成率不高，因此新鲜气必须循环使用。此时，合成塔空速常由循环机动力、合成系统阻力等因素来决定。如果采用较低的空速，反应过程中气体混合物的组成与平衡组成较接近，催化剂的生产强度较低，但是单位甲醇产品所需循环气量较小，气体循环的动力消耗较少，预热未反应气体到催化剂进口温度所需换热面积较小，并且离开反应器气体的温度较高，其热能利用率较高。

如果采用较高的空速，催化剂的生产强度虽可以提高，但增大了预热所需传热面积，出塔气热能利用率降低，增大了循环气体通过设备的压力降及动力消耗，并且由于气体中反应产物的浓度降低，增加了分离反应产物的费用。

另外，空速增大到一定程度后，催化床层温度无法维持在催化剂的正常工作范围。在甲醇合成生产中，空速一般控制在 $10000 \sim 30000h^{-1}$ 之间。

综上所述，影响甲醇合成反应过程的工艺条件有温度、压力、气体组成、空速等因素。在具体情况下，针对一定的目标，都可以找到该因素的最佳或较佳条件，然而这些因素间又是互相联系的。例如调节组成或压力使反应速率增大，但是如果此时的催化床温度过高，不符合要求，这种增产的潜力就无法发挥。因此目前固定床甲醇合成催化反应器，在使用活性较高的铜基催化剂的情况下，增产的主要薄弱环节是移热问题，可见在设计或操作反应器时必须分析诸条件中的主要矛盾因素及约束条件，然后在允许条件下加以改进解决，才能在总体上获得效益，否则将起到相反的作用。

第四节　甲醇合成的工艺流程

一、甲醇合成的原则流程

甲醇合成工序的目的是将气化至净化工序制得的主要含 CO、CO_2 和 H_2 的新鲜气在一定压力、温度下反应合成粗甲醇，其化学反应方程式如下。

$$CO + 2H_2 \longrightarrow CH_3OH$$

$$CO_2 + 3H_2 \longrightarrow CH_3OH + H_2O$$

新鲜气中的主要成分是 CO、CO_2 和 H_2。根据化学计量的要求及反应速率的考虑，$n(H_2 - CO_2)$ 与 $n(CO + CO_2)$ 的物质的量之比一般在 $2.05 \sim 2.15$ 范围内。由化学反应方程知，CO_2 与 H_2 发生甲醇合成反应时，H_2 的消耗量较多，而且反应生成的水使粗甲醇的水含量增加，因此一般控制 CO_2 含量小于 9%。合成气中还含有少量的甲烷、氮和氩，它们的存在会降低甲醇合成的速率，但对甲醇合成催化剂无毒害作用，习惯上把它们称为惰性气体，因此不必脱除。对催化剂有毒害作用的硫化物，经过上游脱硫工序的处理，其含量已降至允许浓度以下，这些都为甲醇合成反应创造了条件。

甲醇合成是甲醇生产的关键工序，甲醇合成塔又是合成工序的关键设备。合成工序的设备和管路在高压下操作，为了安全、防漏、防爆，对设备的设计和制造以及生产操作和管理都提出了较高的要求。合成前的上游流程都是为满足合成工艺要求而配制的，所以合成技术的发展变化必然影响全局。例如当甲醇合成的催化剂由锌铬催化剂改为铜基催化剂时，则上游净化处理不得不做相应的变化。

甲醇合成工艺流程有多种，其发展的过程与新催化剂的应用以及净化技术的发展密不可分。最早的甲醇合成是应用锌铬催化剂的高压工艺流程，其压力为30MPa、温度为 $360 \sim 400\,℃$，此法的特点是技术成熟，但投资及生产成本较高。自从铜基催化剂的使用以及精脱硫净化技术的应用，出现了低压工艺流程，低压法的操作压力为 $4 \sim 5$MPa，温度 $200 \sim 300\,℃$，其代表性流程有 I.C.I. 低压法和 Lurgi 低压法。由于低压法操作压力低，致使设备体积相当庞大，所以在低压法的基础上发展了中压甲醇合成流程，中压法的操作压力为10MPa 左右，另外还有将合成氨与甲醇联合生产的联醇工艺流程。从生产规模来看，目前世界甲醇装置日趋大型化，单系列年产 $30 \times 10^4 t$、$60 \times 10^4 t$ 甚至 $100 \times 10^4 t$ 以上。从生产流程上看，新建甲醇厂普遍采用中、低压流程。

甲醇合成流程虽有多种，但是许多基本步骤是一致的，图 11-4 是一个最基本的流程示意图。新鲜气由压缩机压缩到所需要的合成压力与从循环机来的循环气混合后分为两股，一股为主线进入热交换器，预热到催化剂的活性温度，进入合成塔；另一股副线不经过热交换器而直接进入合成塔以调节催化层的温度。经过反应后的高温气体进入热交换器与冷原料气换热后，进一步在水冷却器中冷却，然后在分离器中分离出液态粗甲醇，送精馏工序提纯制备精甲醇。为控制循环气中惰性气体的含量，分离出甲醇和水后的气体需小部分放空（或回收至前制气工段），大部分进循环机增压后返回系统，重新利用未反应的气体。

由此可知，合成工序主要由两部分组成，包括甲醇的合成与甲醇的分离，前者在合成塔中进行，后者由一系列传热设备和气液分离设备来完成。

由于受平衡和速率的限制，CO、CO_2 和 H_2 的单程转化率低，为了充分利用未反应原料气，较好的措施是分离出甲醇后把未反应的气体返回合成塔重新反应，这就构成了循环流程。气体在流动过程中必有阻力损失，使其压力逐渐降低，因此，必须设有循环压缩机来提高压力，循环压缩机设在合成塔之前对合成反应是最有利的，因为在整个循环中，循环压缩机出口处的压力最大，压力高对合成反应有利。

采用循环流程的一个必然结果是惰性气体在系统中积累，CO、CO_2 和 H_2 因生成甲醇而在分离器中排出，惰性气体除少量溶解于液体甲醇中外，多数留在系统中，这将影响甲醇合成速率，为此应设有放空管线，但放空时为避免有效成分损失过多，放空位置应选择循环

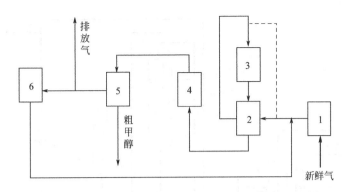

图 11-4　甲醇合成工艺流程示意

1—新鲜气压缩机；2—热交换器；3—甲醇合成塔；
4—水冷却器；5—甲醇分离器；6—循环机

中惰性气体浓度最大的地点。生产中放空设在甲醇分离器的后面。

新鲜气补入的位置不宜在合成塔的出口或甲醇分离之前，以免甲醇分压降低，减少甲醇的收率，最有利的位置是在合成塔的进口处。

二、I.C.I. 低压法

近年来，甲醇的合成大多采用铜系低温高活性催化剂，可在 5MPa 低压下将 $CO+H_2$ 合成气体或含有 CO_2 的 $CO+H_2$ 合成气进行合成，并得到较高的转化率。

目前，低压法甲醇合成技术主要是英国 I.C.I. 低压法和德国 Lurgi 低压法。此外，还有美国电动研究所的三相甲醇合成技术，三相甲醇合成技术虽已研究成功，但尚未进行大规模生产。

1. I.C.I. 低压法甲醇合成工艺流程

1966 年，英国 I.C.I. 公司在成功地开发了铜基低压甲醇合成催化剂之后，建立了世界上第一个低压法甲醇合成工厂，即英国 Teesside 地区 Billingham 工厂。该厂以石脑油为原料，日产甲醇 300t。到 1970 年，最多日产量能达到 700t。催化剂使用寿命可达 4 年以上。由于低压法合成的粗甲醇杂质含量比高压法得到的粗甲醇杂质含量低得多，净化比较容易，利用双塔精馏系统便可以得到纯度为 99.85% 的精制产品甲醇。

煤炭气化煤气合成甲醇与以石脑油、天然气、重油为原料合成甲醇的合成工艺是相同的，区别在于它们制备甲醇原料气的方法和工序不同。

典型 I.C.I. 低压甲醇合成工艺流程如图 11-5 所示。该工艺使用多段冷激式合成塔，合成气在 51-1 型铜基催化剂上进行 CO、CO_2 加氢合成甲醇的化学反应，反应压力为 5MPa。入塔气体分为两股，一股进入热交换器与从合成塔出来的反应热气体换热，预热至 245℃左右，从合成塔顶部进入催化剂层进行甲醇合成反应。另一股不经预热作为合成塔各层催化剂冷激用，以控制合成塔内催化剂床层温度。根据生产的需要，可将催化剂分为多层（三层、四层或五层），各催化剂层的气体进口温度可采用热气流中喷入冷的未反应的气体（即冷激气）来调节。最后一层催化剂气体出口温度为 270℃左右。合成塔出口甲醇含量为 4%，从合成塔底部来的反应气体与入塔原料气换热后进入甲醇冷凝器，绝大部分甲醇蒸气在此被冷却冷凝，最后由甲醇分离器分离出粗甲醇，减压后进入粗甲醇储槽。未反应的气体作为循环气在系统中循环使用。为了维持系统中惰性气体的含量在一定范围内，甲醇分离器后设有放空装置。催化剂升温还原时需用开工加热炉。

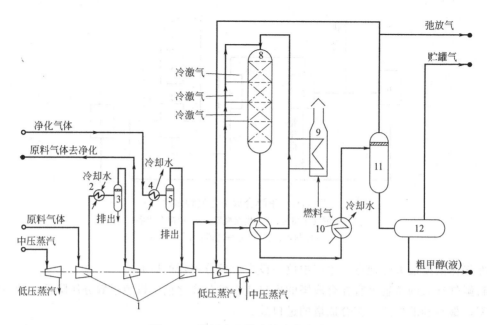

图 11-5　低压法冷激式甲醇合成流程

1—原料气压缩机；2,4—冷却器；3,5—分离器；6—循环气压缩机；7—热交换器；
8—甲醇合成塔；9—开工加热炉；10—甲醇冷凝器；11—甲醇分离器；12—中间储槽

I.C.I. 低压甲醇合成工艺有如下特点。

① 合成塔结构简单。I.C.I. 工艺采用多段冷激式合成塔，结构简单，催化剂装卸方便，通过直接通入冷激气调节催化剂床层温度。但与其它工艺相比，醇净值低，循环气量大，合成系统设备庞大，需设开工加热炉，温度调控相对较差。

② 粗甲醇中杂质含量低。由于采用了低温、活性高的铜基催化剂，合成反应可在 5MPa 压力及 230~270℃温度下进行。低温低压的合成条件抑制了强放热的甲烷化反应及其它副反应，因此粗甲醇中杂质含量低，减轻了精馏负荷。

③ 合成压力低。由于合成压力低，合成气压缩机在较小的生产规模下可选用离心式压缩机。离心式压缩机排出压力仅为 5MPa，设计制造容易，也安全可靠。

④ 能耗低。I.C.I. 甲醇合成工艺作为第一个工业化的低压法工艺，在甲醇工业的发展历程中具有里程碑的意义，相对于高压法工艺是一个巨大的技术进步。表 11-11 列出了 I.C.I. 低压法与高压法动力消耗的比较。

表 11-11　I.C.I. 低压法与高压法合成工段动力消耗比较

项　目	I.C.I. 低压法（5MPa）	高压法（30MPa）
压缩合成气动力消耗	200	520
压缩循环气动力消耗	125	60
合　计	325	580

由表 11-11 可知，低压法动力消耗比高压法低得多，节省了能耗。

由于 I.C.I. 低压法具有以上特点，目前世界上现有的低压法合成甲醇绝大部分还是 I.C.I. 法合成技术。

2. Lurgi 低压法合成甲醇工艺流程

20 世纪 60 年代末，德国 Lurgi 公司在 Union Kraftstoff Wesseling 工厂建立了一套年产

4000t 的低压法甲醇合成示范装置。在取得了必要的数据及经验后，于 1979 年底，Lurgi 公司建立了 3 套总产量超过 30×10^4 t/a 的工业装置。Lurgi 低压法甲醇合成工艺与 I.C.I. 低压工艺的主要区别在于合成塔的设计，该工艺采用管壳型合成塔，催化剂装填在管内，反应热由管间的沸腾水移走并副产中压蒸汽。

Lurgi 低压法甲醇合成工业化后，很快得到了广泛的应用，应用情况见表 11-12。

表 11-12　Lurgi 低压法甲醇生产情况

国别	原料	规模/(t/a)	国别	原料	规模/(t/a)
奥地利	天然气/石脑油	60000	美国	天然气+CO_2	390000
中国	天然气+CO_2	200000	美国	天然气+CO_2	810000
意大利	天然气	45000	美国	天然气	300000
美国	天然气	380000	马来西亚	天然气	660000
墨西哥	天然气	150000	印度尼西亚	天然气	330000
美国	天然气	375000	缅甸	天然气	150000

20 世纪 80 年代，齐鲁石油化工公司第二化肥厂引进了德国 Lurgi 公司的低压甲醇合成装置。

典型的 Lurgi 法低压甲醇合成工艺流程见图 11-6。由脱碳工段来的高氢气体与循环气混合，进入循环机加压，再与脱硫后的气体混合，经换热器预热至 225℃，进入管壳型甲醇合成塔的列管内，在铜基催化剂的作用下，于 5MPa、240～260℃ 温度下进行甲醇合成反应。甲醇合成反应放出的热量很快被沸腾水移走。合成塔壳程的锅炉给水是自然循环的，这样通过控制沸腾水上的蒸汽压力可以保持恒定的反应温度。反应后出塔气体与进塔气体换热后温度降至 91.5℃，经锅炉给水换热器冷却到 60℃，再经水冷器冷却到 40℃，进入甲醇分离器，分离出来的气体大部分回到循环机入口，少部分排放，液体粗甲醇则送精馏工段。

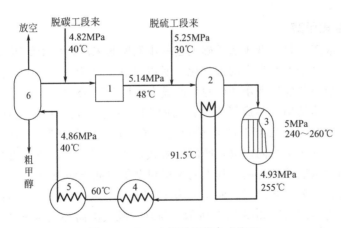

图 11-6　Lurgi 低压甲醇合成流程

1—循环机；2—热交换器；3—合成塔；4—锅炉给水换热器；5—水冷器；6—分离器

Lurgi 低压法合成甲醇的主要特点如下。

① 采用管壳式合成塔。这种合成塔温度容易控制，同时，由于换热方式好，催化剂床层温度分布均匀，可以防止铜基催化剂过热，可延长催化剂寿命，且副反应大大减少，允许含 CO 高的新鲜气进入合成系统，因而单程气体转化率高，出口反应气体含甲醇 7% 左右，循环气量较少，设备、管道尺寸小，动力消耗低。

② 无需专设开工加热炉，开车方便，开工时直接将蒸汽送入甲醇合成塔将催化剂加热

升温。

③ 合成塔可以副产中压蒸汽,非常合理地利用了反应热。

④ Lurgi 低压法合成甲醇投资和操作费用低,操作简便,不足之处是合成塔结构复杂,材质要求高,装填催化剂不方便。

目前,低压法甲醇技术主要是英国 I.C.I. 法和德国 Lurgi 法,这两种方法的工艺技术见表 11-13。

表 11-13 I.C.I. 法和 Lurgi 法制甲醇工艺技术指标

项目	I.C.I. 法	Lurgi 法	项目	I.C.I. 法	Lurgi 法
合成压力/MPa	5(中压法 10)	5(中压法 8)	循环气:新鲜气	10:1	5:1
合成反应温度/℃	230～270	225～250	合成反应热的利用	不副产中压蒸汽	副产中压蒸汽
催化剂成分	Cu-Zn-Al	Cu-Zn-Al-V	合成塔形式	冷激型	管束型
空时产率/[t/(m³•h)]	0.33(中压法 0.5)	0.65	设备尺寸	设备较大	设备紧凑
进塔气中 CO 含量/%	<9	<12	合成开工设备	要设加热炉	不设加热炉
出塔气中 CH₃OH 含量/%	3～4	5～6	甲醇精制	采用两塔流程	采用三塔流程

综上所述,Lurgi 法的催化剂活性高,产率比 I.C.I. 法高 1 倍左右,生产费用降低;其次是合成塔可副产 4～5MPa 的中压蒸汽,热能利用好。另外,Lurgi 法的循环气与新鲜气的比例低,不仅减少了动力消耗,而且缩小了设备与管线、管件的尺寸,从而节省了设备费用。I.C.I. 法有副反应,生成烃类,在 270℃易生成石蜡,在冷凝分离器内析出,而 Lurgi 法因采用管式合成塔能严格控制反应温度而不会生成石蜡。因此 Lurgi 法技术经济先进,对于新建的甲醇厂 Lurgi 的技术更具有竞争力,特别是当采用重油为原料时,则值得采用 Lurgi 法的配套技术。

三、中压法合成甲醇

中压法甲醇合成工艺是在低压法基础上进一步发展起来的。由于低压法操作压力低,导致设备体积庞大,不利于甲醇生产的大型化,所以发展了动力为 10MPa 左右的甲醇合成中压法,它能更有效地降低建厂费用和甲醇生产成本。I.C.I. 公司在 51-1 型催化剂的基础上,通过改变催化剂的晶体结构,制成了成本较高的 51-2 型催化剂。由于这种催化剂在较高压力下能维持较长的寿命,1972 年 I.C.I. 公司建立了一套合成压力为 10MPa 的中压甲醇合成装置,所用合成塔与低压法相同,也是四段冷激式,工艺流程与低压法也相似。Lurgi 公司也发展了 8MPa 的中压法甲醇合成,其工艺流程和设备与低压法类似。

日本三菱瓦斯化学公司开发了合成压力为 15MPa 左右的中压法甲醇合成工艺。该公司新潟工厂的甲醇工艺生产流程如图 11-7 所示。新鲜合成气由离心式压缩机增压至 14.5MPa,与循环气混合,在循环段增压至 15.5MPa 送入合成塔。合成塔为四层冷激式,塔内径 200mm,采用低温高活性 Cu-Zn 催化剂,装填量 30t,反应温度 250～280℃,反应后的出塔气体经换热后冷凝至甲醇分离器,分离后的粗甲醇送往精馏系统。分离器出口气体大部分循环,少部分排出系统供转化炉燃烧用。工艺流程中设有开工加热器。出合成塔的气体与入塔气在换热器换热后进废热锅炉副产 0.3MPa 低压蒸汽。

四、高压法合成甲醇

高压法合成甲醇是发展最早、使用最广的工业合成甲醇技术。高压工艺流程指的是使用锌铬催化剂,在 300～400℃、30MPa 高温高压下合成甲醇的工艺流程。自从 1923 年第一次成功合成甲醇，到中、低压法应用前近半个世纪，世界上甲醇生产都沿用高压法，在这漫长的发展过程中，高压法只是在设计上有某些细节不同。例如甲醇合成塔内移热方法有冷管型连续换热式和冷激型多段换热式两大类；反应气体在催化层中流动的方式有轴向和径向或者轴径向的；有副产蒸汽的合成塔，也有不副产蒸汽的合成塔。

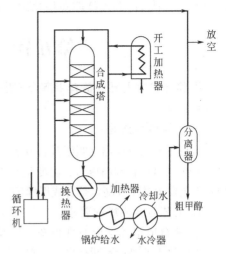

图 11-7 日本新潟工厂中压法
甲醇生产工艺流程

经典的高压工艺流程是采用往复式压缩机压缩气体，在压缩过程中，气体中夹带了润滑油，油和水蒸气混合在一起，达到饱和状态甚至过饱和状态，呈细雾状悬浮在气流中，经油水分离器仍不能分离干净。此外合成系统中的循环气应该采用循环压缩机进行循环，但由于其出口压力不够，所以往往也采用往复式循环压缩机，压缩时循环气中也夹带了润滑油，这两部分的油滴、油雾都不允许进入合成塔，以免催化剂活性下降，所以在高压工艺流程中必须设置专门的滤油设备。

另外，还必须除去气体中的羰基铁，主要是五羰基铁 $Fe(CO)_5$，一般在气体中含 $3\sim5mg/m^3$，这是碳素钢被 CO 气体腐蚀所造成的。形成的羰基铁在温度高于 $250℃$ 时分解成极细的元素铁，而元素铁是生成甲烷的有效催化剂，这不仅增加了原料的消耗，而且使反应区的温度剧烈上升，从而造成催化剂的烧结和合成塔内件的损坏。气体中有硫化物也会加剧羰基腐蚀，这是因为硫化氢与管道表面相互作用时破坏了金属的氧化膜而促进羰基腐蚀，为了除去羰基铁，一般在流程中设置活性炭过滤器。

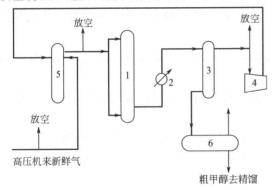

图 11-8 高压法甲醇合成系统流程
1—合成塔；2—水冷凝器；3—甲醇分离器；4—循环
压缩机；5—铁油分离器；6—粗甲醇中间槽

典型的高压法甲醇合成工艺流程如图 11-8 所示。由压缩工段送来的具有 $31.36MPa$ 压力的新鲜原料气先进入铁油分离器，并在此与循环压缩机送来的循环气汇合。这两股气体中的油污、水雾及羰基化合物等杂质同时在铁油分离器中除去，然后进入合成塔。CO 与 H_2 在塔内于 $29.4\sim31.36MPa$、$360\sim420℃$ 下在锌铬催化剂上反应生成甲醇。反应后的气体经塔内热交换器预热刚进入塔内的原料气，温度降至 $160℃$ 以下，甲醇含量约 3%。经塔内热交换后的反应气体出塔后进入喷淋式冷凝器，出冷凝器的反应气体温度下降至 $30\sim35℃$，再进入甲醇分离器。分离出来的液体甲醇减压至 $0.98\sim1.568MPa$ 后送入粗甲醇中间贮槽。分离出来的气体压力降至 $29.99MPa$ 左右，送至往复式循环压缩机提高压力后，返回合成系统内。

为了维持循环气中惰性气体含量在 $15\%\sim20\%$，在甲醇分离器后设有放空管。

该流程中采用自热式连续合成塔，原料气分两路进入合成塔。一路经主线由塔顶进入，并沿塔壁与内体的环隙流至塔底，再经塔内下部的热交换器预热后进入分气盒；另一路经过副线从塔底进入，不经热交换器而直接进入分气盒，在甲醇生产中可用副线来调节催化剂底层的温度，使 H_2 与 CO 能在催化剂的活性温度范围内合成甲醇。

第五节　甲醇合成主要设备

甲醇合成的主要设备有甲醇合成塔、水冷凝器、甲醇分离器、滤油器、循环压缩机、粗甲醇贮槽等。

一、甲醇合成塔

合成甲醇的反应器又叫甲醇合成塔、甲醇转化器，是甲醇合成系统最重要的设备。合成塔内 CO、CO_2 与 H_2 在较高压力、温度及有催化剂的条件下直接合成甲醇。因此，对合成塔的机械结构及工艺要求都比较高，是合成甲醇工艺中一个最复杂的设备，有所谓"心脏"之称。

1. 工艺对合成塔的要求

① 从合成甲醇反应原理可知，甲醇合成是放热反应，在合成塔结构上必须考虑到，要将反应过程中放出的热量不断移出。否则，随着反应进行将使催化剂温度逐渐升高，偏离理想的反应温度，严重时将烧毁催化剂。因此，合成塔应该能有效地移去反应热，合理地控制催化剂层的温度分布，使其接近最适宜的温度分布曲线，提高甲醇合成率和催化剂的使用寿命。

② 甲醇合成是在有催化剂的情况下进行的，合成塔的生产能力与催化剂的充填量有关，因此，要充分利用合成塔的容积，尽可能多装催化剂，以提高生产能力。

③ 反应器内部结构合理，能保证气体均匀地通过催化剂层，减少流体阻力，增加气体的处理量，从而提高甲醇的产量。

④ 进入合成塔的气体温度很低，所以在设备的结构上要考虑到进塔气体的预热问题。

⑤ 高温高压下，氢气对钢材的腐蚀加剧，而且在高温下，钢的机械强度下降，对出口管道不安全，因此，出塔气体温度不得超过 160℃，在设备结构上必须考虑高温气体的降温问题。

⑥ 保证催化剂在升温、还原过程中操作正常，还原充分，提高催化剂的活性，尽可能达到最大的生产能力。

⑦ 为防止氢、一氧化碳、甲醇、有机酸及羰基物在高温下对设备的腐蚀，要选择耐腐蚀的优质钢材。

⑧ 结构简单、紧凑，坚固、气密性好，便于制造、拆装、检修和装卸催化剂。

⑨ 便于操作、控制、调节，当工艺操作在较大幅度范围内波动时，仍能维持稳定的适宜条件。

⑩ 节约能源，能较好地回收利用反应热。

2. 甲醇合成塔的分类

甲醇合成塔的类型很多，可按不同的分类方法进行分类。

(1) 按冷却介质种类分类　可分为自热式甲醇合成塔和外冷式甲醇合成塔。

甲醇合成反应为可逆放热反应，在反应过程中必须排出热量，否则反应热将使反应混合物的温度升高。而且可逆放热反应的最佳温度分布曲线要求随着化学反应的进行相应地降低反应混合物的温度，使催化剂达到最大的生产能力，所以必须设法从催化剂床层中移出反应热。为了利用反应热，在甲醇合成工业中，常采用冷原料气作为冷却剂来使催化剂床层得到冷却，而原料气则被加热到略高于催化剂的活性温度，然后进入催化剂床层进行合成反应，这种合成塔称为自热式甲醇合成塔。若冷却剂采用其它介质，则这种合成塔称为外冷式甲醇合成塔。

（2）按操作方式分类　可分为连续换热式和多段换热式两大类。

① 连续换热式合成塔。连续换热式合成塔的基本特征是反应气体在催化剂床层内的反应过程与换热过程是同时进行的。在合成塔内装有许多管子作为反应气体与冷却剂之间的换热面。连续换热式合成塔既有自热式的，也有外冷式的。

连续自热式合成塔常在催化剂床层内设置管子（这种管子常叫作冷管），作为冷却剂的冷原料气走管内，通过管壁与反应产物进行换热，结果使催化剂床层得到冷却而原料气则被加热到略高于催化剂的活性温度，然后进入催化剂床层进行反应。在这种合成塔内，反应物的化学反应热足以将原料气预热到所规定的温度，做到热量自给而不需另用载热体。在合成塔的下部设置列管式换热器或螺旋板换热器，以便用进料气来冷却反应后的产物。

连续外冷式合成塔是用其它介质作为冷却剂，如 Lurgi 管壳型甲醇合成塔中采用高压沸腾水作为冷却剂，催化剂装在管内，而冷却剂走在管间与反应产物进行连续换热。

② 多段换热式合成塔。多段换热式合成塔的特点是反应过程与换热过程分开进行。即在绝热情况下进行反应，反应后的气体离开催化剂床层与冷却剂换热而降低温度，再进行下一段绝热反应，使绝热反应和换热过程依次交替进行多次。

多段换热式合成塔又可分为多段间接换热式和多段直接换热式两种。

多段间接换热式催化反应器的段间换热过程是在间壁式换热器中进行。多段直接换热式是向反应混合气体中加入部分冷却剂，二者直接混合来降低反应混合物的温度，所以又称为冷激式，一般合成甲醇所用的就是这种冷激式反应器，冷却剂就是原料气。

（3）按反应气流动的方式分类　分为轴向式、径向式和轴径向式。

轴向式合成塔中的反应气在催化剂床层中轴向流动并进行化学反应，流动阻力较大。径向式合成塔中反应气在催化剂床层中则是径向流动，可减少流动阻力，节约动能消耗。而轴径向合成塔中既有轴向层也有径向层。

3. 甲醇合成塔的基本结构

甲醇合成塔主要由外筒、内件构成。

① 外筒。甲醇合成反应是在较高压力下进行的，所以外筒是一个高压容器，一般由多层钢板卷焊而成，有的则用扁平绕带绕制而成。

② 内件。为了满足开工时催化剂的升温还原条件，一般设开工加热器，可放在塔外，也可放在塔内，若加热器安装在合成塔内，一般用电加热器，成为内件的组成部分。进、出催化剂床层的气体的热交换器，有的放在塔外，也有放在塔内的。所以合成塔内件主要是催化剂筐，有的还包括电加热器和热交换器。

（1）催化剂筐　甲醇合成塔内件的核心件催化剂筐，它的设计好坏直接影响合成塔的产量和消耗定额，它的形式与结构首先尽可能实现催化剂床层以最佳温度分布。在直径大的合成反应器中为了使气体分布均匀，设有气体分布器。有的合成反应器为减小流体阻力而采用径向式催化剂筐。有的合成生产为了利用热能而设计副产蒸气的甲醇合成塔。下面介绍几种常用的催化剂筐。

① 连续换热式催化剂筐。连续换热式甲醇合成塔的特点是反应气体在

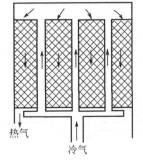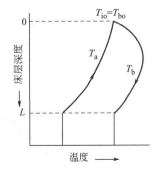

图 11-9　单管逆流式催化床及温度分布示意

T_a—冷管温度；T_b—催化床层温度

催化剂床层内的反应过程与换热过程同时进行，应尽可能符合最佳温度曲线。

a. 自热式。在自热式甲醇合成催化剂管中，根据不同的冷管结构主要可分为单管逆流式、双套管并流式、三套管并流式、单管并流式以及 U 形管式，其结构及轴向温度分布示意图分别见图 11-9～图 11-13。

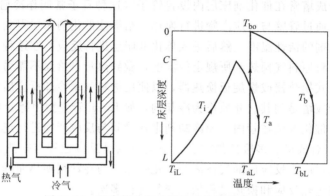

图 11-10　双套管并流式催化床及温度分布示意
T_i，T_a，T_b—内冷管、外冷管、催化床层温度；
C—冷管顶端右床层中的位置；L—催化床高度

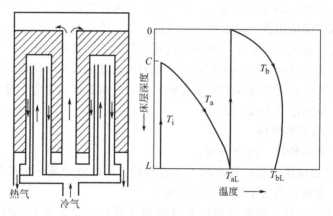

图 11-11　三套管并流式催化床及温度分布示意
T_i、T_a、T_b—内冷管、外冷管、催化床层温度；
C—冷管顶端右床层中的位置；L—催化床高度

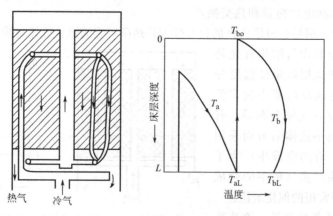

图 11-12　单管并流式催化床及分布示意
T_a—冷管温度；T_b—催化床层温度

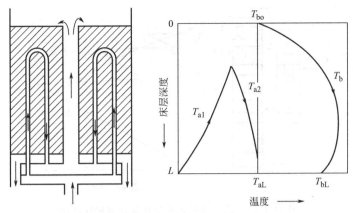

图 11-13　U 形管式催化床及温度分布示意

T_{a1}，T_{a2}—U 形冷管上行管和下行管温度；T_b—催化床层温度

由图可见，凡并流式及 U 形管式连续换热式催化剂床层上部都有一绝热段，原料气在略高于催化剂起始活性温度的条件下进入催化剂床层，进行绝热反应，依靠自身的反应热迅速地升高温度，达到或接近相应的最佳温度，再进入冷却段，边反应边传热，力求遵循最佳温度曲线相应地向冷管传递热量。而单管逆流式催化剂床层只有冷却段。在冷却段中，催化剂床层的实际温度分布由单位体积催化剂床层中反应放热量和单位体积催化剂床层中冷管排热量之间的相对大小决定。冷管排热量的大小与冷管的传热面积和传热系数有关，也与催化剂床层和冷管中冷气体的温度有关，而温差既随着床层高度变化，也与冷管的结构有关。因此，不同的冷管结构会有不同的温度分布而影响到催化剂床层的生产强度。

传统的高压法甲醇生产和中压法联醇生产中多采用三管套并流式或单管并流式，其它的冷管结构较少采用。

b. 单管外冷式。单管外冷式催化剂床层温度分布见图 11-14。

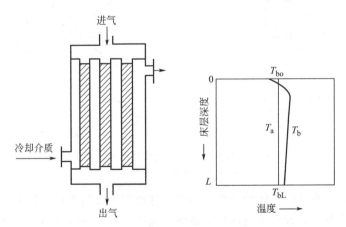

图 11-14　单管外冷式催化床及温度分布示意

由图可知，单管外冷式催化剂床层中也只有冷却段，而且催化剂装填在管内，冷却介质走管外，所以冷却介质通过管壁与管内的催化剂床层换热。这种合成塔结构即为 Lurgi 甲醇合成塔结构，广泛应用于中低压法甲醇生产中。

② 多段换热式催化剂筐

a. 多段间接换热式。图 11-15 为三段间接换热式甲醇合成催化床及其操作状况。

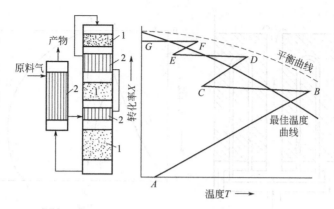

图 11-15　三段间接换热式催化床及其操作状况
1—催化床；2—换热器；A~G—操作点

图中 AB 线是第一段绝热操作过程中甲醇转化率与温度的关系，叫做绝热操作线。CD 线及 EF 线分别是第二段及第三段的绝热操作线。在间接换热过程中只有温度变化而无混合气体的组成变化，因此冷却线 BC 及 DE 与温度轴平行。FG 线是离开第三段催化剂床层的热气体在床外换热器中加热进入系统原料气的过程。冷原料气依次经过三段换热后，达到催化剂的活性反应温度，进入催化剂床层开始甲醇合成反应。

b. 多段冷激式。图 11-16 表示三段原料气冷激式催化床及其操作状况。

图 11-16 中 AB、CD、EF 分别是第一段、第二段及第三段的绝热操作线。由于冷激过程中反应后的气体与新鲜气混合，则气体组成发生了变化，因此段间冷却线 BC 及 DE 与温度轴不平行。

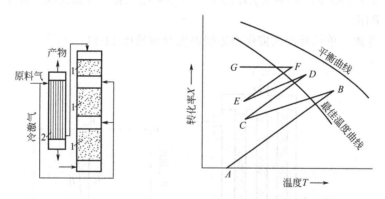

图 11-16　三段原料气冷激式催化床及其操作状况
1—催化床；2—换热器；A~G—操作点

原料气冷激后，使反应气体的转化率降低，这相当于段间有部分返混，所以同样的初始气体组成及气体处理量，若要达到同样的最终反应率，则原料气冷激式所耗用的催化剂比间接换热式多得多。

间接换热式不便于装卸催化剂及设备检修，特别是大型装置的甲醇合成反应器，不便在催化剂床层中装配冷管，也不便于在各段催化剂床层间装置换热器，因此大多采用多段原料气冷激式。

多段换热式反应器的段数越多，其过程越接近于最佳温度曲线，催化剂床层的生产强度越高，但是段数过多，设备结构则复杂，操作也不方便。

③ 径向催化剂筐。径向催化剂筐如图 11-17 所示。流体沿中心管向下流动，同时经中心管壁上的小孔流入催化剂床层，在催化剂床层中由内向外流动，再经催化剂床层外侧器壁上的小孔流入外围的环隙集合后流出反应器。图中起分流作用的中心管称为分流流道或分气管，起合流作用的环隙称为合流流道。

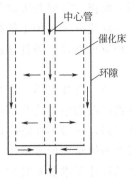

图 11-17 径向流动
催化床示意图

在径向催化剂筐中，由于气体通过多孔的分气管做径向流动，气体的流通截面积大，流速小，流程短，使催化剂床层压力降显著减小，从而节约动力消耗，降低对循环压缩机的要求。另外，在径向合成塔中，还可以采用较细颗粒的催化剂，提高催化剂的有效系数，从而提高设备的生产强度。但径向合成塔的设计应保证气体分布均匀，对分布流道的制造要求较高，且要求催化剂有较高的机械强度，以避免由于催化剂颗粒破损而堵塞布气小孔，破坏了气体的均匀分布。

径向甲醇合成催化剂筐有内冷式的，也有单段和多段冷激式的。

(2) 热交换器　在甲醇合成塔内，CO、CO_2、H_2 在催化剂的作用下进行反应生成甲醇。对于高压法使用锌铬催化剂生产甲醇时，出催化剂床层的反应气体温度约 380℃，而进合成塔的原料气的温度约 30℃，为了达到塔内甲醇合成反应的自身热量平衡，合理安排冷热交换，回收反应热，维持催化剂床层适宜温度，需要设置热交换器。在热交换器内，反应后的热气体被冷却后引出甲醇合成塔，而冷原料气被加热到 300℃ 左右，再进入催化剂床层中的冷管进一步被加热到催化剂的反应活性温度 330～340℃，进入催化剂床层开始反应。对于使用铜基催化剂的情况，反应温度较锌铬催化剂低，一般进热交换器的反应热气体温度为 270～280℃，与冷原料气换热后温度下降到 180～200℃。

一般热交换器放在塔的下部，但对于大直径的甲醇合成塔，为了装卸催化剂方便和充分利用高压空间，有把热交换器放在塔的上部或塔外的。下面简要介绍塔内热交换器的结构形式。

塔内热交换器有列管式、螺旋板式、波纹板式等多种形式。其中列管式应用得较多，原因是列管式换热器制造工艺成熟、坚固、容易清理检修等优点，但是列管式换器占用空间较大。为了多装填催化剂，提高合成塔的生产能力，要求塔内换热器传热效率高、占用空间小，因此，目前广泛采用小管密排及管内插入麻花铁来提高管内对流传系数，而管外则采取减小折流板间距及双程列管式换热器等措施来增加管外的对流传热系数，从而来提高列管式换热器的传热系数，使换热器的传热能力得到提高，但这样做也会增加流体在换热器中的流动阻力。

在设计换热器时，不仅要求传热效率高，热损失少，流体阻力小，所占空间小，制造简单、清洗检修方便，操作稳定，结构可靠、紧凑，而且换热器的传热面积既要适应正常生产的要求，还要满足催化剂升温还原和催化剂活性衰退至一定限度的需要。因此换热器的传热面积要有一定的富余量，以适应因催化剂使用后期活性下降必须提高原料气进催化剂床层温度的要求，富裕的换热器传热面积应使催化剂使用后期不开电加热器为宜。催化剂使用过程中，活性由高到低变化，另外当气体流量、组成、压力等变动时，换热器传递的热量发生改变，而原料气进催化剂床层的温度必须维持在一定的范围内，为控制催化剂床层的温度，在换热器的中心设置冷气副线，该股气体不经过换热器而直接进入催化剂床层中的冷管来控制和调节催化剂床层的温度。

在设计热交换器时，换热器传热面积得有一定的富余量，但不宜过大，以致在催化剂使用后期仍然需要开大冷气副线，长期开大冷气副线说明高压空间没有被充分利用，而且还原初期副线全开时仍不能抑制催化剂床层温度上升，给操作带来麻烦。各种形式的换热器传热面积应根据设计条件通过计算确定，它与冷管传热面、电加热器功率、催化剂装填量和型号有关。

（3）电加热器　甲醇合成塔内安装电加热器的主要目的是用于催化剂的升温还原，电加热器所在的中心管是塔内气体必经的通道。甲醇合成塔大型化以后，为了充分利用合成塔高压空间，一般不在塔内设置电加热器，而在塔外设置开工加热炉，提供甲醇合成塔还原时所需的热量。但多数中小型合成塔仍然在合成塔内安装电加热器，下面简要介绍塔内电加热器的设计要求及安装注意事项。

① 电加热器的功率应满足催化剂升温还原过程中所需要的热量，使催化剂得到充分的还原，从而充分发挥催化剂的活性。

② 气流通过电加热器时阻力应小。

③ 材料消耗少，节省贵重金属。

④ 使用寿命长，电热元件的局部温度不得超过其允许值。

⑤ 密封、绝缘性能可靠。

⑥ 结构简单，制造、安装、使用、检修方便。

电加热器的电热元件是通过合成塔顶盖或筒体上开孔，用中心吊杆悬挂在催化剂筐的中心管内或悬挂在催化剂筐的上部，其引出线通过密封绝缘套管固定在合成塔盖上，电源进线与此相连。在安装时，电热元件和中心吊杆及催化剂筐中心管管壁间的绝缘距离，根据温度和500V电压级不应小于5mm，以免产生击穿现象。电热元件的下端不固定，以免受热弯曲而减少绝缘距离甚至短路。

4. 典型的甲醇合成塔

甲醇合成塔的类型很多，每一种合成塔都有其自身的特点和适用场合。传统的高压法甲醇合成或中压联醇生产中多用连续的三套管并流和单管并流式。中低压法甲醇生产中，多用多层冷激式合成塔和管束式合成塔及二者的改进型合成塔。无论在多大压力下操作，为减少阻力应采用径向合成塔或轴径向复合式合成塔。下面对几种代表性的甲醇合成塔及主要操作特性加以介绍。

（1）三套管并流式合成塔　图11-18为三套管并流式甲醇合成塔的结构，它主要由高压外筒和合成塔内件两部分组成，而内件由催化剂筐、热交换器和电加热器组成。

① 高压外筒。高压外筒是一个锻造的或由多层钢板卷焊而成的圆筒容器。容器上部的顶盖用

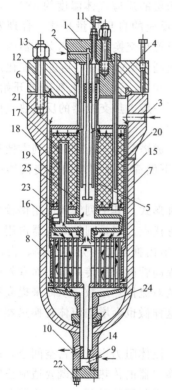

图 11-18　高压法甲醇合成塔

1—电炉小盖；2—二次副线入口；3—主线入口；4—温度计套管；5—电热炉；6—顶盖；7—催化剂筐；8—热交换器；9—一次副线入口；10—合成气出口；11—导电棒；12—高压螺栓；13—高压螺母；14—异径三通；15—高压筒体；16—分气盒；17—外冷管；18—中冷管；19—内冷管；20—催化剂；21—催化剂筐盖；22—小盖；23—筛孔板；24—冷气管；25—中心管

高压螺栓与筒体连接，在顶盖上设有电加热器和温度计套管插入孔，筒体下部设有反应气体出口及副线气体进口。

② 内件。合成塔的内件由不锈钢制成。内件的上部为催化剂筐，中间为分气盒，下部为热交换器。催化剂筐的外面包有玻璃纤维（或石棉）保温层，以防止催化剂筐大量散热。因为大量散热，不仅靠近外壁的催化剂温度容易下降，给操作带来困难，更主要的是使外筒内壁受热的辐射而温度升高，加剧了氢气对外筒内壁的腐蚀，更重要的是使外筒内外壁的温度差升高，进而使外筒承受了巨大的热应力，这是很不安全的。因此，为了安全起见，外筒的外部也包有保温层，以减少外筒内外壁的温差，从而降低热应力。催化剂筐上部有催化剂筐盖，下部有筛孔板，在筛孔板上有不锈钢网，避免放置在上面的催化剂漏下。在催化剂筐里装有数十根冷管，冷管是由内冷管、中冷管及外冷管所组成的三套管，其中内冷管与中冷管一端的环缝用满焊焊死，另一端敞开，使内冷管与中冷管间形成一层很薄的不流动的滞气层。由于滞气层的隔热作用，进塔气体自下向上通过内冷管时，冷气的温升很小，这样冷气只是经中冷管与外冷管的环隙时才起热交换作用；而内冷管仅起输送气体的作用，有效的传热面是外冷管。中、外冷管间环隙上端气体的温度略高于合成塔下部热交换器出口气体的温度，环隙下端气体的温度略低于进入催化剂床层气体的温度，而与冷套管顶部催化剂床层的温度差很大，从而提高了冷却效果，使冷管的传热量与反应过程的放热量相适应，及时移出催化剂床层中的反应热，保证甲醇合成反应在较理想的催化剂活性温度范围内进行，从而达到较高的甲醇合成率。此外，在催化剂筐内还装有两根温度计套管和一个用来安装加热器的中心管。

热交换器与催化剂筐下部相连接，热交换器的外壁也需要保温。

热交换器的中央有一根冷气管，从副线来的气体经过此管，不经热交换器而直接进大分气盒，进而被分配到各冷管中，用来调节催化剂床层的温度。

催化剂筐中心管中的电加热器由镍铬合金制成的电热丝和瓷绝缘子等组成。电加热器的电源可以是单相的，也可以是三相的。当开车升温、催化剂还原和操作不正常时，可以用电加器来调节进催化剂床层气体的温度。此外，在塔外设有电压调节器，可根据操作情况来调节电加热器的电压，从而改变电加热器的加热能力。

合成塔内气体流程如下：主线气体从塔顶进塔，沿外筒与内件的环隙顺流而下，这样流动可以避免外筒内壁温度升高，从而减弱了对外筒内壁的脱炭作用，也防止塔壁承受巨大的热应力。然后气体由塔下部进入热交换器管间，与管内反应后的高温气体进行换热，这样进塔的主线气体得到了预热。副线气体不经过热交换器预热，由冷气管直接进入与预热了的主线气体一起进入分气盒的下室，然后被分配到各个三套管的内冷管及内冷管与中冷管之间的环隙，由于环隙气体为滞气层，起到隔热的作用，所以气体在内管中的温度升高极小，气体在内管上升至顶端再折向外冷管下降，通过外冷管与催化剂床层中的反应气体进行并流换热，冷却了催化剂床层，同时，使气体本身被加热到催化剂的活性温度以上。然后气体经分气盒的上室进入中心管（正常生产时中心管内的电加热器停用），从中心管出来的气体进入催化剂床层，在一定的压力、温度下进行甲醇合成反应。首先通过绝热层进行反应，反应热并不移出，用以迅速提高上层催化剂的温度，然后进入冷管区进行反应，为避免催化剂过热，由冷管内气体不断地移出反应热。反应后的气体出催化剂筐，进入热交换器的管内，将热量传给刚进塔的气体，自身温度降至150℃以下，从塔底引出。

进塔气体流程见图11-19。

三套管并流式合成塔优点如下。

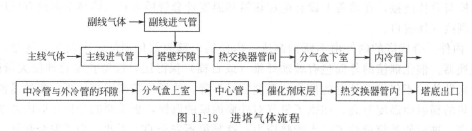

图 11-19　进塔气体流程

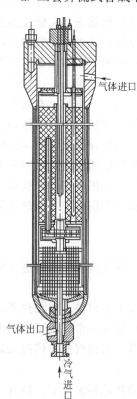

图 11-20　单管并流合成塔

a. 三套并流式合成塔的催化剂床层温度较接近理想温度曲线，能充分发挥催化剂的作用，提高催化剂的生产强度。

b. 适应性强，操作稳定可靠。

c. 催化剂装卸容易，较适应甲醇生产中催化剂更换频繁的特点。

但三套管并流式合成塔也存在如下缺点。

a. 三套管占有空间较多，减少了催化剂的装填量。

b. 因三套管的传热能力强，在催化剂还原时，催化剂床层下部的温度不易提高，从而影响下层催化剂的还原程度。

c. 结构复杂，气体流动阻力大，且耗用材料较多，因此内件造价较高。

（2）单管并流合成塔　单管并流合成塔如图 11-20 所示。该塔的冷管换热原理与三套管并流式合成塔相同，内件结构也基本相似，唯一不同的是冷管的结构。即将三套管内冷管输送气体的任务由几根输气总管代替，这样冷气管的结构简化，既节省了材料，又可以多装填一些催化剂。

单管并流冷管的结构有两种形式，一种是取消了分气盒，从热交换器出来的气体直接由输气总管引到催化剂床层的上部，然后气体被分配到各冷管内，由上而下通过催化剂床层，再进入中心管。另一种是仍然采用分气盒，如图 11-19 所示的冷管结构，从热交换器出来的气体进入分气盒的下室，经输气总管送到催化剂床层上部的环形分布管内，由于输气总管根数少，传热面积不大，因此气体温升并不显著。然后，气体由环形分布管分配到许多根冷管内，由上而下经过催化剂床层，吸收了催化剂床层内的反应热，而后进入分气盒上室，再进入中心管。从中心管出来的气体由上而下经过催化剂床层进行甲醇合成反应，再经换热器换热后离开合成塔。

采用单管并流冷管，在结构上必须注意以下两个问题。

① 单管并流冷管的输气管和冷管的端部都连接在环管上，而输气管与冷管通过的气量和传热情况都不相同，前者的温度低，后者的温度要高得多，必须考虑热膨胀的问题，否则，当受热后，冷管与环管的连接部位会因热应力而断裂，使合成塔操作恶化甚至无法生产。如图 11-20 中，冷管上部的弯曲部分就是为考虑热膨胀而设置的。

② 随着催化剂床层温度的变化，环形分布管的位置会发生上下位移，特别是停车降温时位移最大。当环管向下位移时，对环管下壁所接触的催化剂有挤压作用，容易使催化剂破碎。因此在结构上应防止环管对催化剂的挤压。

（3）U 形管合成塔　U 形管合成塔如图 11-21 所示。气体由热交换器出口经中心管流入

U形冷管，出冷管的气体由上向下经过催化剂床层，再经换热器，然后离开甲醇合成塔。U形管合成塔是冷管轴向换热合成塔中一种新颖的塔型，该塔具有以下几个优点。

① U形冷管分为下行并流与上行逆流两部分。冷气在U形管内自上而下流动，与催化剂床层内的气体并流换热，满足了上部取出大量反应热的需要；然后气体又在U形管内由下向上与催化剂床层内的气体逆流换热，同时更能有效地提高气体进催化剂床层的温度。

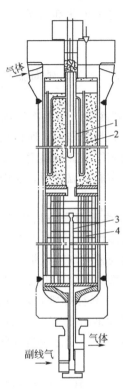

图 11-21 U形管合成塔
1—上中心管；2—U形冷管；3—下
中心管；4—列管换热器

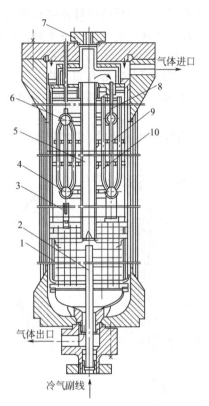

图 11-22 均温型甲醇合成反应器
1—热交换器；2—冷气管；3—热电偶套管；
4—下集气室；5—中心管；6—上集气室；
7—电加热器接口；8—集气室引气管；
9—气体下行管；10—气体上行管

② 由于气体进催化剂床层的温度较高，可以迅速加快反应速率，所以取消了一般塔长期惯用的绝热层。

③ U形冷管固定在中心管上，取消了上、下分气盒，简化了结构，且较好地解决了各构件的热胀冷缩问题，从而既增加了内件的可靠性，又改善了操作条件。

④ 催化剂升温还原时，气体首先经过中心管内电加热器预热，再进入冷管，这样有利于提高下段催化剂床层温度，使催化剂活性提高。

但U形管合成塔也存在以下不足之处。

① U形管内件催化剂床层高温区域较宽，虽可以提高催化剂的生产强度，但催化剂容易衰老，使用寿命较短。

② U形管内气体温度是逐渐上升的，其两侧的上升管和下降管在同一平面上与催化剂床层的温差是不同的，使同平面催化剂床层的温差较大。

③ U 形冷管的自由截面较小，管内气速较大，所以管内流体阻力较大。

④ U 形冷管结构需采用较大的冷管面积，减少了催化剂的装填量。

（4）均温型甲醇合成塔　由浙江工业大学设计的均温型甲醇合成塔，在中、小型甲醇生产厂采用高、中、低压合成工艺，使用锌铬、铜基催化剂等各种生产条件下使用都获得较为满意的效果，其结构如图 11-22 所示。气体由塔顶进入，沿塔壁与内件之间的环隙向下进入热交换器管间，与反应气体换热后进入中心管，从中心管出来的气体经上部集气室后，通过引气管到上环管，再分配到各下行冷管，然后再经上行冷管进入催化剂床层，反应后的气体从催化剂床层底部进入热交换器管内经换热后从底部出塔。

均温型甲醇合成塔有如下特点。

① 轴向、径向温差小。在实际操作中，同平面温差保持 2~3℃，轴向温差也只有 10℃左右。

② 当催化剂还原时，冷气先经过中心管电加热器后再到冷管，结果冷管内气体对催化剂床层起到加热作用，所以还原时容易提高催化剂床层底部的温度，缩小还原时轴向温差，实施等温还原，从而提高催化剂的活性。

③ 在均温型合成塔中不采用中心管和冷管直接焊接，而是两者均能自由伸缩的填料盒与催化剂筐盖板配合，中心管的气体从上部集气室通过引气管到上环管，再分配到各下行冷管，填料盒采用耐高温、润滑性能好的新型密封材料膨胀石墨，使中心管、冷管受热后自由伸缩，不致拉裂焊缝。

（5）Lurgi 管壳型甲醇合成塔　Lurgi 管壳型甲醇合成塔是德国 Lurgi 公司研制设计的一种管束型副产蒸汽合成塔，操作压力为 5MPa，温度为 250℃，合成塔如图 11-23 所示。

合成塔结构类似于一般的列管式换热器，列管内装填催化剂，管外为沸腾水。原料气经预热后进入反应器的列管内进行甲醇合成反应，放出的热量很快被管外的沸腾水移走，管外沸腾水与锅炉汽包维持自然循环，汽包上装有压力控制器，以维持恒定的压力，所以管外沸腾水温度是恒定的，于是管内催化剂床层的温度几乎是恒定的。

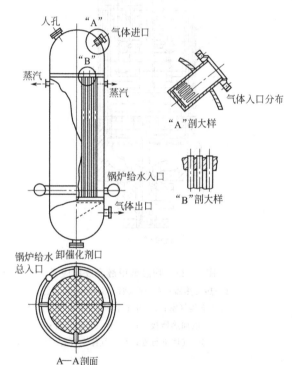

图 11-23　Lurgi 式甲醇塔结构

该类反应器的优点如下。

① 合成塔温度几乎是恒定的。反应几乎是在等温下进行，实际催化剂床层轴向温差最大为 10~12℃，最小为 4℃，同平面温差可以忽略。温度恒定的好处是不仅有效地抑制了副反应，而且延长了催化剂的寿命。

② 能灵活有效地控制反应温度。通过调节汽包的压力，可以有效地控制反应床层的温度。蒸汽压力每升高 0.1MPa，催化剂床层温度约升高 1.5℃，因此通过调节蒸汽压力，可

以适应系统负荷波动及原料气温度的变化。

③ 出口甲醇含量高。由于催化剂床层温度得以有效控制，合成气通过合成塔的单程转化率高，这样循环气量减少，使循环压缩机能耗降低。

④ 热能利用好。利用反应热产生的中压蒸汽（4.5～5MPa），可带动透平压缩机（即甲醇合成气压缩机及循环压缩机），压缩机使用过的低压蒸汽又送至甲醇精制部分使用，所以整个系统的热能利用很好。

⑤ 设备紧凑，开工方便，开车时可用壳程蒸汽加热，而不需另用电加热器开工。

⑥ 阻力小，催化剂床层中的压差为 0.3～0.4MPa。

Lurgi 合成塔结构设计要求高，设备制造困难，且对材料也有很高的要求，这是它的不足之处。

（6）管壳-冷管复合型反应器　日本的三菱重工 MHI（Mitsubishi Heary Industries）和三菱瓦斯 MGC（Mitsu bishi Gas chemical company）两公司联合开发了超大型反应器，该反应器是 Lurgi 反应器的改进型，其结构如图 11-24 所示。

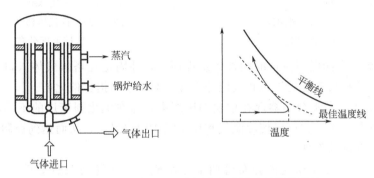

图 11-24　改进的 Lurgi 式甲醇合成塔及其操作特性

该反应器与 Lurgi 式反应器类似，不同点仅在于催化剂管内设置气体内冷管。催化剂装填在内管与外管间的环隙中，沸腾水在壳程循环，原料气从内管下部进入，被催化剂中的反应热预热，至管顶后转向，再由上向下通过催化剂床层进行甲醇合成反应，反应气被壳程沸腾水和内管中的原料气冷却后出塔。

该反应器的特点如下。

① 单程转化率高，循环气量小。反应管内温度分布操作线接近最佳温度线，例如在 5000h^{-1}空速、8MPa 条件下，甲醇合成单程转化率可达 14％，几乎是传统的两倍，循环气量小。

② 流程简捷。在反应器中预热入塔原料气，在流程中可省去原料气预热器。

③ 热能回收好。每吨甲醇可副产 1t 不小于 4MPa 压力的蒸汽。

该反应器不足之处是流体阻力较大。

（7）I. C. I. 冷激型合成塔　I. C. I. 冷激型合成塔是英国 I. C. I. 公司在 1966 年研制成功的甲醇合成塔，它首次采用了低压法甲醇合成，合成压力为 5MPa，这是甲醇合成工艺上的一次重大变革。

I. C. I. 冷激型合成塔分为四层，且层间无空隙，该塔由塔体、催化剂床层、气体喷头、菱形分布器等组成，其结构如图 11-25 所示。

① 塔体。单层全焊结构，不分内、外件，所以筒体为热壁容器，要求材料抗氢蚀能力强，抗热剪应力强度高，焊接性好。

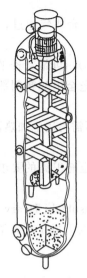

图 11-25　I.C.I公司四段
冷激式反应器结构

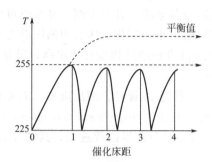

图 11-26　四段冷激式反应器
床层温度分布

② 气体喷头。由四层不锈钢的圆锥体组焊而成，并固定在塔顶气体入口处，使气体均匀分布于塔内。此种喷头还可以防止气流冲击催化剂床层而损坏催化剂。

③ 菱形分布器。菱形分布器埋在催化剂床层中，并在催化剂床层的不同高度平面各安装一组，全塔共装三组，它可以使冷激气和反应气体均匀混合，从而达到控制催化剂床层的目的，是塔内最关键的部件。

菱形分布器由导气管和气体分布管两部分组成。导气管为双重套管，与塔外的冷激气总管相连；导气管的内套管上每隔一定距离朝下设有法兰接头，与气体分布管呈垂直连接。

气体分布管由内、外两部分组成，外部是菱形截面的气体分布混合管，它由四根长的扁钢和许多短的扁钢斜横着焊于长扁钢上构成骨架，并且在外面包上双层金属丝网，内层是粗网，外层是细网，网孔应小于催化剂的颗粒，以防催化剂颗粒漏进混合管内，内部是一根双套管，内套管朝下钻有一排 $\phi10mm$ 的小孔，外套管朝上倾斜45°钻有两排 $\phi5mm$ 的小孔，内、外套管小孔间距均为80mm。

冷激气经导气管进入气体分布管内部后，由内套管的小孔流出，再经外套管小孔喷出，在混合管内和流过的反应热气体相混合，从而降低气体温度，并向下流动在床层中继续反应。菱形分布器应具有适当的宽度，以保证冷激气和反应气体混合均匀，混合管与塔体内壁间应留有足够的距离，以便催化剂在装填过程中自由流动。

合成塔内由于采用了特殊结构的菱形分布器，床层的同平面温差仅为 2℃ 左右，同平面基本上能维持在等温下操作，对延长催化剂寿命有利。床层温度分布如图 11-26 所示。

该塔具有如下特点。

① 结构简单，制造容易、安装方便。

② 塔内不设置电加热器和换热器，可充分利用高压空间。

③ 塔内阻力小。

④ 催化剂装卸方便。

(8) 三菱瓦斯四段冷激式合成塔　日本三菱瓦斯株式会社（英文简写 MGC）的四段冷

激型甲醇合成塔是层间有空隙的合成塔，如图 11-27 所示，塔外设开工加热炉和热交换器。

　　该塔不分内件、外件，所以筒体为热壁容器。原料气经塔外换热器升温后从塔顶进入，依次经过四段催化剂床层，层间都与冷激气混合，使反应在较适宜的温度下进行。冷激管直接接在高压筒体上（用法兰连接），置于两段床层之间的空间，冷激气经喷嘴喷出，以便与反应气体均匀混合并分布均匀。

　　该塔的特点是催化剂床层是间断的，气体分布容易均匀，但不足之处是结构较复杂，装卸催化剂较麻烦，且高压空间利用不充分，减少了催化剂的装填量。

　　（9）MRF 多段径向甲醇合成塔　多段径向流动反应器（Multistage indirect-cooling type Radial Flow）简称 MRF 反应器，是日本东洋公司（TEC）与三菱东芝株式会社（MTC）共同开发的一种新型甲醇合成反应器，其反应器的结构及操作线如图 11-28 所示。

　　MRF 反应器由外筒、带中心管的催化剂筐、催化剂床层内垂直沸水管（即冷管束）以及蒸汽收集总管组成。原料气由中心管进入，然后径向流动通过催化剂床层进行

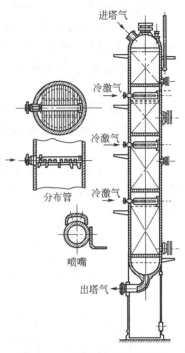

图 11-27　MGC 反应器示意图

反应，反应后气体汇集于环形空间，由上部出口排出。锅炉给水由冷管下部进入，吸收反应热后转变为蒸汽，由冷管上部排出。根据反应的放热速率和移热速率，合理地选择冷管间距及冷管数目，可使反应过程按最佳温度线进行。

　　MRF 反应器的特点如下。

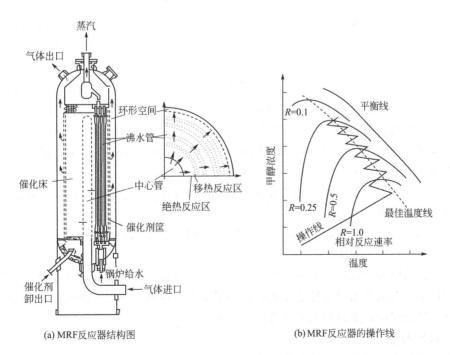

(a) MRF 反应器结构图　　　　　　　　　　(b) MRF 反应器的操作线

图 11-28　MRF 反应器及操作线

① 气体径向流动，流道短，空速小，所以催化剂床层压降小，仅为轴向合成塔的 1/10。

② 气体垂直流过管束，床层与冷管之间的传热速率很高，及时有效地移出了反应热，确保催化剂床层温度稳定，延长了催化剂的使用寿命。

③ 反应温度几乎接近最佳温度曲线，甲醇产率高，合成塔出口的粗甲醇浓度高于 8.5%。

④ 由于低压降和低气体循环速度，所以合成系统的能耗较低。

⑤ 从结构方面考虑，可以设计生产能力较大的反应器，MRF 反应器的生产规模可达 5000t/d。

（10）Casale 轴径向流动甲醇合成塔　DavgMchee 公司开发了日产 2500t 以上的轴径向复合型甲醇合成塔，该塔床层气流轴径向混合流动情况如图 11-29 所示，相应的甲醇合成流程如图 11-30 所示。

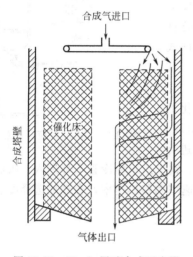

图 11-29　Casale 甲醇合成反应器

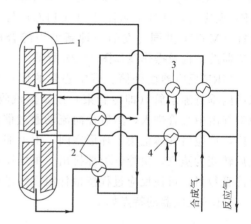

图 11-30　Casale 甲醇合成流程
1—甲醇合成塔；2—废热锅炉；
3—水饱和器；4—冷却器

CaSale 轴径向流动甲醇合成塔的主要结构特点是：环形的催化剂床层顶端不封闭，侧壁不开孔，这样催化剂床层上部气流为轴向流动。床层主要部分气流为径向流动，催化剂筐的外壁开有不同分布的孔，以保证气流均匀流动，各段床层底部封闭。反应后的气体经中心管流至反应器外部的换热器换热，以回收热量。由于不采用直接冷激而采用反应器外部热控，各段床层出口甲醇浓度不下降，所需床层段数较少。

该反应器的床层压降小，可使用小颗粒催化剂，同时可增加床层高度，减少反应器壁厚，使制造费用降低。

Casale 轴径向反应器与 I. C. I. 冷激型甲醇合成塔相比，轴径向反应器投资少，催化剂用量少，同时简化了控制流程。

以上介绍的甲醇合成塔均为固定床气固催化剂合成塔，该类合成塔有一个共同点即合成气单程转化率和合成塔出口甲醇浓度低，影响了甲醇合成的经济性。因此，国内外学者正在积极寻找一种更经济、更合理的甲醇合成新工艺。

二、水冷凝器

水冷凝器的作用是用水迅速冷却合成塔出口的高温气体，使气体中甲醇和水蒸气冷凝成液体，同时未反应的不凝性气体温度也得到了降低。冷凝量的多少与气体冷却后的压力和温度有关，在低压法合成甲醇中，冷却后气体中的甲醇含量为 0.6% 左右，高压法时小于 0.1%。

合成水冷后的气体温度会影响气体中甲醇和水蒸气的冷凝效果。随着合成水冷后气体温度的升高，合成气中未被冷凝分离的甲醇含量相应增加，这部分甲醇不仅增加了循环压缩机的动力消耗，而且在合成塔内会抑制反应向生成物方向移动。反之，随着合成水冷后气体温度的降低，甲醇的冷凝效果会相应提高，但是当气体温度降至 20℃ 以下时，甲醇的冷凝效果提高并不明显。因此，一味追求过低的水冷温度很不经济，这样不仅需要提高水冷凝设备的要求，而且还要增加冷却水的消耗量。

一般在操作时控制合成水冷后的气体温度在 20～40℃。

甲醇合成气的水冷凝器一般有三种形式，即喷淋式（即水冷排管）、套管式和列管式。

1. 喷淋式水冷凝器

如图 11-31 所示，这种水冷凝器是将蛇管成排地固定在支架上，蛇管的排数根据所需传热面积的多少而定。气体在管内流动，自最下管进入，由最上管流出。冷却水由蛇管上方的喷淋装置均匀地喷洒在各排蛇管上，并沿着管外表面淋下。冷却水在各管表面上流过时，使管内气体得到冷却。

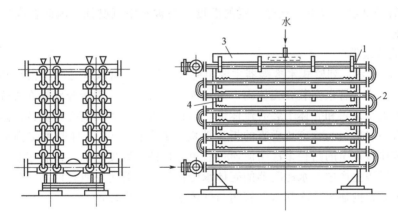

图 11-31　喷淋式冷凝器
1—直管；2—U 形管；3—水槽；4—齿形槽板

这种水冷凝器的特点如下。

① 结构简单，特别是检修和清洗比较方便，对水质的要求也不高。

② 这种水冷凝器通常置于室外通风处，冷却水在空气中汽化时可以带走部分热量，提高了冷却效果，减少了冷却水用量。

但是，这种水冷凝器也有不足之处如下。

① 喷淋不易均匀。

② 冷却效果受环境条件如气温、气压影响较大。

③ 因有水部分蒸发，导致厂房附近长年蒸汽迷漫，恶化操作环境，对设备和管道有腐蚀作用。

④ 废热无法利用。

2. 套管式水冷凝器

如图 11-32 所示，套管换热器是由两种直径不同的直管套在一起组成同心套管，然后将

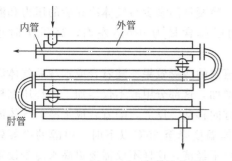

图 11-32　套管换热器

若干段这样的套管连接而成。每二段套管称为一程，程数可根据所需传热面积的多少而增减。内管为高压管，外管为低压管。高温气体走内管，冷却水在内管与外管形成的环隙中流动。冷却水与高温气体做逆流流动，而且速度很快，因此传热效果很好。

该水冷凝器的优点是结构简单，能耐高压，传热面积可根据需要增减。

但该水冷凝器也存在一些不足之处。

① 管子接头多，易发生泄漏。

② 占地面积大，单位传热面积的金属耗用量大。

③ 检修清洗不方便，给生产带来麻烦。为了经常清洗套管间的污垢和淤泥，在每排套管底部的水入口处装有一根氮气管线，定期通入氮气，以冲洗污垢。如果长期不吹洗，污垢较厚也比较坚实，再通入氮气也不易清洗干净，一般只有停车时打开套管端部的盖板，用钢刷刷洗，或大修时将高压管抽出，进行彻底的清洗。

④ 高压管长期浸在水中，且有一定的温度，易被水中氧腐蚀，因此在高压管的外壁应采取防腐措施。

3. 列管式冷凝器

如图 11-33 所示，列管式水冷凝器主要由壳体、管束、管板（对称花板）和顶盖（对称封头）等部件组成。管束安装在壳体内，两端固定在管板上，管板分别焊在外壳的两端，并在其上连接两盖。顶盖和壳体上装有流体进、出口接管。为了提高壳程流体的速度，往往在壳体内安装一定数目与管束相垂直的折流挡板（简称挡板），这样既可提高流体速度，同时迫使壳程流体按规定的路径多次错流通过管束，使湍动程度增加，以利于管外对流传热系数的提高。在甲醇生产中，水冷凝器的壳体承受低压，列管为小直径的高压管，两端为高压封头。气体由列管内通过，冷却水在管间与气体是交错逆向流动。

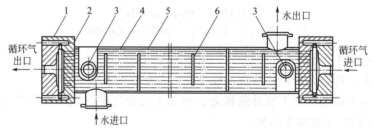

图 11-33　列管式水冷凝器

1—顶盖；2—管板；3—视孔；4—外壳；5—列管；6—挡板

列管式水冷凝器的优点是结构紧凑，单位体积的传热面积较大，占用场地小，传热效率高。但这种冷凝器的结构比较复杂，而且存在不易清洗的缺点，在生产中定期用酸洗清除污垢。

三、甲醇分离器

甲醇分离器的作用是将经过水冷凝器冷凝下来的液体甲醇进行气液分离，分离出的液体甲醇从分离器底部减压后送粗甲醇贮槽。常用的甲醇分离器结构如图 11-34 所示。

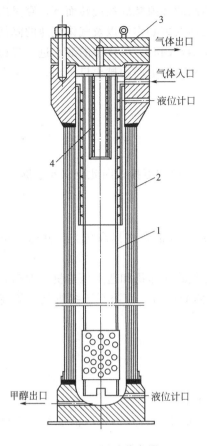

图 11-34　甲醇分离器
1—内筒；2—外筒；3—顶盖；
4—钢丝网

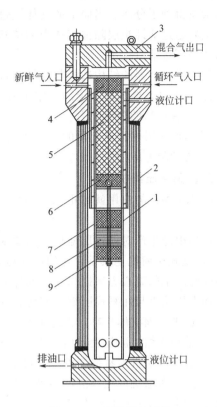

图 11-35　活性炭过滤器
1—内筒；2—外筒；3—顶盖；4—玻璃棉；
5—活性炭；6—砾石；7,9—ϕ25mm×
25mm×0.5mm 钢环；8—过滤网

　　甲醇分离器由外筒和内筒两部分组成。内筒外侧绕有螺旋板，下部有几个进气圆孔。气体从甲醇分离器上部切线进入后，沿螺旋板盘旋而下，从内筒下端的圆孔进入筒内折流而上，由于气体的离心作用与回流运动以及进入内筒后空间增大，气流速度降低，使甲醇液滴分离。气体再经多层钢丝网，进一步分离甲醇雾滴，然后从外筒顶盖出口管排出。液体甲醇从分离器底部排出口排出，筒体上装有液位计。

　　甲醇分离器的分离效率不但关系到产品的收率，而且关系到甲醇合成塔的操作和产量，所以应设计和选择分离效率较高的甲醇分离器。

四、滤油器

　　滤油器的作用就是除去新鲜合成气体和循环气中所夹带的油分、水分及其它杂质，以免带入合成塔使催化剂中毒。如果甲醇生产中所使用的往复式循环机采用无油润滑的技术或使用透平循环机等，则可以取消滤油器。

　　滤油设备很多，下面介绍一种活性炭过滤器，其结构如图 11-35 所示，由高压外筒和内筒两部分组成。外筒上部有两个径向对应的进气口，分别连接新鲜气与循环气，顶盖上有一个气体出口，筒体上有排油口与液位计接口。内筒共分六层，自下而上分别装钢制鲍尔环、高效不锈钢丝网、钢制鲍尔环、砾石、活性炭和超细玻璃棉。

气体由上都进入活性炭过滤器后,沿外筒与内筒间的环隙螺旋板旋转而下,穿过内筒下部的圆孔进入内筒,折流而上,此时由于气体螺旋运动的离心作用以及气体流速的降低,油水等杂质得到了分离。当向上的气体经过钢环、不锈钢丝网时,气体中的油水进一步得到了清除,最后通过活性炭层除去气体中的羰基化合物后,从内筒上面的排出口排出,分离下来的油水从底部排油口排出。

活性炭过滤器的结构选择与设计应符合如下要求。

① 壳体必须能承受一定的工作压力。

② 应有较高的分离能力。

③ 活性炭吸附量是有限的,当达到饱和时应进行再生和更换,因此要求易于拆装。

④ 流动阻力应小。

五、循环压缩机

循环压缩机的作用就是把未反应的氢气与一氧化碳等混合气提高压力,并送回甲醇合成塔。

根据甲醇生产对循环压缩机制的要求,常选用往复式压缩机和透平压缩机(即离心压缩机)。往复式压缩机是依靠活塞的往复运动来提高气体的压力,而透平压缩机是依靠高速旋转的叶轮产生的离心力来提高气体的压力。

透平压缩机与往复式压缩机相比有许多优点。

① 透平压缩机体积小,占地也小。

② 透平压缩机流量大,供气均匀,调节方便。

③ 透平压缩机内易损部件少,可连续运转且安全可靠。

④ 透平压缩机因无润滑油污染气体,有利于保护催化剂,并可以取消往复压缩机所需的油过滤器,简化了工艺流程。

工程示例:同煤集团煤气厂5万吨/年甲醇合成工艺流程

一、工艺流程

压缩机送来的新鲜气与循环机增压的循环气混合进入滤油器,经中间换热器预热至200~230℃,进入合成管内进行反应。

反应后气体温度约为230~260℃,然后进入中间换热器管程与入塔气进行换热,温度降至约87℃左右,再经水冷器冷却,气液混合物进入甲醇分离器进行分离,气体从上部排出,微量甲醇被冷凝分离下来进入水洗塔,水洗塔为浮阀塔,气体由塔底进入与塔顶喷淋的脱盐水逆流接触,未分离的粗醇被脱盐水吸收由塔底经减压阀排出,气体由水洗塔顶部分两路:一路未反应的气体送回循环机进口,经循环机加压后与新鲜气混合,进入下一个循环。另一路经减压阀减压后送往煤气系统供城市煤气。分离器、水洗塔下部经减压阀减压后的液体一并进入粗甲醇贮罐,高压下溶解的少量气体在此闪蒸,闪蒸气经减压阀减压后送往煤气系统。

甲醇合成塔管间环隙通过汽包给水泵补入蒸汽,反应器与汽包通过上升管及下降管相连接,形成一个独立的蒸汽发生系统。汽包蒸汽出口管线设有压力控制阀,通过保持蒸汽压力来控制催化剂床层反应温度的恒定。

合成塔还装有一个开车用的蒸汽加热系统,由一个蒸汽喷射器及循环水管组成,开工用中压蒸汽以喷射器进入合成塔壳程,带动炉水循环升温,以保证管内催化剂达到所需温度。

二、工艺指标

1. 温度

入塔气200~230℃;出塔气230~260℃;进水冷器合成气87℃;出水冷器合成气

40℃；合成塔催化剂热点温度初期（230±5）℃，末期260±5℃，塔壁温度250～255℃。

2. 压力

入塔气压力≤5.3MPa；系统压差≤0.3MPa；合成塔压差≤0.1MPa；升降压速率≤0.4MPa/min；放醇压力≤0.45MPa；汽包蒸汽压力2.5～3.9MPa；开工蒸汽压力2.5～4.0MPa。

3. 气体成分

(1) 补充气：$(H_2-CO_2)/(CO+CO_2)=2.1$。

(2) 入塔气：$(H_2-CO_2)/(CO+CO_2)=4.3$。

(3) 循环气惰性气体含量$<4\%～5\%$。

(4) 新鲜气：$H_2=60.2\%$；$CO=26\%$；$CO_2=2.6\%$。

入塔气：$H_2=44.3\%$；$CO=14.6\%$；$CO_2=3.7\%$。

循环气：$H_2=42.3\%$；$CO=13.2\%$；$CO_2=3.9\%$。

4. 液位

汽包液位40%～70%；醇分液位1/3～1/2；粗醇贮罐液位50%～70%。

三、操作规程

1. 开车

① 系统用氮气充压至1.0MPa。

② 打开开工用中压蒸汽导淋阀，排尽冷凝水，关闭导淋阀。

③ 汽包加水液位至1/3～1/2。

④ 打开开工用蒸汽开始加热管内催化剂，待温度升至220℃时，联系压缩机工段送气，开水冷器。

⑤ 待醇分液位至1/3～1/2时开放醇阀。

⑥ 如临时停车时间短，催化剂温度下降不多，用蒸汽加热后可直接接气生产。

2. 停车

① 新鲜气停止补入后，循环机只进行系统循环。

② 关闭塔后放空阀。

③ 按降温速率指标，合成塔循环降温。

④ 当温度降至活性温度以下，关汽包蒸汽出口阀，停止汽包上水。

⑤ 降温到80℃时，停循环机，停冷却回水，系统卸压。

⑥ 排完汽包和管间的水和蒸汽。

⑦ 用氮气置换，氮气含量≥99.5%为合格。

注意：新鲜气停止补入后，放醇阀应逐渐关小，合成温度降至活性温度以下，直至液位为零时，关闭放醇阀。系统检修时，把醇分、闪蒸槽的粗甲醇全部放入精馏粗醇槽。

3. 临时停车

因外部或内部原因不能维持生产时，可做暂时停车处理，此时催化剂层温度不下降或少下降，以便于消除工作故障尽快恢复生产。

① 联系压缩机，切断新鲜气补入。

② 关闭塔后放空及关闭各取样阀。

③ 循环机通过近路阀进行循环或停机，停止汽包加水。

④ 若停车不封塔，可通过循环机进行系统循环，利用蒸汽加热维持炉温。

思 考 题

1. 甲醇合成的基本原理是什么?
2. 工业用甲醇合成催化剂有哪些?
3. 甲醇合成的工艺条件是什么?
4. 简述低压法甲醇合成。
5. 温度对甲醇合成有何影响? 压力对甲醇合成有何影响?
6. 空速对甲醇合成有何影响?
7. 简述铜基催化剂的制备方法。
8. 甲醇合成的主要设备有哪些?

第十二章　粗甲醇的精制

粗甲醇精制工序的目的就是脱除粗甲醇中的杂质，制备符合质量标准要求的精甲醇。粗甲醇精制为精甲醇，主要采用精馏的方法，并根据粗甲醇的组成，在精制过程中，还可能采用化学净化与吸附等方法，其整个精制过程工业上习惯称为粗甲醇的精馏。

第一节　粗甲醇精制的原理

一、粗甲醇的组成

甲醇合成的生成物与合成反应条件有密切的关系，虽然参加甲醇合成反应的只有 C、H、O 三种，但是由于甲醇合成反应受合成条件如温度、压力、空间速度、催化剂、反应气的组成及催化剂中微量杂质等的影响，在生产甲醇的同时，还伴随着一系列副反应。由于 $n(H_2)/n(CO)$ 比例的失调、醇分离差及 ZnO 的脱水作用，可能生成二甲醚；$n(H_2O)/n(CO)$ 比例太低，催化剂中存在碱金属，有可能生成高级醇；反应温度过高，甲醇分离不好，会生成醚、醛、酮等羰基化合物；进塔器中水汽浓度高，可能生成有机酸；催化剂及设备管线中带有微量的铁，就可能有各种烃类生成；原料气脱硫不尽，就会生成硫醇、甲基硫醇，使甲醇呈异臭。因此，甲醇合成反应的产物主要是由甲醇以及水、有机杂质等组成的混合溶液，称为粗甲醇。

粗甲醇的组成是很复杂的，用色谱或色谱-质谱联合分析的方法将粗甲醇进行定性、定量分析，可以看到除甲醇和水以外，还含有醇、醛、酮、酸、醚、酯、烷烃、羰基铁等几十种微量有机杂质。

粗甲醇中杂质组分的含量多少可看作衡量粗甲醇的质量标准。显然，精甲醇的质量和精制过程中的损耗与粗甲醇的质量关系极大。从精制角度考虑，甲醇在合成中副反应越少，粗甲醇的质量越好，这样就容易获得高质量的精甲醇，同时又降低了精制过程中物料和能量的消耗。

粗甲醇的质量主要与所使用的催化剂有关，铜系催化剂的选择性较好，反应压力低，温度也低，副反应少，所以制得的粗甲醇的杂质较少，特别是二甲醚的产量大幅度下降，高锰酸钾值显著提高。因此，近年来新发展的甲醇厂均为中、低压法，采用铜系催化剂。

粗甲醇中各组分按沸点顺序排列见表 12-1。

表 12-1　按沸点顺序排列的粗甲醇组分

组　分	沸点/℃	组　分	沸点/℃	组　分	沸点/℃
二甲醚	−23.7	甲醇	64.7	异丁醇	107.0
乙醛	20.2	异丙烯醚	67.5	正丁醇	117.7
甲酸甲酯	31.8	正己烷	69.0	异丁醚	122.3
二乙醚	34.6	乙醇	78.4	二异丙基酮	123.7
正戊烷	36.4	甲乙酮	79.6	正辛烷	125.0
丙醛	48.0	正戊醇	97.0	异戊醇	130.0
丙烯醛	52.5	正庚烷	98.0	4-甲基戊醇	131.0
醋酸甲酯	54.1	水	100.0	正己醇	138.0
丙酮	56.5	甲基异丙酮	101.7	正壬烷	150.7
异丁醛	64.5	醋酐	103.0	正癸烷	174.0

甲醇作为有机化工的基础原料，用它加工的产品种类比较多，有些产品生产需要高纯度的甲醇，如生产甲醛是目前消耗甲醇较多的一种产品，甲醇中如果含有烷烃，在甲醇氧化、脱氢反应时由于没有过量的空气，便生成炭黑覆盖于银催化剂的表面，影响催化作用；甲醇中的杂质高级醇可使生产的甲醛产品中酸值过高；即便是性质稳定的水，由于甲醇蒸发气化时水不易挥发，在发生器中浓缩积累，使甲醇浓度降低，引起原料配比失调而发生爆炸。再如，用甲醇和一氧化碳合成乙酸，甲醇中如果含有乙醇，则乙醇能与一氧化碳生成丙酸而影响乙酸的质量。些外，甲醇还被用作生产塑料、涂料、香料、农药、医药、人造纤维等甲基化的原料，都可能由于这些少量杂质的存在而影响产品的纯度和产品的性能，因此粗甲醇必须进行精制。

二、粗甲醇精制的要求及方法

1. 精制要求

将粗甲醇进行精制可以清除其中的杂质，但要将粗甲醇中的杂质全部清除是不可能的，经过精制精甲醇中杂质含量极微，并不影响精甲醇的使用价值，可以将其视为纯净的甲醇。优质甲醇的指标集中表现在沸程短、纯度高、稳定性好、有机杂质含量极少，一般精甲醇中各组分含量应在表 12-2 所示的范围之内。

表 12-2 精甲醇中各组分含量

组　　分	含量/%	组　　分	含量/%
甲醇	99.66～99.98	甲基	痕量～0.00083
甲乙醚	痕量～0.00006	丙烯醛	0.00070
乙醛	0.00027～0.00065	丙酸甲酯	0.0005～0.00370
二甲氧基甲烷	0.00313	丁酮	0.0014～0.00370
甲酸甲酯	0.0003～0.00077	二甲醚	痕量～0.00254
丙醛	0.0007～0.00270	乙醇	0.002～0.03
1,2-二甲氧基乙烷和异丁醛	0.0004～0.0010	油醛	0.00048

精甲醇中可能含有痕量的金属，如铁、锌、铬、铜等，这些杂质是由萃取蒸馏加水、催化剂尘粒及设备和管道污物带入的，如将这些金属换算成氧化物，含量一般不超过 $(1～4)×10^{-6}$。

2. 精制方法

根据粗甲醇中杂质的分类及精甲醇的质量要求，工业上粗甲醇的精制大致采用如下两种方法。

（1）物理方法——蒸馏　利用粗甲醇中各组分的挥发度（或沸点）不同，通过蒸馏的方法，将有机杂质、水和甲醇混合液进行分离，这是精制粗甲醇的主要方法。用精馏的方法将混合液提纯为纯组分时，根据组分的多少，需要一系列串联的精馏塔，对 n 元系统必需 $(n-1)$ 个精馏塔，才能把 n 元的混合液分离为 n 个纯的组分。粗甲醇为一多元组分混合液，但其有机杂质一般不超过 0.5%～6.0%，其中关键组分是甲醇和水，其它杂质根据沸点不同可分为轻组分和重组分，而精制的最终目的是将甲醇与水有效地分离，并在精馏塔相应的顶部和下部将轻组分和重组分分离，这样就简化了精馏过程。

由于粗甲醇中有些组分间的物理、化学性质相近，不易分离，就必须采用特殊蒸馏，如萃取蒸馏，粗甲醇中的某些组分如异丁醛与甲醇的沸点接近，很难分离，可以加水进行萃取蒸馏，甲醇与水可以混溶，而异丁醛与水不相溶，这样挥发性较低的水可以改变关键组分在液相中的活度系数，使异丁醛容易除去。

（2）化学方法　当采用蒸馏的方法仍不能将其杂质降低至精甲醇的要求时，则需采用化学方法破坏掉这些杂质。如粗甲醇中的还原性杂质虽利用萃取蒸馏的方法分离，但残留在甲醇中的部分还原性杂质仍影响其高锰酸钾值，若继续采用蒸馏的方法，势必造成精馏设备的复杂性并增加甲醇损失及能量消耗。为了保证精甲醇的稳定性，一般要求其中还原性杂质小于 40mg/kg。所以当粗甲醇中还原性杂质较多时，还需采用化学氧化方法处理，氧化方法一般是采用高锰酸钾进行氧化，将还原性杂质氧化成二氧化碳逸出，或生成酯并结合成钾盐与高锰酸钾泥渣一同除去。

为了避免甲醇的损失，氧化温度不宜超过 30℃，但温度也不能太低，否则氧化还原反应速率太慢。由于甲醇可能被氧化，工业上为减少甲醇与高锰酸钾的接触机会，常常在粗甲醇进行初次蒸馏使还原性物质量著减少以后，才进行高锰酸钾氧化处理。

为了减少精制过程中粗甲醇对设备的腐蚀，粗甲醇在进入精制设备前，要加入氢氧化钠中和其中的有机酸。

有时为有效清除粗甲醇中的某些杂质，降低其电导率，也有采用加入其它化学物质以及离子交换的方法进行化学处理。

上述两种精制粗甲醇的方法，以蒸馏方法为主，除去粗甲醇中绝大部分的有机物和水，而化学净化方法的应用要取决于粗甲醇的质量是否要求。在工业生产上，无论采用何种催化剂、原料气和合成条件制得的粗甲醇，都含有一定量的有机杂质和水，要通过蒸馏的方法使其与甲醇分离，因此，蒸馏方法是必不可少的；另外粗甲醇一般呈酸性，需要用碱中和。是否需用化学方法进行处理，取决于粗甲醇还原性杂质的含量。一般用锌铬催化剂以水煤气为原料合成的粗甲醇，还原性杂质含量较高，可能需要用高锰酸钾进行氧化，才能获得稳定性较好的精甲醇。而用铜系催化剂合成的粗甲醇，还原性杂质含量较低，不进行化学方法净化也能获得高稳定性的精甲醇，从而简化了精制工艺过程。

传统的在 30MPa 压力下使用锌铬催化剂制取的粗甲醇，常常按以下顺序进行精制。

① 加碱中和（化学方法）。

② 脱除二甲醚（物理方法）。

③ 预精馏（加水萃取蒸馏），脱除轻组分（物理方法）。

④ 高锰酸钾氧化（化学方法）。

⑤ 主精馏，脱除重组分和水，得到精甲醇（物理方法）。

以上精制过程是以蒸馏为主兼有化学净化的物理、化学精制粗甲醇的方法。

随着催化剂及合成条件的改进，粗甲醇的质量得到改善，现代工业上粗甲醇的精制过程已取消高锰酸钾的化学净化方法，而主要采用精馏过程。在精馏之前，用氢氧化钠中和粗甲醇中的有机酸，使其呈弱碱性，pH 为 8～9，可以防止工艺管路和设备的腐蚀，并促进胺类与羰基化介物的分解，通过精馏可以脱除轻组分、重组分和水。粗甲醇中的某些组分如异丁醛，其沸点与甲醇的沸点相近，可加水进行萃取精馏。

第二节　粗甲醇精馏的工艺流程

工业生产上粗甲醇精馏的工艺流程因粗甲醇合成方法不同而有所差异，其精制过程的复杂程度也有一定差别，但基本原理是一致的。首先，利用蒸馏的方法在蒸馏塔的顶部脱除比甲醇沸点低的轻组分，这时也可能有部分高沸点的杂质与甲醇形成共沸物，随轻组分一起从塔顶除去，在塔的底部或底侧除去水和重组分，从而得到纯净的甲醇组分。其次，根据精甲醇对稳定性或其它特殊指标的要求，采取必要的辅助方法。

目前，随着甲醇原料气、催化剂、粗甲醇合成条件的不断改进，粗甲醇的精馏过程相应有较大的改变。加上新型精馏设备的应用，对工艺流程也产生一定影响。在确定精甲醇精馏的工艺流程时，应对这些条件进行综合考虑，合理选择适当的精馏工艺流程。

在制定粗甲醇精馏的工艺流程时，应考虑如一下问题。

① 根据粗甲醇质量的好坏制定不同的精馏工艺流程。早期甲醇工艺采用锌铬催化剂合成粗甲醇的高压法，获得的粗甲醇质量较差，所以精制方法采用了精馏和化学净化相结合，比较复杂。目前世界上新建的甲醇工厂都采用了铜系催化剂，中、低压法合成甲醇，国内也相继采用了铜系催化剂，改善了粗甲醇的质量。试验证明，粗甲醇的杂质含量主要取决于催化剂本身的选择性，而反应温度、反应压力对其影响并不显著。表 12-3 列出了铜系催化剂在不同温度、压力下合成的粗甲醇杂质含量。

表 12-3 不同条件下合成粗甲醇（铜系催化剂）的杂质含量

合成压力/MPa	含量(质量分数)/%					
	200℃	220℃	240℃	260℃	280℃	300℃
5	0.1	0.2	0.3	0.4	0.4	0.5
7	0.1	0.2	0.3	0.5	0.7	0.8
10	0.1	0.3	0.3	0.4	0.6	0.8
15	0.1	0.2	0.2	0.3	0.5	0.6
20	0.1	0.2	0.2	0.4	0.6	0.8

由表 12-3 可知，铜系催化剂合成的粗甲醇杂质含量一般小于1％，仅为锌铬催化剂的十分之一左右，不必再用化学净化方法进行处理，这样就降低了精馏塔的负荷，并可缩小精馏塔尺寸和减少蒸馏过程的热负荷。目前工业生产上一般采用双塔流程就能获得优级工业甲醇产品。

② 在简化工艺流程时，应考虑甲醇产品质量的特殊要求及蒸馏过程中甲醇的回收率。

当精甲醇的质量对乙醇杂质含量有严格要求时（小于 10mg/kg），或要求水分脱除干净以及其它苛求的质量指标时，为了改善了粗甲醇的质量，就需要较复杂的精馏方法。同时为了降低这些杂质含量，常常容易造成产品甲醇的流失，从而降低了甲醇的收率。所以为了减少甲醇的损失，同时又确保甲醇产品的质量，就必须增加工艺流程的复杂程度。

③ 降低蒸馏过程的热负荷。精馏过程的能耗很大，且热能利用率很低，在能源极其宝贵的今天，粗甲醇的精馏也应向着节能方向发展。除改善粗甲醇质量，降低其分离难度，达到减少热负荷以外，在工艺流程中还应采取回收废热的措施、采用加压多效蒸馏等，在选用新型精馏设备时，要充分考虑其有效分离高度，以减少回流比等。

④ 蒸馏工艺操作集中控制。实现全系统计算机自动控制，维持最佳工艺操作条件，使产品质量稳定地达到优等标准，提高产量及甲醇收率，降低能耗。

⑤ 重视副产品的回收。粗甲醇中的有些杂质是有用的有机原料，因此在工艺流程中，应考虑副产品的回收。

⑥ 环境保护。粗甲醇中的许多有机杂质是有毒的，无论是排入大气还是流入水体，都会造成环境污染。因此在工艺流程中，应重视排污的处理，从而保护环境。

一、带有高锰酸钾反应的精馏流程

用锌铬催化剂在 30MPa 压力下合成的粗甲醇，由于在高温高压下合成，所产生的粗甲醇中杂质相应增加，尤其是还原性物质明显增加，因此在粗甲醇精制时需特别注意处理其中的还原性物质。图 12-1 为带有高锰酸钾反应的精馏流程，这也是传统的粗甲醇精馏工艺流程。

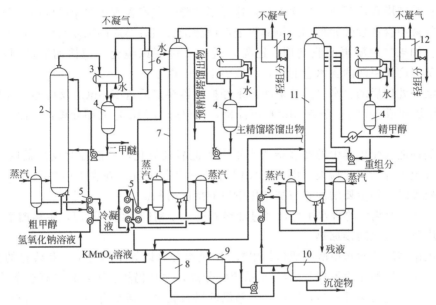

图 12-1　传统粗甲醇精馏工艺流程图
1—再沸器；2—脱醚塔；3—冷凝器；4—回流罐；5—热交换器；6—分离器；7—预精馏塔；
8—反应器；9—沉淀槽；10—压滤器；11—主精馏塔；12—液封

带有高锰酸钾反应的精馏流程步骤如下：中和、脱醚、预精馏脱轻组分杂质、氧化净化、主精馏脱水和重组分，最终得到精甲醇产品。

先用 7%～8% 的 NaOH 溶液中和粗甲醇中的有机酸使呈弱碱性（pH＝8～9），这样可防止工艺管路和设备的腐蚀，并促进胺类及羰基化合物的分解。中和后的粗甲醇在热交换器中，被脱醚塔釜的热粗甲醇和出再沸器的冷凝水加热后，送脱醚塔的中部。脱醚塔釜由再沸器用蒸汽间接加热，供应塔内的热量。二甲醚、部分被溶解的气体、含氮化合物、羰基铁等杂质，同时夹带了少量甲醇气体由塔顶出来，经冷凝器冷凝后入回流罐，一部分冷凝液回流，由塔顶喷淋，其余用作燃料或回收制取其它产品。不凝性气体经旋风分离器分离后排入大气或作燃料。脱醚塔是在 1.0～1.2MPa 压力下操作，塔釜的温度可达 125～135℃。脱醚塔在加压操作时，组分间的相对挥发度减少，可以减少塔顶有效物的损失。一般经脱醚塔后，粗甲醇中的二甲醚可脱除 90% 左右。

脱醚甲醇由脱醚塔底出来经换热器被预精馏塔底液体和再沸器的冷凝水加热后，由预精馏塔的上部进入，在预精馏塔顶加入冷凝水或软水进行萃取精馏，主要是分离不易除去的杂质，加水后，由于水的挥发性较低，改变了关键组分在液相中的活度系数。加水量根据粗甲醇中的杂质含量而定，一般为粗甲醇量的 10%～12%。

预精馏塔一般有 40 块以上的塔板，经精馏以后，轻组分和未脱除干净的二甲醚、残余不凝性气体从塔顶出来，同时少量甲醇蒸气、部分重组分如 $C_6 \sim C_{10}$ 的烷烃与水形成低沸点的共沸物也随同带出。从塔顶出来的气体经冷凝器冷凝，其中大部分的甲醇、水汽和挥发性较低的组分被冷凝为液体，冷凝液入回流罐，一部分作为回流由泵送入塔顶喷淋，其余作为废液排出系统，不凝性气体经过水封后排入大气或回收作燃料。

经过预精馏塔精馏以后，二甲醚可脱至 10mg/kg 以下，轻组分杂质大部分可分离出来，要求塔釜含水甲醇的高锰酸钾值达到一定程度（视产品质量等级要求而定），如达不到要求，可采出部分回流液，以降低釜液中轻组分的含量。如果放空气中及排放回流液中损失甲醇过多，也可将精馏塔顶冷凝改为二次冷凝，这样不仅降低釜底含水甲醇中的轻组分杂质，同时在二次冷凝液中含挥发性较低的对甲醇稳定性敏感的轻组分杂质的浓度较大，可大大减少排液的损失。如果二甲醚再回收利用，还需要进一步冷凝以纯化。预精馏塔塔顶温度 $62 \sim 64℃$，塔釜温度视甲醇的含水量而定，一般为 $74 \sim 80℃$。

预精馏塔处理后的含水甲醇从塔底出来经换热器换热后进 $KMnO_4$ 反应器，还原性物质把 $KMnO_4$ 还原成 MnO_2，进入 MnO_2 沉淀槽，使甲醇与 MnO_2 立即分离，沉淀物经压滤器分离出去。

高锰酸钾能氧化甲醇中的许多杂质，粗甲醇也能被氧化，一般控制反应器的温度 30℃左右，以避免甲醇的氧化损失。甲醇的停留时间一般为 0.5h。在含水甲醇中投入固体高锰酸钾进行处理时，相应要增加它与被净化甲醇的接触时间。

经 $KMnO_4$ 净化后的含水甲醇，经过加热器进入主精馏塔的中下部，主精馏塔一般为常压操作，塔釜以蒸汽间接加热。

进入主精馏塔的含水甲醇一般包括甲醇-水-重组分（以异丁醇为主）和残存的少量轻组分，所以主精馏塔的作用不仅是甲醇-水系统的分离，而且仍然有脱除其它有机杂质的作用，是保证精甲醇质量的关键一步，因此，主精馏的塔板较多，通常有 $78 \sim 85$ 块塔板。

从塔顶出来的蒸气中，基本为甲醇组分及残余的轻组分，经冷凝器以后，甲醇冷凝下来，全部返回塔内回流，残余轻组分经塔顶水封清除或排入大气。如精甲醇的稳定性达不到要求，则是因为回流液中的轻组分超标，可采出少量回流液，在高锰酸钾净化前送入系统。

精甲醇的采出口在塔顶侧，有四处，可根据塔的负荷及质量状况调节其高度。一般采出口上端保留 8 块板左右，以确保降低精甲醇的轻组分。精甲醇液采出后，经冷却至常温送至仓库。

在塔下部第 $6 \sim 10$ 块板处，于 $85 \sim 92℃$ 采出异丁基油馏分，其采出量约为精甲醇采出量的 2% 左右。异丁基油含甲醇 $20\% \sim 40\%$，水 $25\% \sim 40\%$，异丁基油经专门回收流程处理之后，得到副产品异丁醇以及残液高级醇，同时回收甲醇。从塔中下部第 30 块板左右处于 $68 \sim 72℃$ 采出重组分，其中含甲醇 96%，水 $1.5\% \sim 3.0\%$，高级醇类 $2\% \sim 4\%$，这里的乙醇浓度比较高。在此采出大部分乙醇可明显降低精甲醇中的乙醇含量，以上采出的组分中，还可能含有少量的其它轻组分杂质，如不采出，有可能逐渐上移，影响精甲醇的高锰酸钾值。

主精馏塔底温度为 $104 \sim 110℃$，排出的残液中主要为水，其中约含 $0.4\% \sim 1\%$ 有机化合物，以甲醇为主，要求残液相对密度不小于 0.996。

残液中虽含醇量很低，但也应与系统中其它含醇的废液排入工厂的污水系统，经净化处理后即可排放。

二、单塔流程

I.C.I. 公司在开发铜系催化剂中低压合成甲醇工艺中采用了单塔流程精制粗甲醇，如

图 12-2 所示。

由于铜系催化剂的使用，甲醇合成中副反应明显减少，粗甲醇中不仅还原性杂质含量大大减少，而且二甲醚的含量几十倍地降低，因此在取消化学净化的同时，采用一台精馏塔就能获得一般工业上所需要的精甲醇，显然，单塔流程对节约投资和减少热能损耗都是有利的。

单塔流程更适用于合成甲基燃料的分离，很容易获得工业上所需要的燃料级甲醇。

三、双塔流程

由于锌铬催化剂的改进，特别是 20 世纪 60 年代后期，铜系催化剂又开始用于甲醇的合成，大大改善了粗甲醇的质量。与此同时，精馏的设备和工艺也进行了一些改进。因此，粗甲醇精馏的工艺流程较传

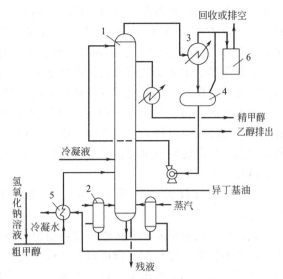

图 12-2　单塔粗甲醇精馏工艺流程
1—精馏塔；2—再沸器；3—冷凝器；4—回流罐；
5—热交换器；6—液封

统工艺流程逐步得到了简化，双塔流程取消了脱醚塔和高锰酸钾的化学净化，只剩下预精馏塔和主精馏塔，它是目前工业上普遍采用的粗甲醇精馏流程，如图 12-3 所示。

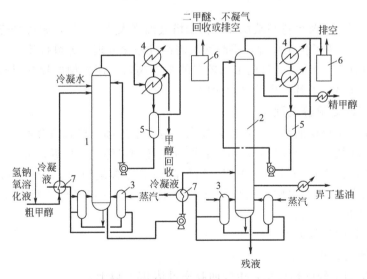

图 12-3　粗甲醇双塔精馏工艺流程
1—预精馏塔；2—主精馏塔；3—再沸器；4—冷凝器；5—回流罐；
6—液封；7—热交换器

在粗甲醇贮槽的出口管（泵前）上，加入含量为 8%～10%NaOH 溶液，使粗甲醇呈弱碱性（pH＝8～9），其目的是为了促进胺类及羰基化合物的分解，防止粗甲醇中有机酸对设备的腐蚀。

加碱后的粗甲醇，经过热交换器用热水（为各处汇集之冷凝水，约 100℃）加热至 60～70℃后进入预精馏塔。为了便于脱除粗甲醇中的杂质，根据萃取原理，在预精馏上部（或进

塔回流管上）加入萃取剂，目前采用较多的是以蒸汽冷凝水作为萃取剂，其加入量为入料量的 20%。预精馏塔底侧有再沸器以蒸汽间接加热，供应塔内的热量。塔顶出来的蒸气（66～72℃）含有甲醇、水及多种以轻组分为主的少量有机杂质，经过冷凝器被冷却水冷却，绝大部分甲醇、水和少量有机杂质冷凝下来。以轻组分为主的大部分有机杂质经塔顶液封槽后放空或回收作燃料。塔底为预处理后的粗甲醇，温度约为 75～85℃。

为了提高预精馏后甲醇的稳定性及精制二甲醚，可在预精馏塔塔顶采用两级或多级冷凝。第一级冷凝温度较高，减少返回塔内的轻组分，以提高预精馏后甲醇的稳定性；第二级则为常温，尽可能回收甲醇；第三级要以冷冻剂冷至更低的温度，以净化二甲醚，同时又进一步回收了甲醇。

预精馏塔板数大多采用 50～60 层，如采用金属丝网波纹填料，其填料总高度应达 6～6.5m。

预处理后的粗甲醇在预精馏塔底部引出，由主精馏塔入料泵从主精馏塔中下部送入主精馏塔，可根据粗甲醇组分、温度以及塔板情况调节进料板。塔底侧设有再沸器，以蒸汽加热供给热源。塔顶部蒸汽出来经过冷凝器冷却，冷凝液流入回流罐，再经回流泵加压送至塔顶进行全回流。极少量的轻组分与少量甲醇经塔顶液封槽溢流后，不凝性气体放空，在预精馏塔和主精馏塔顶液封槽内溢流的初馏物进入事故槽。精甲醇从塔顶往下数第 5～8 块板上采出，可根据精甲醇质量情况调节采出口。经精甲醇冷却器冷却到 30℃以下的精甲醇利用位能送至成品槽，塔下部约 8～14 块板处采出杂醇油，杂醇油和初馏物均可在事故槽内加水分层，回收其中的甲醇，油状烷烃另做处理。塔中部设有中沸点采出口，在此少量采出有助于产品质量提高。

塔釜残液主要为水及少量高碳烷烃，控制塔底温度大于 110℃，相对对密度大于 0.993，甲醇含量小于 1%。为了保护环境，甲醇残液需经过深化处理后方可排放。

主精馏塔板有 75～85 层，目前采用较多的为浮阀塔，而新型的导向浮阀塔和金属丝网填料塔在使用中都显示了其优良的性能和优点。

四、制取高纯度甲醇流程

双塔精馏流程所获得的精甲醇产品，要求甲醇中乙醇和有机杂质含量控制在一定范围内即可。特别是乙醇的分离程度较差，由于它的挥发度和甲醇比较接近，分离较为困难。在一般的双塔流程中，根据粗甲醇质量不同，精甲醇中乙醇含量约为 100～600mg/kg。随着甲醇衍生产品的开拓，对甲醇质量提出了新的要求。为进一步降低乙醇含量（10mg/kg 以下），则需适当改进工艺流程。

改进工艺流程的目的如下。

① 生产高纯度无水甲醇。

② 同时不增加甲醇的损失量，甲醇回收率可达 95%以上。

③ 从甲醇产品中分出有机杂质，特别是乙醇，而不增加甲醇的损失量。

④ 热能的综合利用。

图 12-4 为制取高纯度精甲醇三塔工艺流程图。此流程采用了有效的精馏方法，从粗甲醇分离出水、乙醇和其它有机杂质，以得到高纯度的甲醇，使甲醇含量达到 99.95%。

首先粗甲醇在闪蒸罐中释放出气体（甲烷、氢气等）以及二甲醚和少量甲醇等，闪蒸气在洗涤塔中用循环水洗涤，回收甲醇和二甲醚，不溶解气体在顶部放空。洗涤塔底部的甲醇溶液经过热交换器 3 与第二精馏塔 10 底部出来的萃取水进行热交换，被加热直接进入第一精馏塔 5 顶部，与萃取水汇合后进入塔 5 的顶部下面的第 3～4 块板，此处甲醇溶液一般含

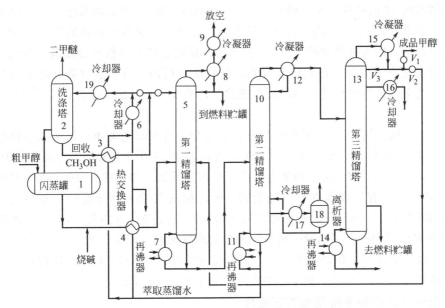

图 12-4　制取高纯度精甲醇三塔工艺流程

甲醇 2%～10%。

　　从闪蒸罐出来的粗甲醇，加入氢氧化钠中和有机酸后，经过换热器 4 被萃取水加热至 60～80℃，进入塔 5。由于塔 5 顶部加入了萃取水，改变了低沸物、高沸物和甲醇的相对挥发度，结果大部分的杂质（除了微量的低沸物和高沸物）从塔顶蒸气中带走。馏出物的温度控制在 60～70℃。塔顶蒸气在冷凝器 8 中部分冷凝以后，再在冷却器 9 中进一步冷却到常温。二甲醚和其它不凝性气体同少量的甲醇由冷却器 9 出口排放掉，冷凝液大部分返回塔 5 进行回流，采出约占进料 1.0%～3.5% 的馏出液送燃料贮罐。这样粗甲醇中大部分的低沸物和一部分高沸物被脱除掉，第 1 精馏塔 5 的操作压力一般为 0～3.5MPa。

　　第一精馏塔的釜底液一般含甲醇 15%～35%，温度 70～90℃，送入第二精馏塔 10 的中部，塔 10 的操作压力一般也为 0～0.35MPa，在塔 10 内从甲醇中分离出大部分水。塔 10 顶部馏出物的组成对制取高纯度甲醇和减少甲醇的损失是很重要的，要求塔 10 馏出液含高级醇类很少，一般为 0.32%～2%，其中乙醇应低于 0.2%，而含水量以 0.5%～6% 为宜，否则将影响第三精馏塔 13 的操作。显然，进塔 13 的物料含水量越少，该塔的精制能力越大。

　　第二精馏塔 10 的釜液温度一般为 90～110℃，大约含有甲醇 0～15%、水 85%～100% 以及少量高级醇类和有机杂质，出塔后分为两路流经热交换器 3 和 4，分别预热粗甲醇和从塔 2 出来的洗涤水。从塔 10 下部侧线采出的高沸点杂质中部分是异丁醇和正丁醇，温度一般为 80～95℃，其组成大致是水 55%～75%、油和高级醇类 30%～35%、甲醇 1%～10%，在离析器中分为两层，大部分不溶于水的物质在上层，进行回收利用，下层含有水、甲醇和少量高沸物，作为粗甲醇回收或返回塔 10 的下部。

　　第二精馏塔 10 的气相馏出物主要是甲醇，并含有少量的水和乙醇以及微量的高沸点和低沸点杂质，温度一般为 65～75℃。塔 10 的气相馏出物通过冷凝器 12 部分冷凝成液体，一般为馏出量的 65%～85%，返回塔内回流；未冷凝的馏出物从塔 13 中部的一块塔板上进入。另一种方法是塔 10 的馏出物全部冷凝后大部分返回塔内回流，其余少部分采出送入塔 13。

第三精馏塔 13 的操作压力一般也为 0～0.35MPa。塔 13 的底部温度为 75～90℃，约含 30%～90%甲醇、1%～20%高级醇（包括乙醇）、0.5%其它有机物和低于 50%的水，从塔釜采出一小部分，约为进塔量的 1.3%～14%，以排除乙醇和高级醇以及其它杂质，如果塔釜水的含量超过 50%，则乙醇在塔底得不到浓缩而在塔内上升，这时除在塔釜采出一部分外，还需在塔下部适当的位置（高级醇类浓缩处）侧线进行采出，以排除乙醇和高级醇类及有机杂质。

如果进第三精馏塔 13 的物料中轻组分含量很少，且可以忽略不计时，其塔顶馏出物中甲醇含量最少为 99.95%，温度为 55～80℃，在冷凝器 15 中全部冷凝。冷凝液分为两部分，其比例为（4～5）:1，大部分返回塔内回流，小部分采出，即为成品甲醇。另一种情况，如果进塔 13 物料中含有比较多的轻组分杂质，则冷凝液的绝大部分返回塔顶回流，而少量（约占冷凝量的 0.1%～0.4%）返回塔 5 的中部，再去除轻组分杂质。由塔 13 顶部向下的第4～6 块板采出精甲醇，采出量一般与回流量的质量比为 1:（4～5）。

粗甲醇经过上述方法精馏，所获得的精甲醇纯度可达 99.95%以上，甲醇回收率至少为 90%，最高可达 95%～99%，精甲醇中乙醇含量小于 10mg/kg。

五、双效法三塔粗甲醇精馏工艺流程

精馏过程的能耗很大，且热能利用率很低，为了提高甲醇质量和收率，降低蒸汽消耗，开发了双效法三塔粗甲醇精馏工艺流程。此流程的目的是更合理地利用热量，它采用两个主精馏塔，第一主精馏塔加压精馏，操作压力为 0.56～0.60MPa，第二主精馏塔为常压操作。第一主精馏塔由于加压，使物料沸点升高，顶部气相甲醇液化温度约为 121℃，远高于第二常压塔塔釜液体（主要为水）的沸点温度，将其冷凝潜热作为第二主精馏塔再沸器的热源，这一过程称为双效法。显然，常压塔不需外界供热，从而降低了整个精馏过程的热量消耗。据介绍，双效法三塔流程较双塔流程节约热能 30%～40%。

双效法精馏需要有压力较高的蒸气作热源，而且对受压容器的材质、壁厚、制造也有相应的要求，投资较大，但对于大规模的甲醇生产，从长计议，效益是明显的。

双效法三塔粗甲醇精馏工艺流程如图 12-5 所示。在粗甲醇预热器中，用蒸汽冷凝液将粗甲醇预热至 65℃后，进入预蒸馏塔中进行蒸馏。在预蒸塔中除去粗甲醇中残余溶解气体及低沸物。塔内设置 48 层浮阀塔板（也可以采用其它塔型），塔顶设置两个冷凝器，将塔内

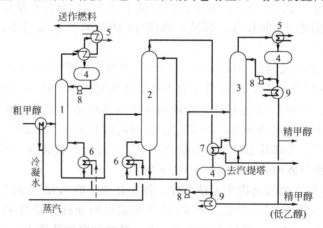

图 12-5 双效法三塔粗甲醇精馏工艺流程

1—预蒸馏塔；2—第一精馏塔；3—第二精馏塔（常压）；4—回流液收集槽；

5—冷凝器；6—再沸器；7—冷凝再沸器；8—回流泵；9—冷却器

上升蒸气中的甲醇大部分冷凝下来，进入回流槽，经回流泵进入预蒸馏塔顶做回流。不凝性气体、轻组分及少量甲醇蒸气通过压力调节后送至加热炉作燃料，预蒸馏塔塔底由低压蒸汽加热的再沸器向塔内提供热量。为防止粗甲醇对设备的腐蚀，在预蒸馏塔下部高温区加入一定量的稀碱液，使预蒸馏后甲醇的 pH 值保持在 8 左右。

从预蒸馏塔塔底出来的预蒸馏甲醇，经第一主精馏塔（即加压塔）进料泵加压后，进入加压塔精馏，加压塔为 85 块浮阀塔。塔顶蒸汽进入冷凝再沸器中，这样即可用加压塔气相甲醇的冷凝潜热来加热第二精馏塔（即常压塔）的塔釜，被冷凝的甲醇进入回流槽，在其中稍加冷却，一部分由加压塔回流泵升压至 0.8MPa 送至加压塔塔顶作回流液，其余部分经加压塔甲醇冷却器冷却到 40℃ 后作为成品送至精甲醇计量槽。

加压塔用低压蒸汽加热的再沸器向塔内提供热量，通过低压蒸汽的加入量来控制塔的操作温度，加压塔操作压力约 0.57MPa，塔顶操作温度约 121℃，塔底操作温度约 127℃。

从加压塔塔底排出的甲醇溶液送至常压塔下部，常压塔也采用 85 块浮阀塔板。由常压塔塔顶出来的甲醇蒸气，经常压塔冷凝器冷凝后进入常压塔回流槽，一部分由常压塔回流泵加压后送至常压塔顶作回流，其余部分经常压塔冷却器进一步冷却后送至精甲醇计量槽。常压塔塔顶操作压力约 0.006MPa，塔顶操作温度约 65.9℃，塔底操作温度约 94.8℃。

常压塔的塔底残液经汽提塔进料泵加压后，进入废水汽提塔，塔顶蒸气经汽提塔冷凝器冷凝后，进入汽提塔回流槽，由汽提塔回流泵加压，一部分送废水汽提塔塔顶做回流，其余部分经汽提塔甲醇冷却器冷却至 40℃，与常压塔采出的精甲醇一起送至产品计量槽。若采出的精甲醇不合格，可将其送至常压塔进行回收，以提高甲醇精馏的回收率。

汽提塔塔底用低压蒸汽加热的再沸器向塔内提供热量，塔底下部设有侧线，采出部分杂醇油，并与塔底排出的含醇废水一起进入废水冷却器冷却到 40℃，经废水泵送至污水生化处理装置。

上述双效法三塔粗甲醇精馏工艺流程具有以下特点。

① 经预蒸馏塔脱除了轻组分杂质后的预后甲醇分离是由两个主精馏塔来完成的。因为加压塔的回流冷凝器也是常压塔塔底的再沸器，所以常压塔没有消耗新的热能，并且加压塔回流冷却水也节省了。在开车中，当加压塔建立回流的同时，应在常压塔建立塔底液面，否则加压塔将无法达到冷凝的目的。

② 加压塔操作压力为 0.57MPa，压力提高，相应塔中液体的沸点也升高。在加压塔中，塔顶 121℃，塔底 127℃，全塔温差仅 6℃，而混合物组分间相对挥发度却减小，且无侧线馏出口，所以为保证产品质量，操作温度应严格控制。

③ 加压塔的回流比、常压塔的负荷以及加压塔压的控制，这三者相互影响又相互牵制，因此在操作中对平衡的掌握也比双塔常压精馏有更高的要求。

第三节　甲醇精馏的主要设备

精馏工序的主要设备有精馏塔、冷凝器、换热器、再沸器、冷却器、输液泵、收集槽及贮槽等，精馏塔是精馏过程中的关键设备。

一、精馏塔

目前工业生产上使用的精馏塔塔型很多，而且随着生产的发展还将不断创造出各种新型塔结构。根据塔内气液接触部件的结构形式，可分为两大类：一类是逐级接触式的板式塔，塔内装有若干块塔板，气液两相在塔板上接触进行传热与传质；另一类是连续接触式的填料塔，塔内装有填料，汽液传质在润湿的填料表面上进行。对传质过程而言，逆流条件下传质平均推动力最大，因此这两类塔总体上都是逆流操作。操作时，液体靠重力作用由塔顶流向塔底排出，气体则在压力差推动下，由塔底流向塔顶排出。

1. 预精馏塔

预精馏塔的主要作用有三个：一是脱除粗甲醇中的二甲醚；二是加水萃取脱除与甲醇沸点相近的轻馏分；三是除去其它轻组分有机杂质。通过预精馏后，二甲醚和大部分轻组分基本脱除干净。

工业生产中粗甲醇的预精馏塔多数采用板式塔，初期为泡罩塔，近年来改用筛板塔、浮阀塔、浮舌塔等新型塔板。

由于粗甲醇中杂质组成复杂，难以定量分析，而且这些杂质的含量也随着成塔的操作条件而改变，这就给预精馏塔的设计计算带来困难。根据工业生产实际经验，为达到预精馏目的，以确保精甲醇的质量，预精馏塔至少需 50 块塔板，预精馏塔塔径由负荷决定，一般为 1~2m，板间距为 300~500mm。按塔的直径大小、板间距的不同，预精馏塔的总高度也不等，大约在 20~30m。预精馏塔的入料口一般有 2~4 个，可以根据进料情况调整入料口的高度，入料口一般在塔的上部。萃取用水一般在预精馏塔顶部或由上而下的第 2~4 块板上加入。

目前新型高效填料塔如丝网波纹填料已应用到甲醇预精馏塔中，运行稳定，此种塔与浮阀塔相比其压力降低，塔总高也低。

2. 主精馏塔

主精馏塔的作用有四个方面：一是将甲醇组分和水及重组分分离，得到产品精甲醇；二是将水分离出来，并尽量降低有机杂质的含量；三是分离出重组分——杂醇油；四是采出乙醇，制取低乙醇含量的精甲醇。

主精馏塔一般采用板式塔，初期也为泡罩型，现已被淘汰。目前多采用浮阀塔，也有筛板塔、浮舌塔及斜孔塔等，较少用填料塔。

根据生产实际经验，塔需要 75~85 层塔板，才能保证精甲醇严格的质量指标，同时达到减小回流比、降低热负荷的节能目的。一般塔径为 1.6~3m，板间距为 300~600mm，塔的总高度约为 35~45m。

主要精馏塔的入料口设 3~5 个，在塔的中下部，可根据物料的状况调节入料高度，精甲醇采出口有 4 个，一般在塔顶向下 5~8 层，为侧线采出，这样保持顶部几层塔板进行全回流，可防止残留的轻组分混入成品中。重组分采出口在塔的下部第 4~14 层塔板处，设 4~5 个采出口，应选择重组分浓集的地方进行采出。乙醇的采出口一般在入料口附近。

二、再沸器

再沸器的结构如图 12-6 所示。再沸器通常采用固定管板式换热器，置于精馏塔底部，用管道与塔底液相连，液体依靠静压在再沸器中维持一定高度的液位。管间通以蒸汽或其它热源使甲醇气化，气体从再沸器顶部进入精馏塔内。

液体在再沸器内处于沸腾状态，存在冲刷与气蚀，所

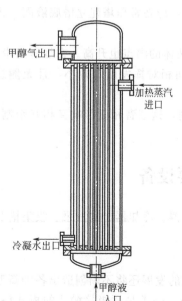

甲醇气出口
加热蒸汽进口
冷凝水出口
甲醇液入口

图 12-6　再沸器结构

以要选择耐腐蚀的材料来制造再沸器。

三、冷凝器

从精馏塔顶出来的甲醇蒸气在冷凝器中被冷凝成液体，作为回流液或成品精甲醇采出。在甲醇精馏中，预塔和主塔冷凝器的结构基本相同，它们有两种形式，一种是用水冷却，一种是用空气冷却。

1. 固定管板式水冷凝器

图 12-7 为水冷却的固定管板式冷凝器。甲醇蒸气在管间冷凝，冷却水走管内。为提高传热效率，冷却水一般分为四程，甲醇蒸气由下部进入，冷凝器的壳程装有挡板，使被冷凝气体折流通过。

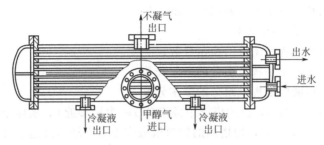

图 12-7　水冷凝器

为了保证甲醇质量，防止冷却水漏入甲醇，冷凝器列管与管板间的密封十分严格，冷凝器的长度一般不得超过 3m，否则要采取温度补偿措施。

2. 翅片式空气冷凝器

在甲醇精馏过程中，要求冷凝液体温度保持在沸点上下，减少低沸点杂质的液化和提高精馏过程中的热效率，常常选用空气冷凝器。

图 12-8 为一般空气冷凝器的结构，列管可以水平安装或略带倾斜。用于甲醇冷凝时，通常进气端稍高，与水平约成 7.5°，鼓风机一般采用大风量低风压的轴流风机，可以置于列管下部或放在侧面。

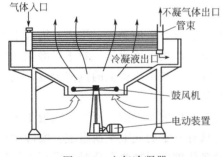

图 12-8　空气冷凝器

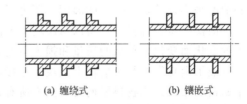

图 12-9　散热翅片的安装方式

为了强化传热，列管上都装有散热翅片，翅片有缠绕式和镶嵌式两种，如图 12-9 所示。缠绕式的翅片缠绕在管壁上，为了增加翅片与管壁的接触面积，通常将翅片根部做 L 形。镶嵌式是在圆心管上切凹槽，将翅片埋在槽内，翅片与圆管的接触较好，但加工费用较高，而且造价也较高。

空气冷凝器的冷凝温度通常要比空气温度高 15~20℃，对于沸点较高的甲醇冷凝比较适用。空气冷凝器的优点是清理方便，不足之处是一次投资大，且振动与噪声也大。

第四节　粗甲醇的精馏操作

一、操作守恒

1. 物料平衡

物料平衡式如下：

$$F = D + W$$
$$Fx_F = Dx_D + Wx_W$$

式中　F——进料量，kmol/h；

　　　D——塔顶出料量（不包括回流），kmol/h；

　　　W——塔顶出料量，kmol/h；

　　　x_F——原料液中易挥发组分的摩尔分数；

　　　x_D——塔顶馏出液中易挥发组分的摩尔分数；

　　　x_W——塔底釜残液中易挥发组分的摩尔分数。

① 若 $Dx_D > Fx_F - Wx_W$，说明塔釜甲醇组分 x_W 含量接近 0，实际上是 $Dx_D > Fx_F$，此时说明塔顶甲醇的采出量太大，使塔内的物料组成变更，全塔温度逐步升高，以致精甲醇产品的蒸馏量降低，产品质量不合格。

② 若 $Dx_D < Fx_F - Wx_W$，说明塔顶甲醇的采出量太小，全塔温度逐步下降，甲醇组分下移，塔釜甲醇组分 x_W 增大，造成甲醇有效组分的损失。

由上述分析可知，物料不平衡将导致塔内操作混乱，从而达不到预期的分离目的。与此同时，热量平衡也将遭到破坏。

2. 气液平衡

气液平衡遵循拉乌尔定律，即：

$$p_i = p_i^0 x_i$$

式中　p_i——溶液上方 i 组分的平衡分压，Pa；

　　　p_i^0——同温度下纯组分 i 的饱和蒸气压，Pa；

　　　x_i——溶液中组分 i 的摩尔分数。

气液平衡主要体现了产品的质量及损失情况，它是靠调节塔的温度、压力及塔板上汽液接触情况来实现的，在一定的温度、压力下，具有一定的汽液平衡组成。对于甲醇精馏塔来说，一般操作压力为常压，所以每层塔板上的温度实际上反映了该板上的汽液组成，其组成随温度变化而变化，产品的质量和损失情况最终也发生改变。

汽液平衡是靠在每块塔板上汽液互相接触进行传热和传质实现的，所以，汽液平衡和物料平衡密切相关。当物料平衡时，全塔所有各塔板上只有一定的气液平衡组成，实际生产中不可能达到平衡，但其平衡程度相对稳定。当馏出量变化破坏了物料平衡时，塔板上温度随之发生变化，汽液组成也发生了改变。物料平衡掌握得好，塔内上升蒸气的速度合适，汽液接触好，则传质效率高，每块塔板上的汽液组成接近平衡的程度就高，即板效率高。塔内温度、压力的变化，也可造成塔板上气相和液相的相对量的改变而破坏原来的物料平衡。例如，塔板温度过低，会使塔板上的液相增加，蒸气量减少，釜液量增加，甲醇组分下移，顶部甲醇量减少。

3. 热量平衡

热量平衡是实现物料平衡和气液平衡的基础，而又依附于物料平衡和气液平衡。例如，进料量和组成发生改变，则塔釜耗热量及塔顶耗冷量均做相应的改变，否则不是回流比过小影响精甲醇的质量，就是回流比过大，造成不必要的浪费。当塔的操作温度、压力发生改变时，塔板上的气液相组成随之变化，则每块塔板上气相的冷凝热量和液相气化热量也会发生变化，最终体现在塔釜供热和塔顶取热的变化上。同样，热量平衡发生了改变也会影响物料平衡和气液平衡。

二、温度的控制

为了控制三个平衡，进行操作调节的参数较多，如压力、温度、组成、负荷、回流量、回流比、采出量等。而经常用以判断精馏塔三个平衡的依据及调节平衡的主要的参数均为精馏塔的温度。塔温随着其它操作因素的变化而变化。

在正常生产情况下，塔的压力变化并不明显，在负荷一定的情况下，塔内具有一定的压力降，但压力降基本稳定。粗甲醇的组成一般也是稳定的，处理负荷也不多变。显然，只有气液平衡稳定，且每块塔板建立在一定的气液组成范围内，才能保证精馏塔的分离效率，而在操作压力一定的情况下，每层塔板上气液组成的变化，首先由温度很敏感地反映出来，所以温度便成为观察和控制三个平衡的主要参数。

在工业生产中，可以通过对塔板上温度的监视来判断塔内三个平衡的变化情况，然后根据情况通过调节手段维持塔板上的温度在一定范围内，达到精馏塔的平衡稳定，精馏塔内的三个平衡实际上是不可能绝对平衡的，每层塔板上的组成（温度）在不断地变化着，但塔的设计允许在一定范围内波动，一旦超出这个范围，就必须使温度（组成）返回到这个范围内，这样就可以保证产品甲醇的质量。图 12-10 表示甲醇精馏塔内温度与甲醇含量沿塔高的分布曲线。由图可知，从塔顶直至塔的中部温度和甲醇含量变化不大，从中部到塔底温度

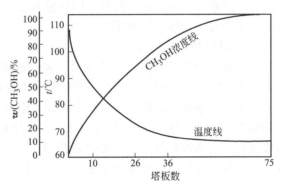

图 12-10　主精馏塔的温度与甲醇浓度分布曲线

和甲醇含量变化较大。精馏塔内温度控制方法如下。

① 塔顶温度。精馏塔塔顶温度是决定甲醇产品质量的重要条件，常压精馏塔一般控制塔顶温度 66～67℃。如在塔内压力稳定的前提下，塔顶温度升高，则说明塔顶重组分增加，使甲醇的沸程和高锰酸钾值超标，这时必须判定是工艺原因还是设备冷凝器泄漏原因。前者往往是因为塔内重组分上升，后者则由于塔外水分被回流液带至塔顶。是工艺原因则应调节蒸汽量和回流量，必要时可减少或暂停采出精甲醇，待塔顶温度正常后再采出产品，以保证塔内物料平衡。如果设备冷凝器泄漏，则应停车消除泄漏点，然后恢复正常生产。

② 精馏段灵敏板温度。由图 12-10 可知，从塔顶直至塔的中部温差很小，塔顶温度变化幅度也很小。而塔中部的温度与浓度变化较大，只要控制在一定范围内，就能保证塔顶温度和甲醇质量。当物料平衡一旦破坏，此处塔温反应最灵敏。因此，往往在这部分选取其中一块板作为灵敏板，以此板温度来控制物料的变化。主精馏塔的灵敏板一般选在自塔底上数第 26～30 块板，温度控制在 70～76℃，可以通过预先调节以保证塔顶乃至全塔温度稳定。在正常生产条件下，这个温度的维持是全塔物料平衡的关键。

③ 塔釜温度。如果塔内分离效果很好，釜液为接近水的单一组分，其沸点约为 106～

110℃（与塔釜压力有关）。维持正常的塔釜温度可以避免轻组分流失，提高甲醇的回收率，也可以减少残液的污染作用。如果塔釜温度降低，往往是由于轻组分带至残液中，或是热负荷骤减，也有可能是塔下部重组分（恒沸物，沸点比水低）过多所造成的。此时需判明情况进行调节，如调节回流（增加热负荷）、增加甲醇采出量（要参考精馏段灵敏板温度）、增加重组分采出等措施，必要时需减少进料量。

④ 提馏段灵敏板温度。当塔底温度过低时再进行调节，往往容易造成塔内波动较大。通常在提馏段选取一块灵敏板，一般选在自下而上第6～8块板，温度控制在86～92℃，可以进行预先调节。温度升高说明重组分上移，温度下降说明轻组分下移，特别是温度降低时，应提前加大塔顶采出或减少进料，必要时增加杂醇油采出，避免甲醇和中沸组分下移到塔釜。

三、进料状况

1. 进料热状况

对一般精馏多用泡点进料，此时精馏、提馏两段上升蒸汽的流量相等，便于精馏塔的设计，甲醇精馏塔也用泡点进料。当塔板有故障时，也可根据精馏段和提馏段的能力，在调节入料高度的同时，辅以改变进料状态，以达到精甲醇要求的质量标准。

进料状态改变时，精、提两段的塔板数将重新分配，同时塔内汽液平衡和温度也将发生变化，要通过调节达到新的平衡。

2. 进料量和进料组成

甲醇精馏塔进料量和组成改变时，都会破坏塔内物料平衡和汽液平衡，引起塔温的波动，如不及时调节，将会导致精甲醇的质量不合格或者增加甲醇的损失。

一般进料量在塔的操作条件和附属设备能力允许范围内波动时，只要调节及时得当，对塔顶温度和塔釜温度不会有显著的影响，只是影响塔内蒸气速度的变化。但进料量的变动宜缓慢进行，否则短时间内，可能造成塔顶、塔釜温度的变化，从而影响精甲醇的质量和损失。进料量变化后，应根据回流比情况考虑调节热负荷，若变化很小可以不改变。当进料量增加时，蒸汽上升速度增加，一般对传质是有利的，但蒸气速度必须小于液泛速度。当进料量减少时，蒸气速度降低，对传质不利，所以蒸气速度不能过低。有时为了保持塔板的分离效率，有意适当增大回流比，以提高塔内上升蒸气速度，提高传质效率，这个方法自然是不经济的，说明精馏塔在低负荷下操作是不合理的。

精甲醇的组成一般是比较稳定的，只是合成催化剂使用的前后期随着反应温度的升高而变化较大。但是预精馏后的含水甲醇中，甲醇浓度总会有小幅度的波动。无论是其中甲醇浓度增加或降低，都会造成塔内物料不平衡，导致轻组分下降或重组分上升，引起塔釜温度降低或塔顶温度升高，增加了甲醇损失或降低了精甲醇的质量。此时若回流比是适宜的，只需对精甲醇的采出量稍做调节就可达到塔温稳定，物料和气液又趋于平衡。如果粗甲醇的组成变化较大时，则需适当改变进料板的位置或是改变回流比，才能保证粗甲醇的分离效率。当合成催化剂后期生产的粗甲醇进行精馏时，有时为确保精甲醇的质量，可将精馏塔进料位置降低，同时适当增大回流比。当然，这样做不仅增加了热能的消耗，甚至塔釜残液的温度和组成也会发生改变。

四、回流比

回流比对精馏塔的操作影响很大，直接关系着塔内各层塔板上物料浓度的改变和温度的分布，最终反映在塔的分离效率上，是重要的操作参数之一。

甲醇主精馏塔的回流比为2.0～2.5。其调节的依据是塔的负荷和精甲醇的质量要求。

当塔的负荷较小时，这时塔板比较富裕，可以选取较低的回流比，这样比较经济，为了保证精甲醇的质量，精馏段灵敏板的温度可以控制略低；反之，则增大回流比，在保证精甲醇质量的同时，为保持塔釜温度，灵敏板温度可控制略低。对粗甲醇精馏，回流比过大或过小都会影响精馏操作的经济性和精甲醇的质量。一般在负荷变动及正常生产条件受到破坏或产品不合格时，才调节回流比，调节后尽可能保持塔釜的加热量稳定，使回流比稳定。在调节回流比时，应注意板式塔的操作特点，防止液泛和严重漏液。

为了降低回流比，减少热负荷，达到经济运行，除了采用较新型的塔板外，适当增加塔板数也是适宜的。在双塔流程中，主精馏塔常常采用85层塔板。

当回流比改变时，必将引起塔内每层塔板上组成和温度的改变，影响精甲醇的质量和甲醇的收率，必须通过调节控制塔内适宜的温度，达到新的平衡。

工程示例：同煤集团煤气厂5万吨/年甲醇的精馏工艺流程

采用双塔精馏工艺流程，塔型为新型垂直筛板塔，年处理量为5.5万吨粗甲醇，产品量为5万吨精甲醇。

用物理精馏的方法，在预塔、主塔中将粗醇反复气化与反复冷凝，使其中的水分、有机杂质及其它无机杂质除去，从而制取合格精甲醇。

一、生产原理

根据粗甲醇中各组分挥发度的不同（甲醇64.7℃、二甲醚-23.6℃、甲酸甲酯20.8℃、甲酸乙酯54℃），以萃取的原理，首先在预塔中加入萃取水脱除出轻馏分，使各种难溶于水的轻馏分有效地分离出来；然后利用甲醇与水及其它有机组分挥发度的不同，在主塔中进行蒸馏。根据甲醇产品质量的要求，在主塔顶部产出合格的精甲醇，在主塔11层、12层、13层、14层、15层其中一层产出杂醇油，在主塔塔底排出残液。

二、工艺流程

1. 工艺气流程

由粗甲醇罐区或由合成过来的粗甲醇进入粗甲醇贮槽A、B，在进入粗甲醇A、B槽前加入适量的碱液，使进入系统的粗甲醇pH值保持在8～9，然后经粗甲醇入料泵加入预塔预热器预热至50℃，从32层、36层、40层其中一层塔板进入预塔，进入预塔的粗甲醇与从预塔塔底再沸器上来的82℃的甲醇蒸气逆流传质传热，气相以65℃出预塔顶，经预塔冷凝器冷却一部分的甲醇液，未能冷却的甲醇蒸气再次进入排气冷凝器，不凝气体经预塔液封槽后，脱除不凝气中少量的甲醇后进放空总管。预塔冷却器冷凝下来甲醇液体进预塔回流槽，以进料量20％～25％加萃取水入预塔回流槽，汇合后经预塔回流泵，从48层塔板进入进行全回流，预塔塔底的液相经主塔进料泵从22层、26层、30层、34层，其中一层塔板进入主精馏塔，与从主塔再沸器上来的105℃的甲醇蒸气传质传热，气相从主塔塔顶以65℃进入主塔冷凝器，主塔冷凝器顶少量的不凝汽放空也进入水封槽，冷却后的甲醇液进入主塔回流槽，经主塔回流泵从塔顶加入部分甲醇液进行回流，其中的部分甲醇可以从泵出口采出，还可以从77层、81层采出精甲醇一同进入精甲醇冷却器，冷却至35℃进入精甲醇贮槽经精甲醇泵送到罐区。

从主塔11层、12层、13层、14层、15层其中一层塔板产出杂醇油，经杂醇油冷却器冷却至40℃送往杂醇油槽。主塔液相至塔底以105℃含1％甲醇的残液产出后，经残液泵直接送到造气工段。

2. 蒸汽流程

来自蒸汽管网经调节阀稳定压力后进入精馏蒸汽管网，由精馏管网来的蒸汽经阀门调节进入预塔、主塔再沸器，从预塔、主塔再沸器换热后的冷凝液经自调阀调节进入蒸汽冷凝液管网送往锅炉。

三、工艺指标

1. 预塔部分

塔底压力 0.08MPa，塔顶压力 0.015MPa，塔底温度（82±3)℃，塔顶温度（65±3)℃，入料温度（35±5)℃，回流温度（45±3)℃，放空温度（35±5)℃，预后相对密度 0.84~0.87，预后 pH 值 8~9，萃取水为入料量的 20%，塔底液位 1/2~2/3，水封槽液位 1/2~2/3，回流液位 1/2~2/3，回流比 0.5~1。

2. 主塔部分

塔底压力 0.08MPa，塔顶压力 0.015MPa，塔底温度（105±3)℃，塔顶温度（65±3)℃，入料温度（80±2)℃，回流温度（35±5)℃，回流压力 0.015MPa，放空温度（35±5)℃，精甲醇产出温度≤35℃，回流液位 1/2~2/3，塔底液位 1/2~2/3，回流比 1.2~1.8，残液相对密度＞0.9931~0.9948，残液醇含量＜1%。

3. 蒸汽部分

蒸汽总管压力 0.5MPa，精馏管网压力 0.45MPa，入预塔压力 0.4MPa，入主塔压力 0.4MPa。

四、操作规程

1. 开车

① 预塔入料。

② 配置浓度为 0.5% 的碱液，将粗甲醇槽内 pH 值调节到 8~9。

③ 启动粗甲醇泵，向预塔加粗甲醇。

④ 打开软水自调阀，将软水加入预塔回流槽，保持液位为 1/2~2/3。

⑤ 开水封槽的补液阀向槽内加软水，使液位达到 1/2~2/3 的位置。

⑥ 当预塔液位加至液位计 2/3 时，停粗甲醇泵。

⑦ 预塔升温。

a. 先缓开蒸汽总阀、排污阀，待管道预热后，开全蒸汽总管自调阀的前后截止阀，将精馏管网压力控制在 0.3MPa。

b. 打开预塔再沸器的蒸汽进口阀、排污阀，排完积水后关死排污阀，以塔内压力及温度上升为依据，调节蒸汽温度、流量使之达到正常工艺指标，将换热后的蒸汽冷凝液通过自调阀送回锅炉回收利用。

c. 塔底液位下降时，再向塔内加粗醇。待回流液位达到 2/3 时，开启预后回流泵向预塔加入回流液作为全回流，并不断加入软水，调节预后相对密度为 0.84~0.87。

d. 严格调节预塔温度和进料流量，通过脱盐水自调阀调节回流槽加水量，确保预后相对密度，合格后向主塔进料。

⑧ 主塔进料与升温

a. 启动主塔入料泵，将预塔塔底甲醇液送入主塔。

b. 当主塔塔底液位在 1/2~2/3 时，开主塔再沸器蒸汽阀，对主塔塔底开始升温。

c. 打开主塔再沸器的蒸汽进口阀、排污阀，排完积水后关死排污阀，以塔内压力及温度上升为依据，调节蒸汽温度、流量使之达到正常工艺指标。将换热后的蒸汽冷凝液通过自调阀送回锅炉回收利用。

⑨ 主塔的调节

a. 根据塔底液位，适当地减少或增大对主塔的进料量。

b. 当主塔回流槽液位达到 2/3 时，启动主塔回流泵向塔内加回流液，并根据回流槽液位情况调节流量。

c. 主塔塔内各点温度达到工艺指标时，进行精甲醇的采出，根据回流量的大小可以少量产出，先放中间槽。

d. 开始采出 20～30min 后，在主塔取样口取样分析合格后，将精甲醇产入精甲醇贮槽。根据各项工艺指标适当地调节产出量。

e. 主塔塔底温度在 105℃ 时，可以适当打开残液排放阀，排入残液经残液泵送至造气工段，再开启杂醇油产出阀，经冷凝器冷却至 40℃ 排入杂醇油槽。

f. 各种入料正常后，将粗甲醇预热器通入蒸汽，将换热后的蒸汽冷凝液通过自调阀送回锅炉回收利用。

2. 停车

① 停粗甲醇泵、碱液泵。

② 当预塔液位下降时，要密切注意预塔的工况。液位低于 1/3 时，停止对主塔的入料，停主塔的入料泵，注意主塔塔底液位，随时减少精甲醇产出。

③ 停止预塔再沸器与粗甲醇预热器蒸汽进口阀，关闭预塔再沸器与粗甲醇预热器蒸汽冷凝液出口自调阀。

④ 停止对主塔再沸器供蒸汽，关闭主塔再沸器蒸汽冷凝液出口自调阀，停止主塔精甲醇的产出。

⑤ 注意常压塔塔底温度下降至 100℃ 时，停止对杂醇油的产出，如塔底液位低于 1/2 时，关闭塔底残液排污阀。

⑥ 待预塔、主塔塔底温度低于 60℃ 时（塔底温度可高于此温度），关闭系统内所有的进口阀。

⑦ 如需停车检修，则应视情况相应处理，然后将检修部位清洗干净，加上盲板，进行检修。

⑧ 夏季停车水封槽液位不得低于 2/3。

⑨ 冬季停车应尽可能排净管道及设备内的积水，做好防冻工作。

五、常见的事故处理

1. 预塔塔底液位低的原因及处理方法

原因：①入料量小；②蒸汽量大，引起液泛；③预后量大；④粗醇泵故障；⑤液位指示失灵；⑥合成闪蒸槽排液量小。

处理：①增大入料量；②减小蒸汽量；③减小预后量；④倒备泵；⑤检查仪表；⑥与合成岗位联系，增大闪蒸槽排液量。

2. 预塔液泛的原因及处理方法

原因：①入料量小、蒸汽量大；②塔内设备问题；③回流量小。

处理：①增大入料量，减小蒸汽量；②检修预塔内部；③增大回流量。

3. 预塔淹塔原因及处理方法

原因：①入料量大、蒸汽量小；②主塔入料量小；③回流量过大。

处理：①减少入料量、增大蒸汽量；②增大主塔入料；③减小回流量。

4. 放空管喷醇的原因及处理方法

原因：①蒸汽量大；②萃取水量不足；③水冷效果不佳；④回流量小。

处理：①减小蒸汽量；②加大萃取水量；③改善冷却效果；④增大回流量。

5. 预塔入料困难的原因及处理方法

原因：①蒸汽量大；②泵叶轮损坏；③粗醇槽抽空；④入料管线阻塞。

处理：①减小蒸汽量；②倒备泵；③倒粗醇槽；④清理管线。

6. 预塔塔底温度低的原因及处理方法

原因：①蒸汽量小；②萃取水量过大。

处理：①加大蒸汽量；②适当增加萃取水量。

7. 预塔回流温度低的原因及处理方法

原因：①蒸汽量小；②循环水量大。

处理：①加大蒸汽量；②减小循环水。

8. 预塔后醇密度过大过小的原因及处理方法

原因：萃取水量不匀。

处理：减小或增大萃取水量。

9. 预塔后醇 pH 值（7~9）超标的原因及处理方法

原因：加碱液量过大或过小。

处理：减小或增大碱液量。

10. 主塔塔底液位低的原因及处理方法

原因：①蒸汽量大；②预后量小；③回流量小；④采出量大；⑤加压塔入料泵故障；⑥液位计失灵；⑦残液排放量大。

处理：①减小蒸汽量；②增大预后量；③增大回流量；④减小采出量；⑤倒备泵；⑥检查仪表；⑦减少残液排放量。

11. 主塔液泛的原因及处理方法

原因：①入料量小、蒸汽量大；②精甲醇采出量小。

处理：①增大入料量，减小蒸汽量；②增大精甲醇采出量。

12. 主塔淹塔的原因及处理方法

原因：①入料量大、蒸汽量小；②主塔塔内设备故障；③采出量小。

处理：①减小入料量，增大蒸汽量。②检修主塔内部；③减小采出量。

13. 主塔回流量小的原因及处理方法

原因：①蒸汽量小；②精甲醇采出量大；③循环水量小。

处理：①增大蒸汽量；②减少精甲醇采出量；③增大循环水量。

14. 主塔提馏段温度升高的原因及处理方法

原因：①采出量大；②回流量小；③入料量小；④蒸汽量大。

处理：①减小采出量；②提高回流量；③增大入料量；④减少蒸汽量。

15. 主塔塔底温度低的原因及处理方法

原因：①蒸汽量小；②采出量大；③预后量大。

处理：①加大蒸汽量；②减少采出量；③减少预后量。

六、精醇安全技术操作要点

① 甲醇是易燃、易爆、易中毒的物品，严禁用扳子、锤子等硬物质敲击甲醇管线设备。

② 用蒸汽加热甲醇时，防液击震动造成质量事故。

③ 预塔、常压塔放空温度严禁超标，以防放空管喷醇污染环境。

④ 残液排放严格控制甲醇含量小于2%～3%。

⑤ 无论是残液、料液、分析用液，未经允许不准倒入地沟。

⑥ 放空管着火后，用蒸汽灭，绝对不能停车，以防负压造成事故。

⑦ 停车时特别注意预塔、加压塔、常压塔不能形成真空。

七、精馏工段水洗方案

1. 水洗的目的

脱除设备、管道、塔板上的铁锈和杂质。

2. 水洗的要求

用水冲设备，管道进行冲洗循环（不能跨越设备、管道），打开各导淋阀、取样阀、排放口直至水清澈为止。

3. 水洗的操作

(1) 预塔的水洗　给两个粗醇槽加入$100m^3$的一次水，用粗醇泵把水通过预热器打入预塔，待塔液位达到1/2～2/3时，停止补液，缓慢打开蒸汽阀（注意开蒸汽阀前，排放蒸汽管道内的积存冷凝液），给预塔升温，升温过程中注意观察预回流槽的液位。待预回流槽液位达1/2～2/3后，开预回流泵，预回流塔开始单体循环（升温过程中，注意观察塔底液位），预塔循环3～4小时后，粗醇泵、预回流泵倒备用泵，并打开预塔冷却器、回流槽、排污阀及各取样阀、导淋阀，加大补水流量，保证预塔液位、温度。

(2) 主塔的水洗　待预塔排放口清澈后，关各排放口、取样点、导淋阀，开主塔给料泵，给主塔打液，待液位达到1/2～2/3后，开主塔再沸器蒸汽阀，给主塔升温（据主塔液位高低，调节粗醇泵、预后泵量），注意观察主回流槽液位，待液位达到1/2～2/3后开主回流泵，主塔开始水洗循环，循环3～4小时把预后泵、主回流泵倒备泵，并开启排放口、导淋阀、取样点，待各排放口清澈后关掉各排放口，打开精醇采出口阀门，使冷却液进入初馏物槽、中间槽、计量槽，进行热洗，待排出液清澈后，主系统热洗完停各泵，打开各排放口、导淋阀、取样阀，把系统内清除彻底。

八、精馏工段碱洗方案

1. 碱洗的目的

脱除设备、管道、塔板上的油脂。

2. 系统的碱洗

(1) 碱洗液的配制　主碱液槽配制30%～50%的碱液$50m^3$，配制时用水将碱化开，然后再加水至$50m^3$。

(2) 预塔的碱洗　用粗醇泵把配制好的碱液打入预塔，待液位达1/2～2/3处时停止补液，缓慢打开蒸汽阀，给预塔升温，升温过程中，注意观察预回流槽的液位，待预回流槽液位达1/2～2/3后开预回流泵，预塔开始单体循环（升温过程中注意观察预塔塔底液位，液位低的情况下，开粗醇泵进行补液）。预塔回流循环3～4h后，把各泵倒备用泵，并打开预塔、冷却器、回流槽排污阀、取样点、导淋阀，加大进液量，保证塔底液位。

(3) 主塔的碱洗　待预塔各排放口清澈后，关各排放口，开预后泵给主塔补液，待主塔液位达1/2～2/3时，开主塔再沸器蒸汽阀，给主塔升温（据主塔液位高低调节粗醇泵、预后泵流量），注意观察主回流泵，主塔开始碱洗循环，循环3～4小时后，把各泵倒备泵，并打开各排放口、导淋阀、取样阀，待有液位后，粗醇泵进口从碱液槽倒入初馏物槽，系统开始全循环运转，注意调节好各塔槽液位，循环运转12小时，碱洗完毕，停蒸汽及各泵，打开各排放口，把积存的碱液清除彻底。

思 考 题

1. 简述粗甲醇双塔精馏工艺流程。
2. 简述精馏塔的汽液平衡。
3. 怎样进行预塔、主塔的塔底、塔顶温度调节？
4. 精馏塔塔顶温度控制的意义何在？
5. 精馏塔塔底温度控制的意义何在？
6. 预塔塔顶温度控制的意义何在？
7. 什么叫萃取蒸馏？萃取蒸馏在粗甲醇的精馏操作中有何应用？

第十三章　甲醇生产的化学检验

工业甲醇的质量是甲醇应用的重要保障。在甲醇的生产和利用过程中，必须对甲醇进行化学检验，确保甲醇质量符合要求。甲醇生产的化学检验包括合成气分析、水质分析、脱硫液分析和甲醇成品分析等，本章只介绍甲醇成品分析。

第一节　工业甲醇的质量标准

工业甲醇的化学检验项目及质量指标主要有色度、密度、沸程、高锰酸钾试验、水混溶性试验、水分含量、酸碱度、羰基化合物含量、蒸发残渣含量、硫酸洗涤试验等。根据GB338—2004规定，工业甲醇的质量标准见表13-1。

表 13-1　甲醇的质量标准

项　　目	指　　标		
	优等品	一等品	合格品
色度≤/Hazen 单位(铂-钴色号)	5		10
密度(20℃)/(g/cm³)	0.791～0.792		0.791～0.793
沸程(0℃,101.3kPa,在 64.0～65.5℃范围内,包括 64.6℃±0.1℃)≤/℃	0.8	1.0	1.5
高锰酸钾试验≥/min	50	30	20
水混溶性试验	通过试验(1+3)	通过试验(1+9)	—
水的质量分数≤/%	0.10	0.15	—
酸的质量分数(以 HCOOH 计)≤/%	0.0015	0.0030	0.0050
碱的质量分数(以 NH₃ 计)≤/%	0.0002	0.0008	0.0015
羰基化合物的质量分数(以 HCHO 计)≤/%	0.002	0.005	0.010
蒸发残渣的质量分数≤/%	0.001	0.003	0.005
硫酸洗涤试验≤/Hazen 单位(铂-钴色号)	50		
乙醇的质量分数≤/%	供需双方协商		—

第二节　工业甲醇的化学检验

一、甲醇色度的测定

纯甲醇是无色透明液体，工业甲醇因含有少量或微量杂质而呈现一定的颜色，色度是描述和衡量工业甲醇杂质含量的指标之一。

色度的单位为黑曾（Hazen）。1 黑曾单位是指每升含有 1mg 以氯铂酸（H_2PtCl_6）形式存在的铂、2mg 氯化钴（$CoCl_2 \cdot 6H_2O$）的铂-钴溶液的色度。

1. 方法原理

将试样（甲醇）与标准的铂-钴比色溶液进行颜色对比，试样颜色与标准的铂-钴比色溶液颜色一致或相近时，此时标准的铂-钴比色溶液的色度即为试样的色度。

2. 仪器设备

72 型分光光度计或类似的分光光度计。

纳氏比色管：50mL 或 100mL。

比色管架：一般比色管架底部衬白色底版，底部也可安有反光镜，以提高观察颜色的效果。

3. 试剂

六水合氯化钴（$CoCl_2 \cdot 6H_2O$），分析纯。

盐酸，分析纯。

氯铂酸（H_2PtCl_6）的制备：在玻璃皿或瓷皿中用沸水浴加热法将 1.00g 铂溶于足量的王水中，当铂溶解后，蒸发溶液至干，加 4mL 盐酸溶液再蒸发至干，重复此操作两次以上，这样可得 2.10g 氯铂酸。

氯铂酸钾（K_2PtCl_6），分析纯。

4. 标准比色母液的制备（500Hazen 单位）

在 1000mL 容量瓶中溶解 1.00g 六水合氯化钴（$CoCl_2 \cdot 6H_2O$）和 1.05g 的氯铂酸或 1.245g 的氯铂酸钾于水中，加入 100mL 盐酸溶液，稀释到刻度线，并混合均匀。

标准比色母液可以用分光光度计以 1cm 进行检查，其波长及消光值范围见表 13-2。

表 13-2　标准比色母液的分光光度检查

波长/$m\mu m$	消光值	波长/$m\mu m$	消光值
430	0.110～0.120	480	0.105～0.120
455	0.130～0.145	510	0.055～0.065

5. 标准铂-钴对比溶液的配制

在 10 个 500mL 及 14 个 250mL 的两组容量瓶中分别加入如表 13-3 所示的标准比色母液的体积数，用蒸馏水稀释到刻度线并混匀，此时溶液的颜色即为对应的铂-钴色号。

6. 试验步骤

向一支纳氏比色管中注入一定量的试样至刻度线，同样向另一支纳氏比色管中注入具有类似颜色的标准铂-钴对比溶液至刻度线。比较试样与标准铂-钴对比溶液的颜色，比色时在日光或日光灯照射下正对白色背景，从上往下观察，找出接近的颜色。试样的色度以最接近试样颜色的标准铂-钴对比溶液的 Hazen 单位表示。

二、甲醇密度的测定

1. 方法要点（密度瓶法）

在同一温度（20℃）下，用蒸馏水标定密度瓶的体积，然后测定同体积试样（甲醇）的质量以求其密度。

2. 仪器设备

密度瓶：带磨口毛细管塞，容积为 25～50mL，如图 13-1 所示。

水银温度计：0～50℃，分度 0.1℃。

分析天平：感量 0.0001g。

表 13-3　标准铂-钴色号

500mL 容量瓶		250mL 容量瓶	
标准比色母液的体积	相应颜色	标准比色母液的体积	相应颜色
毫升	Hazen 单位铂-钴色号	毫升	Hazen 单位铂-钴色号
5	5	30	60
10	10	35	70
15	15	40	80
20	20	45	90
25	25	50	100
30	30	62.5	125
35	35	75	150
40	40	87.5	175
45	45	100	200
50	50	125	250
—	—	150	300
—	—	175	350
—	—	200	400
—	—	225	450

恒温水浴：温度控制在（20±0.1）℃。

3. 试剂

轻汽油或其它溶剂，能清除密度瓶和塞子上的污染物。

铬酸洗液：称取重铬酸钾 20g 于 500mL 的烧杯中，加入 40mL 水，加热使重铬酸钾溶解，冷却至室温。在不停搅拌下，将 360mL 浓硫酸慢慢加入上述已冷却至室温的溶液。

蒸馏水（不含 CO_2）：新煮沸的蒸馏水，冷却至室温。

4. 测定步骤

先清除密度瓶和塞子上的污染物，用洗液彻底清洗后用水洗净，再用蒸馏水冲洗，将洗净的密度瓶放在烘箱里烘干，冷却至室温备用。

应先用轻汽油或其它溶剂清除密度瓶和塞子上的污染物，若不能清除污染物，则选择铬酸洗液。铬酸洗液为强酸和强氧化剂，使用时应小心。

沿密度瓶内壁向瓶内注满新煮沸并冷却至室温的蒸馏水，然后置于（20±0.1）℃的恒温器中恒温 20min 以上。盖上瓶盖，使过剩的水从毛细管上溢出（这时瓶中和毛细管内不得有气泡存在，否则应重新加水塞盖）。迅速擦干密

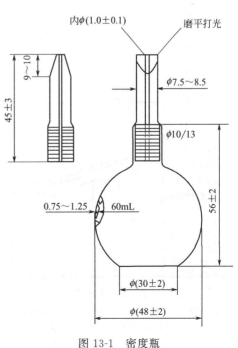

图 13-1　密度瓶

度瓶,立即称量(精确至 0.0001g),再将该密度瓶置于(20±0.1)℃的恒温器中恒温20min 以上,直至前后两次测定的质量之差小于 0.0015g。取两次测定的算术平均值作为密度瓶的空白值(m_0)。

将密度瓶中的水倒出,清洗、干燥后称量,得密度瓶质量(m_b)。密度瓶的空白值减去密度瓶质量即为蒸馏水的质量 $m_1 = m_0 - m_b$。

以试样代替蒸馏水,同上操作,得试样的质量 m_2。

5. 结果计算

甲醇密度测定结果按式(13-1) 计算:

$$\rho_{20} = \frac{m_2 + A}{m_1 + A} \times \rho_0 \tag{13-1}$$

式中　　ρ_{20}——在 20℃时甲醇的密度,g/cm^3;

m_1——充满密度瓶所需水的质量,g;

ρ_0——蒸馏水在 20℃时的密度,g/cm^3,约为 0.9982g/cm^3;

m_2——充满密度瓶所需甲醇试样的质量,g;

A——浮力校正值,$A = \rho_1 V$。其中 ρ_1 是干燥空气在 20℃、101.3kPa 的密度,V 是所取试样的体积(cm^3),一般情况下,A 的影响很小,可忽略不计。

三、甲醇沸程的测定

1. 方法原理

根据甲醇及其杂质沸点的不同,利用蒸馏法进行分馏,在 0℃、101.3kPa 时,测定其初馏点和干点(将测得的温度校正到标准状况下的温度),初馏点和干点之间的温度即是被测甲醇的沸程。甲醇纯度越高,沸点越稳定,沸程越短,沸程是反映甲醇纯度的一个重要指标。

初馏点是在标准条件下蒸馏,第一滴冷凝液滴从冷凝管末端滴下时观察到的瞬间温度。干点是在标准条件下蒸馏,蒸馏瓶底最后一滴液体蒸发时观察到的瞬间温度。忽略不计蒸馏瓶壁和温度计上的任何液体。

2. 仪器设备

蒸馏烧瓶:耐热玻璃制成,容量为 100mL 或 200mL。为防止在新烧瓶中的液体过热现象,可在烧瓶的底部放少量酒石酸,经加热分解生成炭沉积在烧瓶底部,将烧瓶用水冲洗,再用丙酮淋洗,干燥备用。

温度计:棒状水银-玻璃型,充氮,搪瓷衬底。温度计的规格型号与检测温度范围(馏程)有关,工业甲醇沸程的测温范围在 60～70℃,温度计选 39C-75 型。采用全浸式温度计,分度值为 0.1℃或 0.2℃,并应采用辅助温度计对主温度计在蒸馏过程中露出塞上部分的水银柱进行校正,见图 13-2,辅助温度计一般为棒状水银-玻璃型,温度范围为 0～50℃,分度值为 1℃。

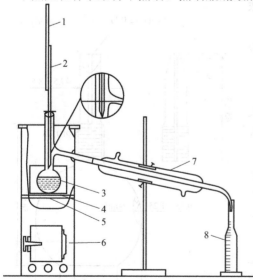

图 13-2　甲醇沸程测定装置
1—辅助温度计;2—主温度计;3—支管蒸馏烧瓶;
4—石棉板;5—石棉板架;6—通风屏风;
7—冷凝管;8—异径量筒

冷凝管、通风罩、耐热隔板、可调节煤

气灯或电加热装置、量筒、气压计见图 13-2。

3. 测定步骤

① 组装蒸馏装置如图 13-2 所示，检查各部件的完好性和严密性，用柔软不起毛的布清洁冷凝管并使其干燥。

② 用清洁干燥的 100mL 量筒量取（100±0.5）mL 按表 13-4 调节好温度（甲醇的初馏点在 50～70℃，故试样温度为 10～20℃）的试样，倒入蒸馏烧瓶中，将量筒沥干 15～20s，操作中应避免试样流入蒸馏烧瓶支管。

表 13-4　冷却水和试样的对照温度

初馏点/℃	冷却水温度/℃	试样温度/℃	初馏点/℃	冷却水温度/℃	试样温度/℃
50 以下	0～3	0～3	70～150	25～30	20～30
50～70	0～10	10～20	150 以上	35～50	20～30

③ 将蒸馏烧瓶和冷凝管接好，插好温度计，温度计用合适的胶塞或木塞固定在烧瓶颈中，使温度计收缩泡的上端与烧瓶支管连接处的下端成水平。若采用全浸式温度计，则辅助温度计附在主温度计上，使其水银球位于在沸点时主温度计露出塞上部分的水银柱高度的二分之一处。

④ 固定蒸馏烧瓶，其支管用塞子与冷凝管上端紧密连接，且使支管插入冷凝管约 25mm，并在同一中心线上。

⑤ 取样量筒不需干燥直接放在冷凝管下端作为接收器。冷凝管末端进入量筒的长度不应少于 25mm，也不低于 100mm 刻度线。量筒口处应置有不被甲醇腐蚀的软质料盖或棉絮封团，以防甲醇的挥发和潮气进入。

⑥ 接通冷却水，冷却水温度见表 13-4。记录气压和气压计附属温度，然后点燃酒精灯或煤气灯，由开始至初馏点的时间为 5～10min，记录从冷凝器末端滴下馏出液的初馏点温度 T_1。此后蒸馏速度为每分钟馏出液 3～5mL，并调节冷却水的流量使蒸馏液的温度与取试样时温度相差±0.5℃。当蒸馏瓶底最后一滴液体汽化时的瞬间温度为干点温度 T_2。立即停止加热，校正后的干点温度减去校正后的初馏点温度即为甲醇沸程，温度校正参见表 13-5。

表 13-5　气压计读数校正到 0℃ 的校正值

气压计温度/℃	气压计读数/kPa							
	92.5	95.0	97.5	100.0	102.5	105.0	107.5	110.0
10	0.151	0.155	0.159	0.163	0.167	0.171	0.175	0.179
11	0.166	0.170	0.175	0.179	0.184	0.188	0.193	0.197
12	0.181	0.186	0.190	0.195	0.200	0.205	0.210	0.215
13	0.196	0.201	0.206	0.212	0.217	0.222	0.228	0.233
14	0.211	0.216	0.222	0.228	0.234	0.239	0.245	0.251
15	0.226	0.230	0.238	0.244	0.250	0.256	0.263	0.269
16	0.241	0.247	0.254	0.260	0.267	0.273	0.280	0.287
17	0.256	0.263	0.270	0.277	0.283	0.290	0.297	0.304
18	0.271	0.278	0.285	0.293	0.300	0.307	0.315	0.322
19	0.286	0.293	0.301	0.309	0.317	0.325	0.332	0.340

气压计温度/℃	气压计读数/kPa							
	92.5	95.0	97.5	100.0	102.5	105.0	107.5	110.0
20	0.301	0.309	0.317	0.325	0.333	0.342	0.350	0.358
21	0.316	0.324	0.333	0.341	0.350	0.359	0.367	0.376
22	0.331	0.340	0.349	0.358	0.367	0.376	0.385	0.394
23	0.346	0.355	0.365	0.374	0.383	0.393	0.402	0.412
24	0.361	0.371	0.381	0.390	0.400	0.410	0.420	0.429
25	0.376	0.386	0.396	0.406	0.417	0.427	0.437	0.447
26	0.391	0.401	0.412	0.423	0.433	0.444	0.455	0.466
27	0.406	0.412	0.428	0.439	0.450	0.416	0.472	0.483
28	0.421	0.432	0.444	0.455	0.466	0.478	0.489	0.510
29	0.436	0.447	0.459	0.471	0.483	0.495	0.507	0.519
30	0.451	0.463	0.475	0.487	0.500	0.512	0.524	0.537

4. 结果计算

按式(13-2)对温度计读数进行气压偏离标准大气压校正，取温度计读数和校正值的代数和作为测定结果。校正值（A）的计算如下：

$$A = K(101.3 - P) \tag{13-2}$$

式中　K——沸点随压力的变化率，甲醇 $K = 0.25℃/kPa$；

　　　P——通过表 13-5 校正到 0℃的试验大气压，kPa。

　　沸程 = （干点温度 T_2 + 干点校正 A_2）－（初馏点温度 T_1 + 初馏点校正 A_1）

例如：某甲醇试样的初馏点温度 T_1 为 64.5℃，此时气压计读数为 100.0kPa，气压计附属温度读数为 20℃，从表 13-5 查得气压计读数校正到 0℃的校正值为 0.325kPa，校正到 0℃的试验大气压 $P_1 = 100.0 - 0.325 = 99.675$kPa，则初馏点的校正值 A_1：

$$A_1 = K(101.3 - P_1) = 0.25(101.3 - 99.675) = 0.40625$$

校正后的初馏点温度 = （初馏点温度 T_1 + 初馏点校正 A_1）= 64.5 + 0.40625 = 64.90625℃

当达到干点时，测的干点温度 T_2 为 65.2℃，此时气压计读数为 100.0kPa，气压计附属温度读数为 22℃，从表 13-5 查得气压计读数校正到 0℃的校正值为 0.358kPa，校正到 0℃的试验大气压 $P_2 = 100.0 - 0.358 = 99.642$kPa，则干点的校正值 A_2：

$$A_2 = K(101.3 - P_2) = 0.25(101.3 - 99.642) = 0.4145$$

校正后的干点温度 = （干点温度 T_2 + 干点校正 A_2）= 65.2 + 0.4145 = 65.6145℃

则该甲醇试样的沸程 = 65.6145℃ － 64.90625℃ = 0.708℃。

四、甲醇稳定性的测定（高锰酸钾试验）

1. 方法原理

工业甲醇中含有还原性杂质。在中性溶液中与高锰酸钾反应，还原高锰酸钾为二氧化锰，测定使高锰酸钾的粉红色逐渐减退到色标（氧化钴和硝酸双氧铀标准比色溶液）一致所需的时间。时间越长，说明还原性杂质越少，稳定性越好，反之，稳定性差。

2. 仪器设备

① 恒温水浴：温度可控制在（15±0.5）℃或（25±0.5）℃。

② 比色管：容量 100mL（50mL 处有刻度线）或 50mL，无色透明玻璃制品，并配有磨口玻璃塞。

③ 滴定管：容量 10mL，分刻度 0.1mL。

④ 秒表。

3. 试剂及其配制

（1）高锰酸钾溶液用水的制备 取适量的水加入足够量的稀高锰酸钾溶液使成稳定的淡粉红色，煮沸 30min。若淡粉红色消退，则补加高锰酸钾溶液再呈淡粉红色，冷却至室温。

（2）高锰酸钾溶液 称取 0.200g 高锰酸钾，精确至 0.001g，用上述制备的水溶解后置于 1000mL 棕色容量瓶中，稀释至刻度，摇匀，避光可保存两周。

（3）标准比色溶液（氧化钴和硝酸双氧铀标准比色溶液） 称取 50.0g 氯化钴（$CoCl_2 \cdot 6H_2O$），用少量水溶解后置于 1000mL 容量瓶中，稀释至刻度，摇匀。

称取 40.0g 硝酸双氧铀 [$UO_2(NO_3)_2 \cdot 6H_2O$]，用少量水溶解后置于 1000mL 容量瓶中，稀释至刻度，摇匀。

分别取规定体积的上述两种溶液置于 100mL 容量瓶中，稀释至刻度，摇匀，此溶液于使用当天配制。

4. 测定步骤

用移液管取约 15mL 的甲醇试样 50mL 注入比色管中，放入 (15 ± 0.5)℃的水浴中。15min 后从水浴中取出比色管，加入 2.0mL 配制好的高锰酸钾溶液，从开始加入第一滴起记录时间，立即加塞，摇匀，再放回水浴中。此后不断从水浴中取出比色管，以白色背景衬底，与同体积的标准比色溶液轴向对比观察（注意：避免直接暴露在日光照射下），接近测定结果时，每分钟比较一次，记录下试样颜色与标准比色溶液一致时的时间。此时间范围即为甲醇稳定性（高锰酸钾试验）的测定时间，以 min 计。

5. 分析结果的处理

取两次平行测定结果的算术平均值为测定结果。

两次平行测定结果 100min 以下的相对偏差不大于 5%，100min 以上的相对偏差不大于 10%。

五、甲醇水溶性试验

1. 方法原理

甲醇能与水按任何比例互溶。但工业甲醇中常含有烷烃、烯烃、高级醇等难溶于水的杂质，这些杂质直接影响甲醇的应用。利用甲醇与水以及甲醇中杂质与水的混溶性差异，在规定条件下，定性检验甲醇中是否含有难溶于水的杂质。

2. 仪器设备

恒温装置：温度可控制在 (20 ± 1)℃的恒温水浴或恒温室。

比色管：容量 100mL，有刻度，无色透明玻璃制品，并配有磨口玻璃塞。

3. 测定步骤

① 取 10mL 甲醇试样注入比色管中，再注入 30mL 水，盖紧盖子，充分混匀，静置至所有气泡消失，然后将比色管置于 (20 ± 1)℃的恒温装置中（若使用恒温水浴，应使水浴液面高于比色管中试验溶液液面）30min。

② 在另一支材质、型号相同的比色管中加入 40mL 水作为空白试液。

③ 30min 后将比色管从恒温装置中取出，擦干比色管外壁，在黑色背景下轴向比较甲醇-水混合溶液与空白试液（水），如使用人工光源，应使光线横向通过比色管。

如果样品-水混合溶液像空白试液（水）一样澄清或无浑浊，则甲醇试样为优等品。

④ 取 5mL 甲醇试样和 45mL 水混合，再取 50mL 水作为空白试液重复上述步骤，如果样品-水混合溶液像空白试液（水）一样澄清或无浑浊，则甲醇试样为一等品。若检验是不澄清或浑浊的，说明试验样品不合格。

六、甲醇水分的测定（卡尔·费休法）

1. 方法原理

卡尔·费休试剂中含有碘和二氧化硫，碘氧化二氧化硫时需要定量的水参加反应：

$$I_2 + SO_2 + 2H_2O = H_2SO_4 + 2HI$$

工业甲醇中含有少量的水，用卡尔·费休试剂滴定甲醇试样，通过卡尔·费休试剂的用量可以计算出甲醇试样的水分。

2. 仪器与试剂

卡尔·费休法测定水分装置，如图 13-3 所示。

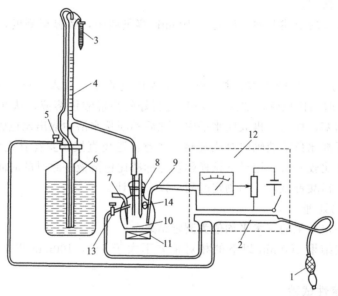

图 13-3　卡尔·费休法测定水分的装置
1—双连球；2,3—干燥管；4—自动滴定管；5—具塞放气口；6—试剂贮瓶；
7—废液排放口；8—反应瓶；9—铂电极；10—磁棒；11—搅拌器；
12—电量法测定终点装置；13—干燥空气进气口；14—进样口；

所用试剂如下。

① 卡尔·费休试剂：取 670g 无水甲醇注入 1000mL 干燥的磨口棕色试剂瓶中，加入 85g 碘，盖紧瓶塞，摇匀至碘全部溶解，加入 270mL 无水吡啶，摇匀。于冰水浴中缓慢通入干燥的二氧化硫气体，使磨口棕色试剂瓶增重 65g 左右，盖紧瓶塞摇匀，于暗处放置 24h 以上备用。

② 二水酒石酸钠（$Na_2C_4H_4O_6 \cdot 2H_2O$）

③ 无水甲醇：要求水分含量小于 0.05%。

3. 测定步骤

（1）卡尔·费休试剂滴定度的标定　用注射器将 25mL 无水甲醇注入滴定器中，开启电磁搅拌器，连接终点电量测定装置，此时电流表指示电流接近于零。用卡尔·费休试剂滴定无水甲醇中的微量水，滴定至电流突然增大至约 $10\sim20\mu A$（溶液中有水时，由于极化作用，外电路没有电流流过，电流表指针为零，当滴定至终点时，稍过量的 I_2 导致失去极化，使电流表指针突然偏转），并保持稳定 1min（不计卡尔·费休试剂消耗的体积）。

在玻璃称样管中称取 0.25g 二水酒石酸钠（精确至 0.0001g），移开滴定容器的胶皮塞，迅速将二水酒石酸钠倒入滴定容器中，然后再称量玻璃称样管的质量，求得加入滴定容器中二水酒石酸钠的准确质量，或用滴瓶加入 $30\sim40mg$ 纯水进行标定。

用卡尔·费休试剂滴定加入的标准物质（二水酒石酸钠）或已知质量的纯水，直至电流表指针达到与上述同样的偏离度，至少保持 1min，记录消耗卡尔·费休试剂的体积。

卡尔·费休试剂的滴定度按式(13-3)（滴定二水酒石酸钠）或式(13-4)（滴定纯水）计算：

$$T=\frac{m_1\times0.1566}{V_1} \tag{13-3}$$

$$T=\frac{m_2}{V_1} \tag{13-4}$$

式中　T——卡尔·费休试剂的滴定度，mg/mL；

　　m_1——加入标准物质（二水酒石酸钠）的质量，mg；

　　m_2——加入纯水的质量，mg；

　　V_1——标定所消耗卡尔·费休试剂的体积，mL。

（2）甲醇试样中微量水分的测定　通过排液口放掉滴定容器中的废液，用注射器将 25mL 无水甲醇注入滴定器中。按标定卡尔·费休试剂的操作过程滴定无水甲醇中的微量水（不计卡尔·费休试剂消耗的体积），然后加入工业甲醇试样（准确量取 25.0mL），按同样的操作步骤，用卡尔·费休试剂滴定至终点，记录消耗卡尔·费休试剂的体积。

4. 结果计算

工业甲醇试样水分含量按式(13-5)计算：

$$\omega=\frac{V_2T}{V\rho\times1000} \tag{13-5}$$

式中　T——卡尔·费休试剂的滴定度，mg/mL；

　　V_2——标定所消耗卡尔·费休试剂的体积，mL；

　　V——工业甲醇试样的体积，25.0mL；

　　ρ——工业甲醇试样的密度，g/mL。

取两次平行测定结果的算术平均值作为测定结果，取两次平行测定结果之差不大于 0.01%。

七、甲醇酸度或碱度的测定

1. 方法原理

甲醇试样用不含 CO_2 的水溶解，以溴百里香酚蓝为指示剂检验，若溶液呈黄色，说明甲醇试样中含有酸性物质，若溶液呈蓝色，说明甲醇试样中含有碱性物质。显酸性，用标准氢氧化钠溶液滴定其酸度，显碱性，用标准硫酸溶液滴定其碱度。酸度以甲酸（HCOOH）的质量分数表示，碱度以氨（NH_3）的质量分数表示。

2. 试剂、仪器

氢氧化钠标准滴定溶液　$c(NaOH)=0.01mol/L$；硫酸标准滴定溶液　$c(H_2SO_4)=0.005mol/L$；溴百里香酚蓝指示剂 1g/L；不含 CO_2 的水；10mL 滴定管，分刻度 0.05mL。

3. 测定步骤

① 甲醇试样用同体积的不含 CO_2 的水稀释，加 4～5 滴溴百里香酚蓝指示剂鉴别酸碱性。

② 取 50mL 不含 CO_2 的水注入 250mL 三角瓶中，加 4～5 滴溴百里香酚蓝指示剂，加入 50mL 甲醇试样，上述检验若为酸性，用氢氧化钠标准滴定溶液滴定至溶液由黄色变为浅蓝色，保持 30s 不褪色即为终点。上述检验若为碱性，用硫酸标准滴定溶液滴定至溶液由蓝色变为黄色，保持 30s 不褪色即为终点。

4. 结果计算

酸度以甲酸（HCOOH）的质量分数 ω_1（%）表示，碱度以氨（NH_3）的质量分数 ω_2（%）表示，分别按式(13-6)、式(13-7) 计算：

$$\omega_1 = \frac{V_1 c_1 M_1}{1000 V \rho_t} \times 100 \tag{13-6}$$

$$\omega_2 = \frac{V_2 c_2 M_2}{1000 V \rho_t} \times 100 \tag{13-7}$$

式中　V_1——滴定终点时所用氢氧化钠标准滴定溶液的体积，mL；

　　　c_1——氢氧化钠标准滴定溶液的浓度，0.01mol/L；

　　　M_1——甲酸（HCOOH）的摩尔质量，46.02g/mol；

　　　ρ_t——测定温度 T 时甲醇试样的密度，g/mL；

　　　V_2——滴定终点时所用硫酸标准滴定溶液的体积，mL；

　　　c_2——硫酸标准滴定溶液的浓度，0.005mol/L；

　　　M_2——氨（NH_3）的摩尔质量，17.03g/mol；

　　　V——试样的体积，50.0mL。

取两次平行测定的算术平均值为测定结果，两次平行测定结果的相对偏差不大于 30%。

八、甲醇羰基化合物含量的测定

1. 方法原理

甲醇试样中的羰基化合物在酸性介质中能与 2,4-二硝基苯肼反应，生成 2,4-二硝基苯腙，在碱性介质中呈红色。在波长 445nm 处用分光光度计测量吸光度，从而计算出甲醇试样中的羰基化合物的质量分数。

2. 试剂及其配制

（1）无羰基乙醇　取 1500mL 乙醇置于 2000mL 蒸馏烧瓶中，加入 15g 2,4-二硝基苯肼及 15 滴浓盐酸（密度为 1.19g/mL），回流 4h 并放置 4h 以上，再将冷凝器改为树枝状精馏柱，缓慢蒸馏。弃去起始馏出液 100mL 左右及剩余液约 200mL 黄色溶液，收集中间馏分，充氮密封于棕色瓶中。蒸馏液应清澈透明、无色，否则应重新蒸馏。

（2）氢氧化钾溶液　取浓度为 100g/L 的氢氧化钾溶液与上述 2（1）无羰基乙醇混合，二者的体积分数分别为 30%、70%。

（3）羰基化合物标准原液的配制　1000mL 含有 0.440g 羰基化合物（以乙醛计）即为标准羰基化合物。称取 1.2000g（准确至 0.0001g）苯乙醇溶于少量无羰基乙醇 2.（1）中，移至 100mL 带刻度的容量瓶中，继续用无羰基乙醇稀释至刻度，混匀。取 10mL 此溶液至另一支 100mL 容量瓶中，再用无羰基乙醇稀释至刻度，混匀。此时 1mL 此溶液含 44μg 羰基化合物（以乙醛计）。

3. 仪器

① 水浴：可控制在 (50±2)℃。

② 比色管：容量 25mL，有刻度，配有磨口玻璃塞。

③ 比色皿：光径 1cm。

④ 72 型分光光度计。

4. 测定步骤

① 取 1.0mL 甲醇试样注入比色管中。

② 取 1.0mL 无羰基乙醇注入比色管中作为空白试液。

③ 羰基化合物标准液的制备。按表 13-6 规定的毫升数吸取羰基化合物标准原液，分别至于一组 25mL 带刻度的容量瓶中，用无羰基乙醇稀释至刻度。

表 13-6 稀羰基化合物标准液的配比

标准原液体积/mL	对应羰基化合物质量/μg	加入无羰基乙醇的体积/mL	1mL 稀羰基化合物标准液中羰基化合物的质量/μg
0(补偿液)	0	25	0
1.5	66	23.5	2.64
2.5	110	22.5	4.40
3.5	154	21.5	6.16
4.5	198	20.5	7.92
5.5	242	19.5	9.68
6.5	286	18.5	11.44

④ 从上述七组稀羰基化合物标准液中各取 1.0mL 分别注入七个比色管中，再向每个比色管加入 1.0mL 2,4-二硝基苯肼和 1 滴浓盐酸（密度为 1.19g/mL），盖塞，于 (50±2)℃ 水浴中加热 30min，冷却，分别加 5.0mL 氢氧化钾溶液，放置 5min。

将仪器波长调至 445nm 处，然后用无羰基乙醇将仪器吸光度调至零点，对上述七个比色管中的稀羰基化合物标准液进行吸光度测定。

⑤ 绘制标准曲线。稀羰基化合物标准液的吸光度减去补偿液的吸光度即为该标准液的吸光度，以每毫升稀标准液含羰基化合物的质量（μg）为横坐标，以相应的吸光度值为纵坐标绘图。

5. 结果计算

按稀羰基化合物标准液的吸光度的测定步骤 4.④对甲醇试样 4.①和空白试液 4.②进行吸光度的测定。由甲醇试样的吸光度和空白试液的吸光度从上述标准曲线上查出相应的羰基化合物的质量。

甲醇试样中羰基化合物的质量分数 $\omega(\%)$ 按式（13-8）计算：

$$\omega = \frac{m_1 - m_0}{V \times \rho \times 10^6} \times V_D \times 100 = \frac{m_1 - m_0}{\rho \times 10^4} \times V_D \tag{13-8}$$

式中　ω——甲醇试样中羰基化合物的质量分数，%；

m_1——甲醇试样中羰基化合物的质量，μg；

m_0——空白试样中羰基化合物的质量，μg；

V——甲醇试样的体积，$V = 1$mL；

ρ——甲醇试样 20℃时的密度，g/mL

V_D——甲醇试样的稀释倍数。

取两次平行测定的算术平均值为测定结果,两次平行测定结果的相对偏差不大于 20%。

九、甲醇蒸发残渣含量的测定

1. 方法原理

取一定量的甲醇试样,在水浴中蒸干,并在烘箱中烘干至恒重,此时剩余物质即为残渣,称量残渣,残渣质量与试样质量的比值即为残渣的质量分数。

2. 仪器

铂、石英或硅硼酸盐玻璃蒸发皿,容积约 150mL;可控温恒温水浴;烘箱,可控温在 (110±2)℃。

3. 测定步骤

① 将蒸发皿放入烘箱中,于 (110±2)℃下加热 2h,放入干燥器中冷却至环境温度,称重,精确至 0.0001g。

② 吸取 110mL (精确至 0.1mL) 甲醇试样注入已恒重的蒸发皿中,在水浴中维持适当温度 (试样沸点附近),在通风橱中蒸干。

③ 将蒸发皿外面用擦镜纸擦干净,置于预先已恒温至 (110±2)℃的烘箱中加热 2h,放入干燥器中冷却至环境温度,称重,精确至 0.0001g。重复上述操作,直至质量恒定 (相邻两次称量的差值不超过 0.0002g)。

4. 结果计算

甲醇试样中残渣的质量分数 ω(%) 按式(13-9) 计算:

$$\omega = \frac{m - m_0}{\rho \times V} \times 100 \qquad (13-9)$$

式中　ω——甲醇试样中残渣的质量分数,%;

$\quad\quad$ m——蒸发残渣和空蒸发皿的质量,g;

$\quad\quad$ m_0——空蒸发皿的质量,g;

$\quad\quad$ V——甲醇试样的体积,mL;

$\quad\quad$ ρ——试验环境温度下甲醇试样的密度,g/mL。

取两次平行测定的算术平均值为测定结果,两次平行测定结果的绝对差值不大于 0.0003%。

十、甲醇硫酸洗涤试验

1. 方法原理

纯甲醇是无色透明液体。纯甲醇与硫酸反应也不显色,生成硫酸氢甲酯。工业甲醇含有杂质,与硫酸反应要显色,通过测定甲醇试样与硫酸混合液的铂-钴色号判断工业甲醇杂质的含量。

2. 试剂及仪器

硫酸;铂-钴标准比色溶液;比色管,50mL;滴定管,带聚四氟乙烯旋塞,25mL;三角瓶,125mL。

3. 测定步骤及结果处理

① 用重铬酸钾-硫酸洗涤比色管、滴定管和三角瓶,然后用水冲洗,用清洁空气干燥或用纯甲醇清洗,以保证玻璃仪器不含有与硫酸显色的物质。

② 取 30mL 甲醇试样于 125mL 三角瓶中,置于电磁搅拌器上搅拌,匀速加入 25mL 硫酸,硫酸加入时间为 (5±0.5)min,室温下放置 15min 后移入比色管中,取另一支比色管,加入 50mL 铂-钴标准比色溶液,在白色背景轴向比色。试样的色度以最接近试样颜色的标

准铂-钴对比溶液的 Hazen 单位表示。

取两次平行测定的算术平均值为测定结果，两次平行测定结果的绝对差值不大于 5 个铂-钴色号。

十一、甲醇中乙醇含量的测定

1. 方法原理

用气相色谱法，在一定的条件下，使甲醇中的乙醇得到分离，用火焰离子化检测器检测。测定定量校正因子，根据内标法计算出乙醇的质量分数。

2. 试剂

无水乙醇；异丙醇，色谱纯，内标物；山梨醇，色谱固定液；酸洗 6201 型担体，0.18～0.25mm；甲醇试剂，乙醇的质量分数不超过 0.001%（注：不是待测甲醇试样）；氢气，体积分数不低于 99%，经硅胶与分子筛干燥、净化；氮气，体积分数不低于 99.95%，经硅胶与分子筛干燥、净化；空气，经硅胶与分子筛干燥、净化。

3. 仪器

气相色谱仪，配有火焰离子化检测器；色谱柱，工作条件见表 13-7；记录器，色谱数据处理机或记录仪；微量注射器，10μL、20μL。

4. 测定步骤

(1) 异丙醇内标溶液制备　取 0.5mL 异丙醇于 100mL 容量瓶中，用甲醇试剂稀释至刻度，混匀。

表 13-7　色谱柱典型工作条件

色谱柱长/柱内径	5～6m/3～4mm	氢气流量	40mL/min
柱箱温度	100℃	空气流量	500～600mL/min
气化室温度	150℃	固定相	30g 山梨醇、70g 酸洗 6201
载气(氮气)流量	30～40mL/min	进样量	2～10μL

(2) 校正因子的测定　将 0.5mL 无水乙醇注入干燥的已知质量 100mL 容量瓶中，称量，求得乙醇质量 m_1，用甲醇试剂稀释至刻度再称量，求得溶液质量 m_2，此液为乙醇标准溶液。取 6 个干燥的 25mL 容量瓶各加入约 20mL 甲醇试剂，用微量注射器分别注入 0.1mL 异丙醇内标溶液和 0mL、0.05mL、0.10mL、0.20mL、0.50mL、1.00mL 的乙醇标准溶液，用甲醇试剂稀释至刻度，混匀，此溶液为校正用标准溶液（其中含有 0mL 乙醇标准溶液的为空白溶液）。分别测定乙醇和异丙醇的色谱峰面积，再减去空白的乙醇峰面积，得到校正峰面积，然后按式(13-10)计算校正因子：

$$f_i = \frac{m_1 V A_s 100}{m_2 A_i V_1} \tag{13-10}$$

式中　f_i——i 溶液的校正因子，$i=1$ 是指内标溶液和 0.05mL 乙醇标准溶液，$i=2$ 是指内标溶液和 0.10mL 乙醇标准溶液……$i=5$ 是指内标溶液和 1.00mL 乙醇标准溶液；

　　　m_1——乙醇标准溶液中乙醇的质量，g；

　　　m_2——乙醇标准溶液的质量，g；

　　　V——乙醇标准溶液的体积，mL；

　　　A_i——乙醇的校正峰面积，cm²；

　　　A_s——异丙醇峰面积，cm²；

V_1——校正用标准溶液的体积，$V_1=25\text{mL}$。

由各定量校正因子求出平均定量校正因子 f。

（3）工业甲醇试样的测定　取一个干燥的 25mL 容量瓶，用微量注射器注入 0.1mL 异丙醇内标溶液，用工业甲醇试样稀释至刻度，混匀，测定试样中乙醇和异丙醇的峰面积。

5. 结果计算

工业甲醇试样中乙醇的质量分数 $\omega(\%)$ 按式(13-11) 计算：

$$\omega=\frac{fA_i}{A_s} \tag{13-11}$$

式中　f——平均定量校正因子；

A_i——乙醇的峰面积，cm^2；

A_s——异丙醇峰面积，cm^2。

取两次平行测定的算术平均值为测定结果。当乙醇的质量分数 $\leqslant0.01\%$ 时，两次平行测定结果的相对差值不大于 30%；当乙醇的质量分数 $>0.01\%$ 时，两次平行测定结果的相对差值不大于 10%。

思　考　题

1. 简述工业精甲醇的质量指标。
2. 简述精甲醇稳定性的测定方法。
3. 简述精甲醇水溶性的测定方法。
4. 简述精甲醇沸程的测定方法。
5. 精甲醇的高锰酸钾值指的是什么？如何测定？
6. 什么是精甲醇的色度？如何测定？

第十四章　甲醇的安全生产及环境保护

甲醇生产从原料开始到半成品和产品以及副反应生成物都存在有毒、易燃、易爆、易腐蚀等危险因素，同时生产过程又是在高温高压下进行，如合成甲醇低压法在 5MPa、高压法 30MPa 下进行，生产工艺连续性强，操作比较严格。因此在生产过程中应高度重视安全生产。

甲醇生产也有三废排放，随着对环境保护的日益重视，甲醇生产三废必须经过严格的处理并达到排放标准。一方面可以回收利用，变废为宝，另一方面加强了环保，改善了工作条件。甲醇生产的环境保护是甲醇生产的前提条件。

第一节　甲醇的安全生产

一、甲醇生产中的主要有毒有害物质

一氧化碳是无色、无味的有毒气体，它与人体血红蛋白的结合力是氧气的 200 倍，结合成一种不能吸收氧的化合物。人急性中毒时的症状是呼吸困难，失去知觉，痉挛；慢性中毒的症状是极易疲乏，易激动和头痛，若不及时抢救，时间一长使人致死。空气中允许 CO 浓度为 $30mg/m^3$。

甲醇为神经毒物，具有显著的麻醉作用，尤以对视神经危害最为严重。误服甲醇 5～10mL 可导致严重中毒，10mL 以上即有失明的危险，30mL 以上可以致死。它的蒸气在空气中最高允许浓度为 0.05mg/L。

甲醇可经消化道、呼吸道以及皮肤渗透侵入人体导致中毒。甲醇的毒理作用是因为甲醇在水和血液中具有很高的溶解度，所以通过肺向外排除是较慢的。甲醇在有机体中缓慢氧化分解为甲醛和甲酸，属剧毒物质。甲醇侵入人体内，在一定的程度上进行缓慢的积累。甲醇对人体的毒害作用可以使血管麻痹，特别是使神经和视网膜损害。另外甲醇蒸汽对呼吸道、眼黏膜及皮肤也有一定的刺激作用。

甲醇生产中的油气对人体的神经具有弱刺激作用，车间空气中最高允许浓度 0.035mg/L。

粗甲醇中还有其它几十种少量杂质，如醇、醛、酮、醚、酸、烷烃等对人均有毒害作用。

二、甲醇中毒急救措施

发现急性中毒情况，应迅速将患者移到新鲜空气处，注意保暖，并注射强心剂和及时给予吸入氧气。

口服中毒者应立即以 3% 碳酸氢钠（苏打）溶液洗胃，静脉注射 3% 碳酸氢钠、葡萄糖及维生素 C，大量口服或肌肉注射维生素 B 族药物。

神经系统症状严重者会出现颅压增高，需限制液体药物摄入量，可给予脱水疗法，必要时可用腰椎穿刺减轻脑水肿。

三、甲醇生产的防爆措施

甲醇生产过程中，有许多设备在加压下操作，工艺介质（一氧化碳、甲烷、氢、二

甲醚等）具有爆炸性，所以防止物理爆炸（憋压）和化学爆炸十分重要，主要防爆措施如下。

①压力设备的操作人员必须经过培训并考试合格，持有《安全技术合格证》方可独立操作。

②操作人员必须精心操作，严格控制工艺条件，不准在超压超温过冷和超腐蚀条件下使用压力设备。

③当车间工艺需要调整高压容器工业参数时，应按规章提出申请报告，经上级对口部门及领导批准并正式公布方可实施，无正式手续任何人无权强迫操作人员违章作业。

④遇到下列情况之一，应采取紧急措施，操作人员有权制止高压容器的运行。

a. 超温、超压、过冷，经处理仍然无效。

b. 容器主要承压件发现裂纹、变形、有破裂危险、严重泄漏、危及安全生产。

c. 发生火灾或相邻容器发生事故直接受到威胁时。

⑤严格控制可爆介质，严防接近爆炸范围，如达到爆炸范围，则遇见明火或电火花即发生爆炸。甲烷、甲醇、氢气等气体的爆炸极限见表14-1和表14-2。

表 14-1　压力对甲烷在空气中爆炸上限的影响

压力/MPa	0.1	1.0	5.1	12.7
甲烷/%	15.0	17.0	29.5	45

表 14-2　某些气体和蒸气与空气混合的爆炸极限

名　　称	爆炸浓度极限			
	%（体积分数）		%（体积分数）	
	下限	上限	下限	上限
氢	4.1	75	3.4	61.5
一氧化碳	12.8	75	146.5	858.0
硫化氢	4.3	45.5	59.9	633.0
甲烷	5.0	15	32.7	98.0
甲醇	6.0	36.5	78.5	478.0
水煤气	6~9	55~70	30~45	275~350
氨	16.0	27	111.2	187.7
汽油	1.0	6.0	37.2	223.0
煤油	1.4	7.5	—	—
粗汽油	1.4	6.0	—	—
甲醛	7.0	73.0	—	—
二甲醚	2.0		—	—
丁醇	3.10	10.2	94.0	309.0
异丁醇	2.4			

要杜绝系统中的气、液泄漏，生产过程中禁止猛烈敲打，防止产生火花。厂房内严禁火源，动火检修前要办理动火证，经分析合格方可动火。同时要有防止产生火花的措施，如防爆灯、避雷针等，产房内要保持通风良好。

四、甲醇生产的防火措施

工艺介质易爆，必然是易燃的，防止着火更为必要。往往爆炸和着火同时发生，不论是物理和化学爆炸，必然随之发生大火。因此，防爆的大部分措施也适用于防火。工业甲醇生产应采取以下防火措施。

① 油和甲醇贮槽区附近严禁火源，应有明显的禁火指示牌，且备有必要的防火用具。

② 厂房内应把容易燃烧的物料和液体放在专用的橱柜和容器内，工作现场禁放易燃物。严禁随意取用生产中甲醇及易燃物，如发现漏泄必须收集起来集中处理，严禁排入下水道。

③ 严格遵守动火制度。

④ 电气设备都采用防爆型，防止产生电火花。

⑤ 厂房内通风良好，漏气时必须要迅速消除。

⑥ 备有必要的消防用品和用具，如各种灭火机、水龙头、黄沙等。

五、甲醇生产的防腐蚀

① 甲醇生产的工艺介质中有 CO_2，粗甲醇中有有机酸，加上水的存在，对设备管道的腐蚀是严重的，由于工艺流程不尽相同，具体的防腐部位和材质也有所不同，一般采用以下针对性的防腐蚀措施：

a. 在温度较低有积液的部位，腐蚀十分严重，应采用不锈钢材料，如压缩机一段冷却器、合成塔出口管、合成塔水冷器、精馏塔的冷凝器等。

b. 碳钢高压管道的密封部位，采用堆焊不锈钢，防止腐蚀泄漏。

c. 有些碳钢高压容器采用内衬不锈钢。

② 粗甲醇在进入精馏设备之前，要加入 NaOH 中和有机酸，控制 pH8～9，保护设备不腐蚀。

③ 中压锅炉用水，应按锅炉操作规定，在进入锅炉前，要经过除氧脱氧，以保护锅炉不被腐蚀。

六、甲醇产品的包装运输

甲醇是液体产品，其包装有两种方式。小批量可用桶装，大批量可用槽罐，如汽车槽罐和火车槽罐。甲醇容器必须合格，并有明显的标志，特别是危险货物的标志。

甲醇在罐装时必须重视计量，因为甲醇在不同温度下，膨胀系数差异较大，所以在计量时必须进行温度矫正，按照液体容器的罐装系数准确计量，以防罐装造成的不安全事故发生。

甲醇产品必须保证其高纯度，因此罐装时必须对容器进行严格检查，防止容器的油污、杂质、水分等对产品造成污染。罐装完必须立即封口，防止影响产品质量，例如雨天、大雾时必须采取特殊保护措施，否则不得装罐。

在甲醇运输中，不允许接近高温和火源，也禁止猛烈撞击，运输车辆须配置安全设施且检查合格后方可起运。

第二节　甲醇生产的环境保护

一、甲醇生产的三废及排放标准

甲醇生产中，三废的产生主要在甲醇合成工段和精馏工段。合成系统中，由于循环气中惰性气体甲烷的累积，要经常排放。排放气中含有大量的毒物一氧化碳及少量的有机物，全部回收后主要作为原料气，特殊情况下作为燃料，严禁放空。

粗甲醇中间贮槽的闪蒸汽中，含有较多的一氧化碳和少量有机物，可回收做原料或燃料。

粗甲醇的杂质有 40 多种，杂质总含量＜1％，在蒸馏过程中轻组分从预蒸馏塔塔顶排出，在传统的工艺中未考虑回收处理。现为加强环境保护，已将不凝气引入加热炉做燃料。主精馏塔塔底的残液中，含＜1％的甲醇和重组分高碳烷烃，须回收处理达到排放标准，不允许直接排放。

甲醇生产三废排放标准：厂房空气中含甲醇小于 $50mg/m^3$；甲醇残液耗氧量 COD 小于等于 $100mg/L$；甲醇残液 pH6～9；甲醇残液 $NH_3-N \leqslant 15mg/L$。

二、甲醇生产废气、蒸馏残液的处理

1. 甲醇生产废气处理

甲醇生产系统中的废气须经回收再利用并达到环保要求后方可排放。

2. 甲醇蒸馏残液的处理

过去甲醇蒸馏残液大都直接排放，随着环境保护日益受到人们的重视，甲醇蒸馏残液已不允许直接排放。

甲醇蒸馏残液的组成由于各厂采用的工艺不同以及合成催化剂反应条件的变化，存在较大的差异和变化。一般水占 99％，甲醇小于 1％，其余为有机杂质，而其中又以高烷烯烃（11 碳以上）为绝大部分。表 14-3 为某厂随机测定的甲醇蒸馏残液组成。

表 14-3　蒸馏残液组分含量　　　　　　　　　　　　单位：mg/kg

水/%	甲醇	乙醇	正丙醇	低烷烃(十碳以下)	高碳烷烃(十一碳以上)
＞99	1400	20	10	＜20	＜150

（1）甲醇蒸馏残液做预精馏塔萃取水　据国外资料报道，在制取低乙醇含量高纯度（99.95％）甲醇的三塔蒸馏流程中，萃取水宜采用塔底的釜液（水含量大于 85％即可）。该方法根据萃取原理，将残液作萃取剂，既减少了甲醇蒸馏残液量，又回收了残液中的甲醇，投资费用极少。

（2）生物化学曝气法和厌氧法处理　传统曝气要求进水 COD 较低，在 8000mg/L 左右。水在曝气池中停留时间不少于 80h，因此需建设容积庞大的曝气池，投资及占地面积都很大。

厌氧法要求水中 COD 在高浓度下进行反应，尽管进水中 COD 允许达到 30000mg/L，但出水 COD 仍需在 500mg/kg 左右，还必须经稀释处理后才达到排放标准。厌氧法在高浓度下操作，水力负荷为 0.5～0.75m³ 废水/m³ 容积，一个年产 5 万吨的联醇厂，只要一台容积为 15m³ 的普通钢制常压反应器即可，与曝气法相比显然投资较省。

曝气法曝气池敞开，在一定程度上有污染转移的可能，厌氧法则全部封闭，且每千克 COD 能得到 0.5m³ 沼气。

以上工艺同属生物处理，各自有特定的生存条件，维护不当都会导致细菌的死亡。厌氧法除上述条件外其反应器靠水力流速进行搅动，对水量稳定有特殊要求。

（3）气化裂解燃烧处理　主要化学反应及基本原理为：

$$CH_3OH \xrightarrow{高温裂解} CO + 2H_2$$

$$CH_3OH + 1.5O_2 \xrightarrow{燃烧} CO_2 + 2H_2O$$

$$CH_3OH + O_2 \xrightarrow{燃烧} CO + 2H_2O$$

甲醇残液各种醇类及烷烃与水形成共沸物，在沼气废热锅炉内加热，醇类及烷烃一起气化，其蒸汽送至煤气发生炉高温炭层裂解燃烧生成合成氨原料气。

（4）甲醇蒸馏残液中甲醇的回收　甲醇蒸馏残液中甲醇含量超标，不但减少了甲醇产量，又加重了残液处理的负担。最根本的方法是严格控制工艺条件，降低残液中的有机物含量是最有效的环保措施。一般可在甲醇处理装置前增设甲醇的回收装置，如图 14-1 所示。残液经循环泵 1 加压后进入列管式蒸发器 2，加热到 80℃，然后进入气液分离器 3，液体从喷嘴 4 喷出，使甲醇从残液中释放，甲醇蒸气与水蒸气同时在冷凝器 5 中冷凝，得到的冷凝液中含甲醇 25%～40%，送入回收槽，再去精馏。未蒸发的残渣，返回循环泵 1 循环蒸发，另一部分经过管道 6 去生化池进行生化处理。

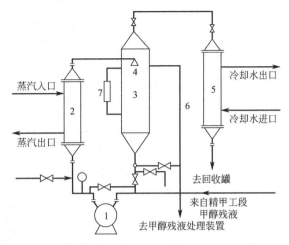

图 14-1　甲醇残液中甲醇回收工艺流程简图
1—循环泵；2—蒸发器；3—气液分离器；4—喷嘴；
5—冷凝器；6—溢流管；7—液位计

三、甲醇生产废渣的处理

甲醇生产中的废渣主要是失去活性的催化剂，废甲醇催化剂中含有价值较高的铜锌金属，像 C207 联醇催化剂中含有 45% 左右的铜和锌，C301 甲醇催化剂中则铜的含量更高。若将这些废甲醇催化剂废弃的话，不仅造成资源流失，而且废催化剂的排弃堆放也会造成环境污染。

回收废甲醇催化剂不仅可以实现废物再利用，降低生产成本，提高经济效益，而且绿色环保，是甲醇工业可持续发展的必然选择。目前废甲醇催化剂由于其使用寿命较短，每年更换的数量相当可观，虽已开展了回收利用，但关键是要提高回收率，避免二次污染。

回收利用废甲醇催化剂，可制取金属铜、氧化铜、硫酸铜、微量元素肥料和重制甲醇催化剂。

1. 制取金属铜

（1）氯化挥发法　在高温氯气气氛下将废甲醇催化剂溶解，用铁屑还原出沉淀铜，沉淀铜电解生成单质铜。氯化锌不与铁反应进入滤液，加氢氧化钙生成氢氧化锌，再焙烧制得氧化锌产品。图 14-2 所示为日本光和精矿公司户烟工厂采用氯化挥发法回收废甲醇催化剂的流程图。

（2）熔炼法　图 14-3 为熔炼法回收工艺流程图。

在专用的冶炼炉中将制成团状的废甲醇催化剂进行熔炼，用硅镁砖捕集气相中的锌尘并将之蒸馏后可得到精制锌。铜形成冰铜后用转炉炼成粗铜，再电解成高纯铜。日本三井金属公司下属冶炼厂曾用此法生产，生产中无二次污染，生成的粉尘可循环返回使用。

2. 制取氧化铜

制取氧化铜的流程如图 14-4 所示。将废甲醇催化剂粉碎后加硫酸酸溶，过滤除渣，向滤液中加入铁屑还原出沉淀铜，漂洗过滤，然后将滤饼经过焙烧，即得氧化铜。该工艺所需设备有焙烧炉、反应器、过滤器和置换槽等，回收的氧化铜纯度≥98%。

3. 制取氯化亚铜

制取氯化亚铜的流程如图 14-5 所示。将废甲醇催化剂经酸溶除铁、过滤、焙烧滤饼得

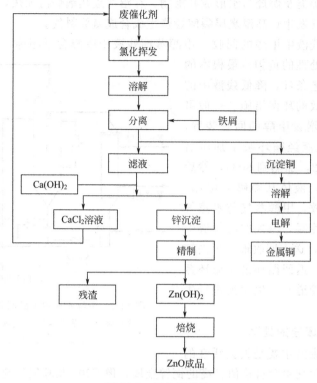

图 14-2 氯化挥发法

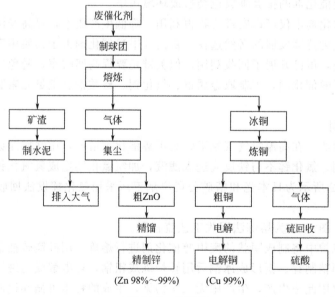

图 14-3 熔炼法

到氧化铜,加入盐酸和食盐溶液,并与滤液进行铁置换,与所得铜粉一起反应得到氯化亚铜-氯化铜络合物,然后经水解、过滤、烘干,即得氯化亚铜成品。置换后的滤液经调整浓度、氧化聚合、过滤得到新产品聚合硫酸铁。

4. 制取硫酸铜和硫酸锌

用废甲醇催化剂制取硫酸铜的方法有置换法、重结晶法、多组分相平衡法等。

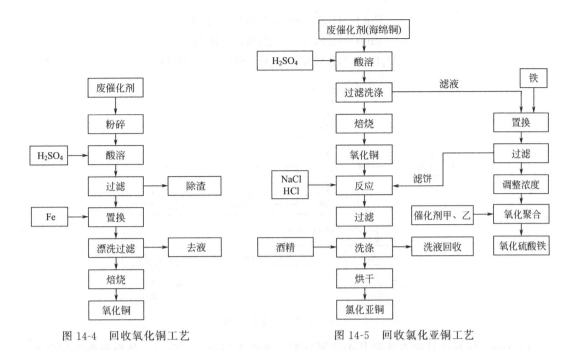

图 14-4 回收氧化铜工艺   图 14-5 回收氯化亚铜工艺

（1）置换法 用硫酸溶解废铜催化剂后，用铁或锌置换出其中的金属铜，铜经氧化后再用硫酸溶解成硫酸铜经结晶就可得到成品。其反应方程式为：

$$CuO + H_2SO_4 \longrightarrow CuSO_4 + H_2O$$
$$CuSO_4 + Fe \longrightarrow FeSO_4 + Cu \downarrow$$
$$CuSO_4 + Zn \longrightarrow ZnSO_4 + Cu \downarrow$$
$$2Cu + O_2 \longrightarrow 2CuO$$
$$CuO + H_2SO_4 + 4H_2O \longrightarrow CuSO_4 \cdot 5H_2O$$

此法需 2 次用酸，用铁置换后有大量的含亚铁、锌、铝的硫酸盐置换液产生，用锌置换时可联产硫酸锌，但因投入与废催化剂中铜相等量的昂贵的金属锌粉而经济效益不高。

（2）重结晶法 用硫酸溶解废催化剂后所得含 Cu、Zn、Al 的混合硫酸盐溶液，经适当控制结晶过程的工艺条件，利用同一温度下硫酸盐的不同溶解度（表 14-4）将混合硫酸盐中的上层结晶体取出（此结晶体中 $CuSO_4 \cdot 5H_2O$），加入一定量的水后重新溶解并冷却结晶，经离心分离可得纯度达 99% 的工业硫酸铜。1t 废 C207 催化剂约可得 0.25t 的工业纯水合硫酸铜。若取混合硫酸盐的下层结晶体则可得到硫酸锌产品。

表 14-4 组分分析表

名　　称	CuO/%	ZnO/%	Al_2O_3/%
酸解液饱和溶液	47.30	48.67	3.84
混合硫酸盐（上层晶体）	85.47	10.14	3.93
混合硫酸盐（下层晶体）	41.18	51.89	5.49
废 C207 催化剂	45.68	46.48	6.10

（3）多组分相平衡法 该法制硫酸铜和硫酸锌工艺见图 14-6。将废催化剂破碎至小于 40 目后置于反应釜内并加入一定量的水，在不断搅拌下加入 92.5% 或 98% 的工业用硫酸，调整 pH 值直至反应完毕。主要反应有：

$$CuO + H_2SO_4 \longrightarrow CuSO_4 + H_2O$$
$$ZnO + H_2SO_4 \longrightarrow ZnSO_4 + H_2O$$
$$Al_2O_3 + 3H_2SO_4 \longrightarrow Al_2(SO_4)_3 + 3H_2O$$

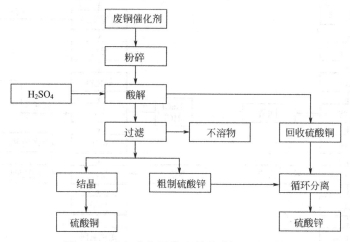

图 14-6　多组分相平衡法制硫酸铜和硫酸锌

用沉降、压滤或其它方法将其中的氧化铝与少量不溶物一起除去，然后根据废催化剂组分控制物化条件，先后提取硫酸铜或硫酸锌制品，再予以循环分离和结晶就可得到工业级硫酸铜和化纤级硫酸锌。废 C207 催化剂的铜、锌回收率一般分别达到 94% 和 90%，一次用酸成本低，工艺中无三废。

5. 制取微量元素肥料

利用废甲醇催化剂制取微量元素肥料的方法有酸溶法、焙烧酸浸法等。

(1) 酸溶法　将废催化剂破碎到 12～20 目后加入一定量一定浓度的硫酸溶液，酸解溶液经静置、过滤后结晶得混合硫酸盐晶体。主要化学反应有：

$$Cu + 2H_2SO_4 + 3H_2O \longrightarrow CuSO_4 \cdot 5H_2O + SO_2 \uparrow$$
$$Cu + H_2SO_4 + 4H_2O \longrightarrow CuSO_4 \cdot 5H_2O$$
$$Zn + H_2SO_4 + 6H_2O \longrightarrow ZnSO_4 \cdot 7H_2O$$
$$Al_2O_3 + 3H_2SO_4 + 15H_2O \longrightarrow Al_2(SO_4)_3 \cdot 18H_2O$$

此法硫酸用量、浓度及反应温度是关键。混合硫酸盐可以单独用作锌铜微肥，也可与其它肥料例如 N、P、K 复合肥料掺用，一般掺入量为 1%。

(2) 焙烧酸浸法　将废催化剂粉碎至 80 目，在 850℃ 的温度下焙烧（使氧化铝不溶于酸以减少带入微肥中铝的含量，但应避免温度过低形成锌铝尖晶石而影响锌的回收浸取率），然后用 20% 的稀硫酸浸取，控制浸取液的 pH 在 4.5～5 之间，经滤机除去不溶杂质后的浸取液再在一定温度下调整铜锌比在 2.6～2.7 之间，然后蒸发并在 30℃ 下结晶，甩干即得到 Zn-Cu 微肥。资江氮肥厂用此法回收 C207 甲醇催化剂，铜的回收率可达 96% 左右，锌达 81%。每处理 1t 废 C207 型废剂可得 Cu-Zn 微肥 2.5t（其中 $ZnSO_4 \cdot 7H_2O$ 含量约为 72%、$CuSO_4 \cdot 5H_2O$ 约为 24%±2%），同时副产硫酸铜 0.61t。

6. 重制铜基甲醇催化剂

利用废甲醇催化剂重新制造铜基甲醇催化剂的方法有酸浸沉淀法、氨络合物分解法和氨浸沉淀法。

(1) 酸浸沉淀法　将废催化剂在 500℃ 以上煅烧，然后用酸浸取，再在 pH＞7 条件下进行深沉分离、煅烧等工序，还原后可用于合成甲醇，但活性稍次于新鲜催化剂。

（2）氨络合物分解法　将废催化剂重制成催化剂用于甲醇合成的工艺流程图如图 14-7 所示，此工艺铜锌回收率可在 90％ 以上，生产过程中无污染物。制成的新催化剂初活性 CO 转化率＞83.9％，450℃ 耐热 5h 后活性 CO 转化率＞75.3％。此法利用氨-硫酸铵溶液溶解废甲醇铜系催化剂中的铜、锌形成相应的氨络合物，经过滤去掉铁、铝、钙、镁等杂质后可得到较纯的锌氨络合物溶液。再将此溶液加热分解即可得到铜、锌的碱式碳酸盐。由于废甲醇催化剂往往受到氯和硫化合物的污染，为了彻底除去这些杂质，可将一次加热水解所得沉淀物洗涤后再进行二次氨溶，调整配比后再进行二次氨蒸，然后补加 Al 制得新催化剂可达 C207 的水平。

（3）氨浸沉淀法　将废剂浸在 NH_3 和 CO_2 水溶液中，浸出的富液和残液进行固液分离后，加热蒸发，沉淀出现时再将富液冲稀一倍，并将溶液温度保持 45～55℃ 之间，然后用硝酸中和至 pH 值为 6.0～6.2，保温 10～15min 后弃去母液，其沉淀物即为金属盐和金属氧化物的混合物，可加工制成铜系新鲜催化剂。刘家峡化肥厂曾用此法回收废铜系催化剂中的铜、锌，回收率可达 93％。

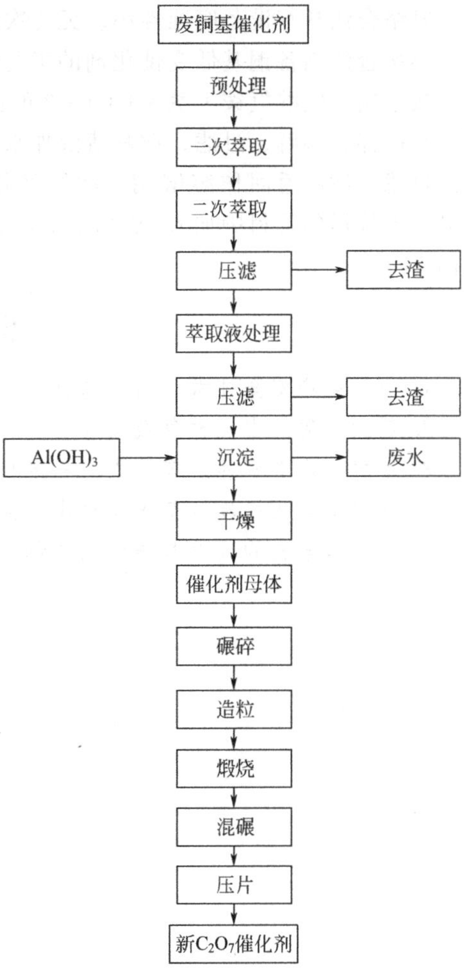

7. 制取铜基低变催化剂

利用废铜基甲醇催化剂及原料，采用酸法液相混沉法和氨络合法制备铜基低变催化剂，

图 14-7　重制 C_2O_7 联醇催化剂工艺

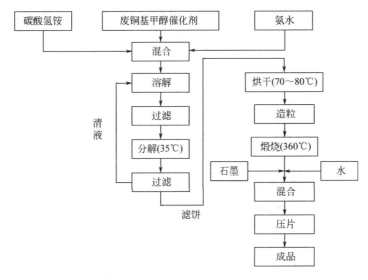

图 14-8　废铜基甲醇催化剂制铜基低变催化剂示意流程

其中氨络合法具有设备腐蚀性小、无二次污染、产品成本低等优点。

氨络合法制备铜基低变催化剂的工艺流程如下：以废铜基甲醇催化剂的铜、锌含量为依据，按金属：碳酸氢铵：氨＝1：1：3的比例，加入碳酸氢铵、10％～13％的氨水和废催化剂，经搅拌、溶解、过滤，取其清液加水使浓度达到3g金属/100mL，在35℃下进行分解，再经过滤，滤液返回作溶解用，滤饼经烘干（70～80）℃后造粒，再在360℃温度下煅烧1.5h。煅烧后的物料中加入10％的石墨和适量的水，经混合和压片即得成品，其示意流程见图14-8。

思 考 题

1. 甲醇生产安全技术有何特殊性？
2. 简述甲醇的中毒和急救措施。
3. 甲醇生产有哪些三废产生？三废排放标准是什么？
4. 从甲醇合成的废铜基催化剂中如何制取氧化铜？
5. 从甲醇合成的废铜基催化剂中如何重制铜基催化剂？

第十五章　甲醇的化学利用

甲醇是碳一化学的支柱产品，也是碳一化学的起始化合物，是除合成氨以外，唯一可以经过煤炭气化大规模合成的简单化工产品。目前，合成甲醇的技术已相当成熟，甲醇已实现了工业化大规模生产。因此，以甲醇为原料制取有机化工产品的生产发展很快，甲醇的应用已成为化学工业中一个重要分支，在经济和发展中起着重要作用。

第一节　甲醇脱水制备二甲醚

二甲醚也叫甲醚（CH_3OCH_3），是最简单的脂肪醚，也是重要的甲醇下游产品，用途非常广泛，主要用作燃料、冷冻剂、气雾剂、溶剂、萃取剂等。二甲醚作为燃料，可代替液化气作民用燃料，也可用作车用燃料、发电燃料等。因此，二甲醚也称为"21世纪清洁能源"。另外，二甲醚也是重要的有机精细化工原料，羰基化可制醋酸甲酯、醋酐，也可用于生产甲基化试剂用于制药、农药与染料工业。二甲醚（DME）是国内外一种新兴的环保绿色燃料，主要用作气雾制品喷射剂，替代氟里昂作制冷剂、溶剂、萃取剂、民用燃料和车用燃料，此外还可用作杀虫剂、喷漆、涂膜、抛光剂、防锈剂、烷基催化剂和卤化剂以及作聚合物的催化剂和稳定剂等。因二甲醚具有优良的燃料性能，无污染，对臭氧层无损害，在运输和使用上安全方便，所以被世界各国作为重点开发的新型洁净燃料，还作为替代柴油的汽车燃料，因此我国发展二甲醚具有重要的经济战略意义。目前世界各国对DME的生产和应用研究都处于起步阶段，其生产能力不足200kt。我国二甲醚生产虽然起步较晚，但生产技术和生产工艺不断成熟完善，并具有一定生产能力，标志着我国二甲醚产业化有了重大进展。

一、甲醇液相脱水法

反应在液相中进行，采用硫酸作催化剂，反应式如下：

$$CH_3OH + H_2SO_4 \longrightarrow CH_3HSO_4 + H_2O$$
$$CH_3HSO_4 + CH_3OH \longrightarrow CH_3OCH_3 + H_2SO_4$$

该法是在低压、低温下进行生产，设备投资少，安全性能高，转化率大于80%，选择性高达99.5%以上，但存在使用浓硫酸造成设备腐蚀严重、催化剂毒性大、操作条件恶劣、釜内废液及废水严重污染环境等缺点。我国山东鲁明化工有限公司经过几年攻关，已掌握了该法先进的生产技术工艺，并且有大规模生产能力，现已建成年产30kt的生产线，于2002年投入生产。

二、甲醇气相脱水法（也称二步法）

甲醇脱水生成二甲醚的反应式为：

$$2CH_3OH \Longrightarrow CH_3OCH_3 + H_2O \qquad \Delta H = -23.4kJ/mol \qquad (15-1)$$

气相甲醇脱水法是从传统的浓硫酸甲醇脱水法基础上发展起来的，其基本原理是将甲醇蒸汽通过固体酸催化剂，发生非均相催化反应脱水生成二甲醚。

气相甲醇脱水法工艺以精甲醇为原料，脱水反应副产物少，生产工艺成熟简单，甲醇转化率高，二甲醚选择性好，制得产品二甲醚纯度可达99.9%。可大规模地生产，且操作易控制，对设备材质无特殊要求，基本无三废及设备腐蚀问题，后处理简单，它是一种操作简便、可连续生产的工艺方法。该工艺的关键是催化剂的研制。甲醇脱水催化剂有沸石、氧化铝、SiO_2/Al_2O_3、阳离子交换树脂等，催化剂呈酸性。国内外多采用美国 Mobil 公司开发的 ZSM-5 分子筛催化剂，利用该催化剂脱水反应时条件较温和，在常压、200℃左右甲醇转化率达 75%～85%，选择性大于 98%。另外西南化工研究院开发的 CM-3-1 甲醇脱水催化剂于 1994 年已用于广东中山精细化工厂 2.5kt/a 二甲醚的生产，产品纯度达 99.99%；上海石油化工研究院开发的 D-4 型 Al_2O_3 催化剂于 1995 年用于 2kt/a 二甲醚生产，甲醇转化率大于 60%，选择性大于 99%，催化剂使用寿命超过 6 个月，产品规格达到气雾剂级高纯度二甲醚，其产品质量指标见表 15-1，其工艺流程如图 15-1 所示。

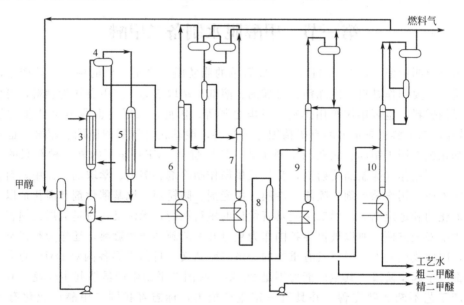

图 15-1　甲醇气相催化脱水合成二甲醚工艺流程

1—原料缓冲罐；2—预热器；3—气化器；4—进出料换热器；5—反应器；6—二甲醚
精馏塔；7—脱烃塔；8—成品中间罐；9—二甲醚回收塔；10—甲醇回收塔

表 15-1　D-4 型 Al_2O_3 催化剂生产二甲醚产品质量指标

单位（质量分数）：%

二甲醚	甲醇	轻组分	水	残留物
≥99.9	≤10^{-5}	≤0.1	≤$5.0×10^{-5}$	≤10^{-5}

原料甲醇由进料泵加压到 0.9MPa 左右，经预热器 2 预热到沸点，进入气化器 3 被加热气化，再进换热器 4 用反应出料气体加热至反应温度，然后进入反应器 5 中，在反应器 5 的催化剂床层内进行气相催化剂脱水反应，再通过二甲醚精馏塔 6、脱烃塔 7 进行分离得二甲醚产品；精馏塔 6 底部出来的液体进入二甲醚回收塔 9 回收二甲醚，回收后顶部得粗二甲醚，再精馏可得精二甲醚。9 塔底部采出进入甲醇回收塔 10，回收甲醇从 10 塔顶部返回原料缓冲罐 1 中。

甲醇脱水生成二甲醚是放热反应，为了避免反应区域温度急剧升高，加剧副反应发生，反应器 5 采用列管式固定床反应器，固体颗粒状催化剂装填入管内，空速为 0.8～1.0/h，管件用载热油强制循环移走反应热。反应初期温度控制在 280℃左右，反应压力为 0.8MPa，该反应转化率可达 60%～70%，选择性大于 99%；然后逐渐升高温度，反应末期温度可升高到 330℃，这样可维持稳定的转化率。

从总体看，气相甲醇脱水法生产工艺要经过甲醇合成、甲醇精馏、甲醇脱水、二甲醚精馏等工艺，流程较长，因而设备投资大，生产成本较高。

第二节　甲醇制备醋酸

醋酸是一种重要的有机化工原料，在有机酸中产量最大。醋酸主要应用于化工、医药、合成纤维、轻工、皮革、农药、炸药、橡胶、金属加工、食品以及精细有机合成等行业，最大的用途是生产醋酸乙烯。

工业生产醋酸历史悠久，原料路线较多。最初从粮食发酵、木材干馏生产逐渐发展到以石油、煤和天然气为原料进行合成醋酸生产工艺，目前国内所采用的生产工艺有乙醇氧化法、乙烯氧化法、丁烷和轻质油氧化及甲醇羰基化法。

乙烯氧化法是 20 世纪 60 年代发展起来的石油路线，以石油化工产品乙烯为原料成本高，生产规模越来越小。丁烷和轻质油氧化法以钴和锰为催化剂，收率较低，副产物多，只有少数国家采用该法生产。乙醇氧化法工艺简单，技术成熟，收率高，成本低，是中国近期生产线之一，但因乙醇氧化法消耗大量粮食，以该法生产的规模正逐渐萎缩。而以甲醇和一氧化碳为原料的甲醇羰基化法因其原料来源广泛，价格低廉，反应条件缓和，反应性选择高，几乎无副产物生成，产品收率高，纯度高，该法虽然设备投资较大，但是总生产成本比乙醇氧化法低。1970 年孟山都公司建立了第 1 套低压合成装置，从此甲醇羰基合成法生产醋酸越来越大型化，并成为目前世界上生产醋酸的主要方法，现已占醋酸总生产能力的 55%。近年来，传统的甲醇羰基化等工艺不断得到改进，新工艺新技术层出不穷，从而使甲醇羰基化生产技术不断升级换代。

甲醇羰基合成法中较典型的成熟的生产工艺有 Monsanto-bp（孟山都-英国石油公司）和 Eastman-Halcon（依斯曼-哈尔康）两种。前者采用铑催化剂，后者采用非贵金属催化剂系，即醋酸镍/甲基碘/四苯基锡系催化剂。近年又出现两种新工艺，即 Celanese（塞拉尼斯）的 AOPlus 工艺（酸优化工艺）和 BP Chemicals 基于铱催化剂的 Cativa 工艺。

1. 化学反应

在 CO 存在下，甲醇发生羰基化反应生产醋酸：

$$CH_3OH + CO \longrightarrow CH_3COOH \qquad \Delta H = -137.9kJ/mol \qquad (15\text{-}2)$$

醋酸可以和甲醇继续反应生产醋酸甲酯：

$$CH_3COOH + CH_3OH \longrightarrow CH_3COOCH_3 + H_2O \qquad (15\text{-}3)$$

醋酸甲酯继续发生羰基化反应生产醋酐：

$$CH_3COOCH_3 + CO \longrightarrow (CH_3CO)_2O \qquad (15\text{-}4)$$

反应器内还有生成丙酸的副反应和水煤气变换反应：

$$CH_3CH_2OH + CO \longrightarrow CH_3CH_2COOH \qquad (15\text{-}5)$$

$$CO + H_2O \longrightarrow CO_2 + H_2 \qquad (15\text{-}6)$$

上述反应中的杂质乙醇来自甲醇中，也有部分是醋酸与氢反应生成。

2. 工艺条件及控制因素

从热力学分析得知，温度升高，反应速度加快，但温度对产品的组成影响很大。主反应式（15-2）是放热反应，平衡常数随反应温度升高而减小，因此该反应不宜在高温下进行。同时，主反应是体积减小的反应，增加压力可使平衡右移。因此，降低反应温度和增加反应压力有利于提高羰基合成反应的平衡转化率。

3. 生产工艺流程

（1）高压羰基合成法（BASF 法）　高压甲醇羰基合成醋酸是以羰基钴为催化剂，碘甲烷为助催化剂，在温度约 250℃、压力 70MPa 的反应条件下，在含水的醋酸溶液中进行。其工艺流程见图 15-2 所示。

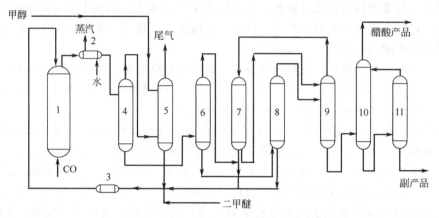

图 15-2　高压羰基合成法制醋酸工艺流程

1—反应器；2—冷却器；3—预热器；4—高压分离器；5—尾气洗涤塔；6—脱气塔；

7—分离器；8—催化剂分离器；9—共沸蒸馏塔；10, 11—精馏塔

液态甲醇经尾气洗涤塔 5 后，与二甲醚和催化剂混合进入反应器的上部，并从反应器 1 的下部通入一氧化碳进行反应。反应器温度和压力控制在 250℃ 和 70MPa 左右。羰基化反应放出的热量用于预热反应原料，其余部分随反应物料带出。反应物料经过冷却器 2 冷却后进入高压分离器 4 进行气液分离。4 塔顶捕集气体进入尾气洗涤塔 5，用进料甲醇洗涤以回收转化气体中的甲基碘，经过洗涤后的尾气用作燃料。4 塔分离后液体进入脱气塔 6 除去低沸点组分，从脱气塔 6 出来的气体进入中压分离器 7 进一步释放其中的气体后，与催化剂分离器 8 顶部气体一起进入共沸蒸馏塔 9 中除水，从 9 底部出来的液体产物进入精馏塔 10、11 得 99.8% 的醋酸产品，9 塔顶轻组分由分离器返回反应器中进一步反应。

上述工序中释放的气体经过甲醇洗涤回收碘甲烷及其它含碘化合物后，进行处理回收 CO 气体。

由脱气塔 6 底部出来的液体产物进入催化剂分离器 8，回收除去碘化钴的催化剂与分离器 7 底部物料一起进入预热器 3，返回到反应器中进一步反应。

高压羰基合成过程中，生产副产物约占醋酸生产量的 4.5% 左右，其中主要是丙酸，可回收利用，二甲醚可以与甲醇一起作为原料与一氧化碳反应生成醋酸。

（2）低压羰基合成法　低压法是温度在 175～200℃、压力为 2.7MPa 下，CO 和甲醇在合成反应器中利用机械搅拌进行气-液相催化羰基合成反应，铑的配合物在碘甲烷-碘化氢中形成可溶性催化剂。

低压法的反应温度不高，压力较低，副反应较少，从而减少了工艺过程的复杂程度，其腐蚀性也较容易控制，原料易得，产率较高，生产质量好。该工艺是目前世界上工业生产醋酸的主要方法。

低压法合成流程分为醋酸反应工段、精制工段、轻组分回收工段和催化剂制备再生工段，其工艺流程见图 15-3。

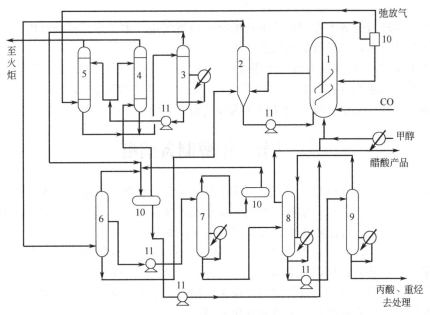

图 15-3 Monsanto 低压法羰基合成醋酸工艺流程

1—反应器；2—闪蒸槽；3—汽提塔；4—低压吸收塔；5—高压吸收塔；6—轻组分塔；
7—干燥塔；8—重组分塔；9—废酸汽提塔；10—冷凝器；11—泵类

① 醋酸反应工段。甲醇预热到 180℃后，与压缩机来的一氧化碳在 2.7MPa 压力下喷入醋酸反应器 1 底部，在催化剂作用下发生羰基合成醋酸反应，反应后物料从塔侧经阀门排入闪蒸槽 2 中，减压到 0.2MPa 左右，闪蒸后气液相分离，含有催化剂的液体沉入分离器底部，再循环打回反应器 1。闪蒸槽顶部的气体（含有醋酸、水、碘甲烷和碘化氢的蒸汽）则被送到精制工序，反应器内的二氧化碳、氢、一氧化碳和碘甲烷作为弛放气由塔顶排入冷凝器，冷凝液返回反应器 1 中，其余的不凝物则进入组分回收工序。

② 精制工段。闪蒸槽顶部气体进入轻组分塔 6 底部，塔顶分离出碘甲烷经冷凝后返回反应器，不凝气体则送入低压吸收塔 4 中。碘化氢、水和醋酸结合而生成的高沸点混合物以及少量的铑催化剂从轻组分塔 6 的塔底排出并返回闪蒸槽。含水醋酸由侧线排出送入干燥塔 7 的上部。干燥塔用蒸汽间接加热，使蒸发的碘甲烷从塔顶排出，同时也蒸发出水分和轻质烃类并带走部分醋酸。在塔底的物料主要是含有重组分的醋酸，送往重组分塔 8 的中段，在重组分塔 8 中，用蒸汽再沸器的热量将进料中的轻质烃从该塔汽提出来。从塔 8 侧线出来的醋酸产品经冷却后送入成品酸储槽，从重组分塔 8 底部来的丙酸和重质烃进入废酸汽提塔 9 的上部，由上向下流动，与塔底加热而来的醋酸蒸汽换热并汽提，使进料中的醋酸进一步分离，从塔顶排出含有醋酸的物料返回重组分塔 8 的底部，从塔底排出的富含丙酸和重烃的废料送去处理。

重组分塔 8 的侧线得到的成品酸中，丙酸小于 $50mg/m^3$，水分小于 $1500mg/m^3$，总碘小于 $50mg/m^3$。

③ 轻组分回收工段。该工序采用高压吸收塔 5、低压吸收塔 4 和汽提塔 3 等装置来回收碘甲烷等轻组分，采用的吸收剂是醋酸。

从反应器 1 来的弛放气送入本工序高压吸收塔 5 的底部,其中的碘甲烷被从上而下的醋酸吸收,吸收压力约为 2.74MPa,未吸收的废气主要含一氧化碳、二氧化碳和氢送至火炬焚烧。

从精制工序轻组分塔 6 顶部经冷凝后的碘甲烷尾气进入本工序低压吸收塔 4 中,用经水冷的醋酸吸收碘甲烷,未吸收的废气进入火炬。

从吸收塔 4、5 来的两股吸收了碘甲烷的醋酸富液进入汽提塔 3 上部,在塔底用蒸气再沸器来加热并汽提醋酸富液,脱吸的碘甲烷蒸气送到精制工序的轻馏分冷凝器 10,再用泵打到反应器 1 底部。汽提解吸后的醋酸作为吸收循环液使用。

第三节　甲醇制备醋酐

醋酐是一种重要的有机化工原料,可用于制造醋酸纤维素,也可用来生产镇痛、解热的药产品,还用于香料、染料、塑料增塑剂等需要乙酰化的场合。醋酸乙酰化后,用于制造照相底片、纤维素塑料、过滤嘴丝束、醋酸纤维及醋酸酯等。

以甲醇为原料生产醋酐有两条路线,一是醋酸裂解法,将醋酸脱水,通过乙烯酮法制成,该法采用三乙基磷酸盐做催化剂,在 700~750℃、0.02MPa(绝)负压下,醋酸热解成乙烯酮和水,然后乙烯酮与过量醋酸反应生产醋酐。二是羰基合成法,将甲醇与醋酸先酯化生成醋酸甲酯,然后将醋酸甲酯羰基化生成醋酐。

一、醋酸裂解法

1. 工艺原理

醋酸裂解法也叫乙烯酮法,该方法分两段进行:首先是气相醋酸在三乙基磷酸盐作用下,进行催化裂解(脱水)反应生成乙烯酮,该反应为吸热反应;反应接近平衡转化率后,将分离的气体乙烯酮与醋酸反应转化为醋酐,在生成乙烯酮的反应达到平衡转换率时注入氨,注入氨是为了破坏催化剂活性,使系统平衡不再改变,此时乙烯酮的选择性能超过 90%。反应过程首先是醋酸生成乙烯酮:

$$CH_3COOH \longrightarrow CH_2CO + H_2O \qquad \Delta H = 146.7kJ/mol \qquad (15-7)$$

然后是分离的气体乙烯酮与醋酸反应生成醋酐:

$$CH_2CO + CH_3COOH \longrightarrow (CH_3CO)_2O$$

该步反应选择性接近 100%。

醋酐生产的关键是醋酸裂解反应,乙烯酮收率的高低决定了醋酐的产量。醋酐的裂解过程是一个可逆吸热反应,副反应生成乙烯、甲烷、氢、一氧化碳和二氧化碳。根据热力学原理,适当提高反应温度、降低原料分压及裂解气迅速的冷却分离有利于生成乙烯酮的反应能够发生。因此,工业上反应在减压到 12kPa,温度在 700~720℃进行,接触时间为 0.5~3s,在裂解炉出口处通入氨后急速冷却以防升成乙烯酮的逆反应发生。脱水所用的催化剂为磷酸三乙酯,一般用量为醋酸的 0.2%~0.5%。在该步反应中,均匀地加入催化剂和稳定剂是非常重要的。同时,如在磷酸三乙酯中加入二硫化碳可防止炭化现象的发生。

2. 乙烯酮制醋酐工艺过程

乙烯酮制造醋酐工艺流程如图 15-4 所示。

冰醋酸汽化并与 0.25% 的醋酸三乙酯混合经过预热进入一个直接燃烧的管式反应器(裂解炉)内,反应温度 750℃,压力为 26.7kPa,接触时间为 0.5~3s。醋酸转化率为 80%~90%,为防止已生成的乙烯酮还原成醋酸,在反应气中加入氨,氨稍过量形成乙酰

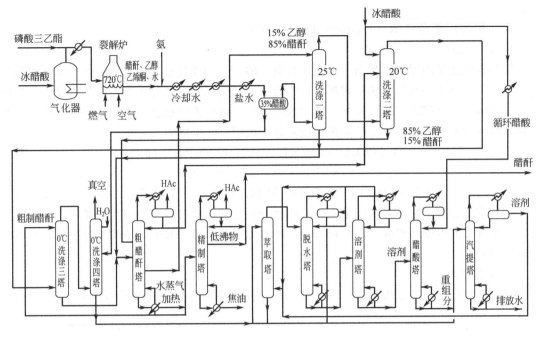

图 15-4 乙烯酮法制取醋酐工艺流程

胺，是乙烯酮的阻凝剂。国外也有用吡啶来替代氨作稳定剂。

裂解气经急冷冷却、冷凝后，气液分离，液体作为后续洗涤塔的加料，乙烯酮气体进入顺序连接的四个洗涤塔组，在真空条件下洗涤。在第一洗涤塔内，乙烯酮气体与 15％醋酸和 85％醋酐的混合物相接触洗涤，温度为 25℃。离开第一塔塔顶的气体在第二洗涤塔内再与新鲜冰醋酸接触洗涤，温度为 20℃。

在第二洗涤塔中乙烯酮和醋酸反应生成醋酐，第二洗涤塔顶气体送到第三洗涤塔用粗醋酸洗涤除去微量醋酸，第三洗涤塔操作温度 0℃、压力 13.3kPa，第一、第二、第三塔釜液分别送入粗醋酐塔。

第三洗涤塔顶部尾气进入第四洗涤塔，在 0℃和 10.7kPa 下脱除尾气中的微量醋酐，洗涤液是第一塔气液分离器的稀醋酸和冷冻水。

粗醋酐塔采用蒸馏方法分离醋酐和醋酸，顶部得醋酸，釜液送入醋酐精制塔脱除低沸物和焦油，塔中部侧线采出醋酐。

第四塔釜液是稀醋酸，需加工成冰醋酸再循环使用。因为醋酸与水形成共沸物，所以采用萃取法萃取蒸馏提取浓醋酸。用醋酸乙酯作萃取剂，萃取塔底部液体送入汽提塔回收醋酸乙酯溶剂；萃取塔上部液体送入脱水塔，脱水塔顶部气相冷凝后是醋酸乙酯（3％水），返回萃取塔作溶剂，部分回流脱水送入溶剂塔，脱除残存溶剂后，釜液进入醋酸塔蒸馏得冰醋酸再循环使用。

吸收是在一填料塔中进行，吸收剂采用冰醋酸，不能含有水分，否则会发生放热反应，从而降低醋酐产率，并导致爆炸危险。另外粗醋酐含量需控制在 90％左右，过高会在吸收过程中产生双乙烯酮，进一步高聚，存在爆炸的可能。该吸收过程伴有放热现象，通常在吸收操作中，控制操作温度约为 40℃，压力 6.6～19.7kPa，较高温度和压力会加速乙烯酮的二聚反应。

乙烯酮法生产醋酐工艺流程复杂、副反应多、能耗高，该方法将被甲醇羰基合成法取代。

二、甲醇羰基合成法（Eastman-Halcon 法）

1. 生产原理

羰基合成法是用醋酸甲酯与一氧化碳所进行的羰基合成过程。根据羰基合成反应相的状态不同可分为液相法和气相法；根据反应的起始原料的不同，又分为直接法和间接法。起始原料为甲醇，称直接法；如用醋酸甲酯为起始原料，则称为间接法。以甲醇为原料的生产路线是甲醇与醋酸先酯化，然后醋酸甲酯羰基化生成醋酐。反应方程如下：

$$CH_3COOH + CH_3OH \longrightarrow CH_3COOCH_3 + H_2O \tag{15-8}$$

$$CH_3COOCH_3 + CO \longrightarrow (CH_3CO)_2O \tag{15-9}$$

$$(CH_3CO)_2O + CH_3OH \longrightarrow CH_3COOCH_3 + CH_3COOH \tag{15-10}$$

在反应混合物中会不可避免地夹带一些水分和甲醇，醋酐遇水反应生成醋酸，甲醇与醋酐反应生成醋酸甲酯和醋酸。因此可改变甲醇浓度，调节醋酸和醋酸甲酯的生产量，进而联产醋酸/醋酐。

2. 工艺流程

（1）醋酸甲酯生产工段　Eastman-Halcon 法醋酸甲酯生产工艺流程如图 15-5 所示。

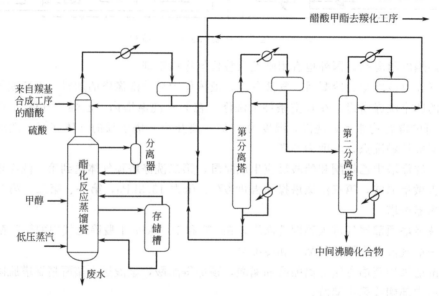

图 15-5　Eastman-Halcon 法醋酸甲酯生产工艺流程

该工艺醋酸和甲醇的酯化反应是在一个独立的反应蒸馏塔内进行的，改变了原有的两个酯化反应器和九个蒸馏塔的传统技术。酯化工序反应温度约为 65～85℃，操作压力为常压。醋酸和少量硫酸在塔上部加入，甲醇在塔下部加入，用新鲜低压蒸汽喷入该塔下部以提供热量，使用再沸器。塔顶得到纯醋酸甲酯，塔底排出脱醋酸的水，醋酸在该系统中不仅是反应原料，同时还作为萃取剂。醋酸的存在破坏了醋酸甲酯-水以及醋酸甲酯-甲醇共沸组成，在塔中，醋酸甲酯在每个反应支流塔板上比其它组分先被闪蒸出来，因此，转化率极高，可达 100%。

塔的萃取-蒸馏段富含醋酸，在这里发生共沸物的破解和醋酸甲酯的生成，在醋酸加料板上方，是醋酸甲酯和醋酸的精馏段，塔顶得到纯醋酸甲酯，回流比为 1.5～1.7，如果超过 2.0，转化率下降将会迅速。

沸点在醋酸和甲醇之间的化合物（原料中杂质或杂质与原料形成的反应产物）在塔的中上部（反应段）聚积，这不但会减少塔反应的有效容积，同时也会降低醋酸的萃取能力，并导致转换率下降和使用产品醋酸甲酯中水分增加。因此，把含有中间化合物的蒸汽从塔反应段的中上部引出，先通过一个线网，除去夹带硫酸，此硫酸分离后返回塔内。引出的蒸汽通入第一分离塔，塔顶得到醋酸甲酯和他的共沸物及中间沸腾化合物，釜液是醋酸和水，返回反应蒸馏塔，再将第一分离塔馏出液加入第二分离塔，塔釜得到中间沸腾化合物，塔顶得到醋酸甲酯和他的共沸馏出液并返回反应蒸馏塔。有一个存储槽装接在反应蒸馏塔的反应段和甲醇汽提段之间，用以延长反应物料的停留时间。

（2）羰基合成醋酐工段　羰基合成法制醋酐工艺流程如图 15-6 所示。

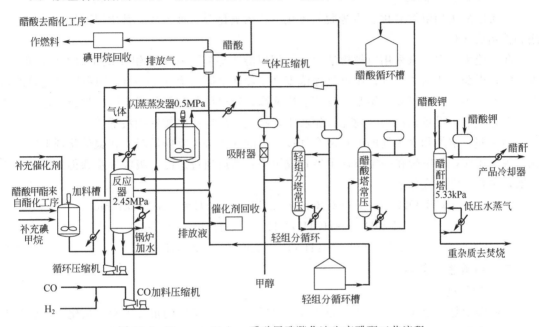

图 15-6　Eastman-Halcon 醋酸甲酯羰化法生产醋酐工艺流程

醋酸甲酯、补充的碘甲烷和催化剂（铑配合物）在加料槽内混合，用泵升压，通过一个加热器，反应物料温度上升到约 180℃，然后进入反应器上部，操作压力约 2.45MPa。在反应器原料与循环醋酸、循环"轻组分"和循环催化剂混合，循环反应气体和高纯度一氧化碳（含少量氢，有助于保持催化剂活性，氢在反应器内浓度为 5％左右）分别用压缩机送入反应器底部。

反应器内温度为 175℃，压力为 2.5MPa，醋酸甲酯转化率为 75％，醋酐选择性大于 95％，停留时间不足 1h，因反应为放热反应，用泵把液体输送到废热锅炉换热。未反应气体大部分冷却后经循环压缩机返回反应器底部，少量反应气体用醋酸洗涤回收碘化物后送去做燃料。

从反应器底部出来的液体产物降压到 0.5MPa 左右进入一个蒸汽夹套的闪蒸蒸发器，在蒸发器顶部得到有机组分和溶解气体，蒸发器内流剩的催化剂溶液（内含醋酐、醋酸）大部分循环返回反应器，少量回收处理后排放。

离开蒸发器的蒸气在冷却器冷却到 38℃ 左右，冷凝液与气体分开，气体压缩后循环到反应器，冷凝液进入轻组分蒸馏塔，常压蒸馏。轻组分主要成分为二甲醚、碘甲烷及未反应的醋酸甲酯和微量乙酰基碘，经压缩循环回反应器。

轻组分和釜液用泵送入醋酸蒸馏塔，塔顶获得的醋酸和残留的乙酰基碘及少量醋酐冷却后送入醋酸槽，少部分进入反应器顶部作为气体洗涤剂，其余部分送到醋酸甲酯合成工段。醋酸蒸馏塔釜液送入醋酐塔，该塔真空操作，塔顶是工业纯醋酐，含1%醋酸，在塔顶注入溶解在醋酸中的醋酸钾溶液，可除去残存的微量碘化物，醋酐提纯塔釜液是重杂质——醋酸甲酯和醋酸，分离后醋酸作为酯化反应中酸的来源。

第四节　甲醇制备甲醛

一、甲醛生产原理

制备甲醛可用甲烷氧化、甲醇脱氢氧化、乙烯氧化等多种方法，其中甲醇氧化又分为银法和铁钼法两种。

我国绝大多数厂家采用电解银法生产，用甲醇为原料，在电解银作催化剂下生产甲醛。生产时，甲醇在原料混合气体中的操作浓度高于爆炸上限（大于36%），即在甲醇过量的情况下操作。由于反应时氧气不足，反应温度又高，所以脱氢和氧化反应同时进行。银法的优点是工艺成熟，设备和动力消耗比铁钼法小，缺点是反应产率较铁钼法低。

当甲醇、空气和水蒸气的原料混合气按一定的配比进入反应器时，在银催化剂上发生氧化和脱氢反应，使甲醇在一定条件下转化成甲醛，然后通过急冷、吸收等步骤得到产品甲醛溶液，主要化学反应如下：

$$2CH_3OH + O_2 \longrightarrow 2HCHO + 2H_2O \qquad \Delta H = -313.2kJ/mol \qquad (15-11)$$

$$CH_3OH \longrightarrow HCHO + H_2 \qquad \Delta H = 85.3kJ/mol \qquad (15-12)$$

$$2H_2 + O_2 \longrightarrow 2H_2O \qquad \Delta H = -483.6kJ/mol \qquad (15-13)$$

二、甲醛生产条件

1. 反应温度

反应温度是决定化学反应产率和产量（由反应速率决定）的重要因素，从化学反应的平衡转化率来看，甲醇氧化在各种温度范围内几乎100%转化成甲醛，而甲醇脱氢反应的平衡转化率与温度的关系较大，见表15-2。

表 15-2　甲醇平衡转化率与温度的关系

温度/℃	425	525	625	725	825
平衡转化率/%	54.3	85.4	95.8	98.3	99.4

由上表可见，甲醇脱氢反应的平均转化率随温度的升高而增大，当温度升到一定值时，平衡转化率的增加渐缓，且副反应会显著增加，因此，使用电解催化剂的反应温度控制在600～700℃为宜。

甲醇氧化反应式(15-11)在200℃左右开始进行，因此必须用电阻丝加热预热进入反应器的原料混合气。当催化床层温度计升至200℃左右，反应式(15-11)开始缓慢进行，它是一放热反应，放出的热量使催化床的温度逐渐升高，又使反应不断加快，所以，点火后催化床的温度在200℃以后上升比较迅速。

甲醇脱氢反应式(15-12)在低温下几乎不进行，当催化床温度达600℃左右，反应式(15-12)成为生产甲醛的主要反应之一，它是一个吸热反应，对控制催化床温度升高和促使反应式(15-11)的进行是有益的。

反应式(15-13) 是一个氢和氧合成生成水的放热反应，它与反应式(15-12) 生成的氢结合，可使脱氢反应不断向生成甲醛的方向移动，从而提高了甲醇的转化率。

在加入甲醇和空气的同时，加入一定量的水蒸气，可使电解银催化剂既能在较低的反应温度下进行，又有足够高的氧醇比，还可以带走大量余热、清洗催化剂表面的结炭等。

反应式(15-11) 和反应式(15-13) 所放出的大量反应热除补偿反应式(15-12) 所需的热量及反应气体升温和反应器外表面散热外，尚有多余，因此，生产上可不需要外界供热，而且还必须在原料气中引入水蒸气，利用水蒸气的升温带热作用将多余的热量尽快从反应系统中移去，使反应能正常进行。

2. 原料气的氧醇分子比

原料气的氧醇分子比就是指原料气中氧气分子数和醇分子数的比值，从实验得知，若控制反应温度为 630℃，原料气空速为 $(5.8\sim6.4)\times10^4/h$，氧醇比在 0.4 左右能得到较好的反应产率。氧醇比越大，反应转化率越高，但当氧醇比大到一定值时，反应产率反而稍有下降，且随着氧醇比的增大，尾气中碳化物所消耗的甲醇量也会增多。

3. 原料气中甲醇与水蒸气的配料浓度

$$配料浓度=\frac{甲醇的质量}{甲醇的质量+水的质量}\times100\%$$

控制一定的反应温度，增加原料气中水蒸气的配比，能够使催化反应在较高的氧醇比下进行，并迅速带走反应热。但过多的水蒸气会阻碍甲醛在催化剂表面上的吸附，影响成品甲醛浓度；太少则会使反应温度升高，氧醇比降低，使产率下降，单耗升高，因此可控制在 59%~62%范围内。

4. 接触时间

接触时间是原料气通过催化剂的停留时间，接触时间的长短直接影响反应的产率。接触时间短，反应不完全，而接触时间太长则副产物增多，该反应催化剂的接触时间一般可控制在 0.03~0.1s，这时产率可达到 80%以上。

三、甲醛生产工艺流程

甲醛生产工艺流程如图 15-7 所示。

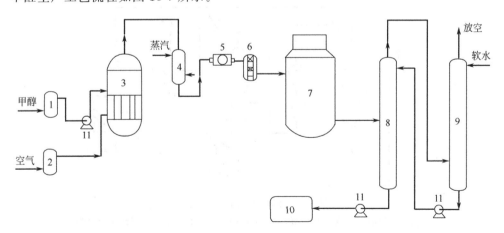

图 15-7　甲醇氧化生产甲醛工艺流程

1—甲醇过滤器；2—空气过滤器；3—蒸发器；4—过滤器；5—阻火器；6—三元气体过滤器；
7—氧化器；8—第一吸收塔；9—第二吸收塔；10—成品储槽；11—甲醇加料泵

98.5%甲醇经甲醇过滤器 1 和甲醇加料泵 11 与经空气过滤器 2 过滤后的空气一起进入

甲醇蒸发器 3，在蒸发器 3 中气化，然后加入少量蒸汽混合，组成三元气体，同时进入过滤器 4 加热，经阻火器 5、三元气体过滤器 6 进入氧化器 7 氧化，反应后的气体经急冷进入第一吸收塔 8，第一吸收塔底部采出为成品甲醛，进入成品储槽 10，第一吸收塔顶部未被吸收的反应气体进入第二吸收塔 9，用软水吸收，第二吸收塔底部吸收液用泵输入第一吸收塔作吸收液，顶部未被吸收气体放空或循环。

第五节　甲醇制备甲基叔丁基醚

一、甲基叔丁基醚的生产原理

甲醇和异丁烯在酸性催化剂作用下，在反应温度为 60～80℃、压力为 0.5MPa 条件下利用酸性离子交换树脂作催化剂发生液相加成反应生成甲基叔丁基醚（MTBE）。

生产过程中，甲醇与异丁烯摩尔比大于 1，一般条件下，异丁烯转化率大于 90％。MTBE 的选择性大于 98％，叔丁醇的选择性小于 1％。因此，产物中有少量叔丁醇和其它副产物（二异丁烯、二甲醚的高聚物）。

二、甲基叔丁基醚的合成工艺

MTBE 的生产工艺发展大体分为四代：20 世纪 70 年代的管式反应器，壳程走冷却水为第一代；20 世纪 70 年代后期的筒式反应器，外循环除热为第二代；20 世纪 80 年代把反应器与产品分馏合并的催化蒸馏工艺为第三代；进入 20 世纪 90 年代后，丁烷异构脱氢，再与甲醇醚化生成甲基叔丁基醚的联合工艺称第四代。

由于甲醇和异丁烯合成 MTBE 工艺一般包括原料预处理、醚反应、醚分离和甲醇回收等工序。在合成工艺中，根据醚化反应器不同，工艺设计也不同，下面简单介绍我国已投入生产的工艺。

1. 膨胀床反应工艺

膨胀床反应工艺中催化剂保持运动状态，反应热均匀地释放，催化剂颗粒不会产生过热现象，有利于传质、传热。双床醚化工艺的膨胀床反应工艺流程如图 15-8 所示。

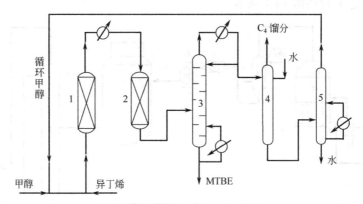

图 15-8　膨胀床反应工艺流程

1—第一反应器；2—第二反应器；3—脱丁烷塔；4—水洗塔；5—甲醇-水分离器

混合 C_4 物料中异丁烯与甲醇以一定比例混合，预热到一定温度后从反应器 1 底部进入，反应物料加热后再进入反应器 2，第一反应器中甲醇过量，第二反应器中异丁烯过量，使甲醇有较高的转化率，在催化剂作用下进行反应。

反应后物料从第二反应器顶部出来，进入脱丁烷塔 3 进行共沸蒸馏后分离，塔底为

MTBE 产品，顶部为未反应的甲醇和异丁烯经水萃取后到甲醇回收塔 4、5 回收。该技术的特点是反应器结构简单，催化剂膨胀扰动，有利于反应过程中的传质和传热，从而减少副反应；但是催化剂使用率低，反应热不能利用。

2. 催化剂蒸馏反应工艺

为了提高异丁烯转化率至 99.5％，可采用反应-分离-再反应-再分离的工艺流程，但这样流程太长，投资大，能耗也高。齐鲁石化的新型催化蒸馏技术是将反应和产品分离结合在一台设备中进行，由于反应与分离同时进行，破坏反应平衡，提高转化率，缩短工艺流程，减少设备投资，利用反应热，降低能耗，工艺流程如图 15-9 所示。

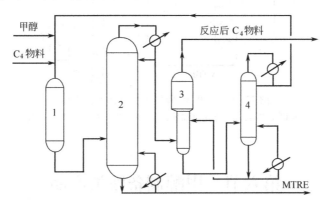

图 15-9　新型催化蒸馏 MTRE 工艺流程
1—混相预反应器；2—催化蒸馏塔；3—萃取塔；4—甲醇回收塔

该工艺流程采用 MP-Ⅲ型散装筒式催化蒸馏塔，是齐鲁石化在美国 CDTECH 公司的生产工艺——将反应和产品的分离结合在一台设备中进行的工艺基础上改进而成。原生产路线中反应器（催化蒸馏塔）分上、中、下三段，上部为精馏段，中部为反应段，下部为提馏段。但该技术的不足之处是中部催化剂的填装比较困难，要严格按要求捆扎成包，依靠包之间的空隙使气液两相能够对流通过催化床，减少因催化剂颗粒小造成阻力大的问题。但由于催化剂置于布包中，反应物料必须扩散进入布包中才能与催化剂接触进行反应，反应后产物还要扩散出来，对反应不利。改进后 MP-Ⅲ型催化蒸馏塔的催化剂直接散装入催化床层中，不用包装。相邻两床层间至少设一个分馏塔盘，且床层中留有气体通道，整个反应段类似若干个重叠放置的小固定床反应器和若干个分设在各床层间的分馏段，反应与分馏交替进行，破坏其平衡组成，使反应不受平衡转化率限制，异丁烯的转化率达到 99.5％以上。

3. 混相床-催化蒸馏组合工艺

中国石油化工总公司与齐鲁石化研究院、哈尔滨炼油厂进行联合试验，1994 年在哈尔滨炼油厂建成混相床-催化蒸馏组合工艺的 1 万吨／年 MTBE 生产装置，工艺流程如图15-10 所示。

塔的反应段包括下部混相反应区和上部催化蒸馏区。反应原料预热到一定温度后，进入下部混相反应区顶部，强制向下流动穿过催化剂床层，进行反应。反应后物料由底部流出，其气相部分与来自汽提段的气相物料一起经过气相通道向上流动，穿过催化蒸馏区床层中的气相通道与床层间的分馏塔板。精馏段的液相物料向下流动，穿过催化蒸馏区的催化剂床层之间的分馏塔板。液相物料在催化蒸馏区的催化剂床层中进行醚化反应，气相物料与液相物料在床层间的塔板上进行热量、质量的传递。产品经下部汽提段由塔底出装置，未反应的 C₄ 物料和甲醇经上部精馏段由塔顶出装置，进入甲醇回收单元，该流程反应热可全部利用，

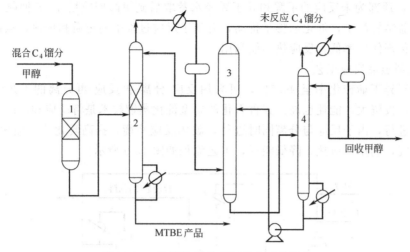

图 15-10　混相床-催化蒸馏组合工艺流程

1—混相反应器；2—催化蒸馏塔；3—甲醇萃取塔；4—甲醇回收塔

降低了能耗。

第六节　甲醇制备胺类产品

　　工艺上一般采用甲醇气相氨化法生产甲胺。该方法是以甲醇与氨以 1：2.5 的比例配料，在温度为 420℃、压力为 4.9MPa 下，采用活性氧化铝为催化剂生产一甲胺、二甲胺和三甲胺的混合胺粗制品，再经分馏得三种胺的成品，反应式如下：

$$CH_3OH + NH_3 \longrightarrow CH_3NH_2 + H_2O$$
$$2CH_3OH + NH_3 \longrightarrow (CH_3)_2NH + 2H_2O$$
$$3CH_3OH + NH_3 \longrightarrow (CH_3)_3N + 3H_2O$$

其工艺流程如图 15-11 所示。

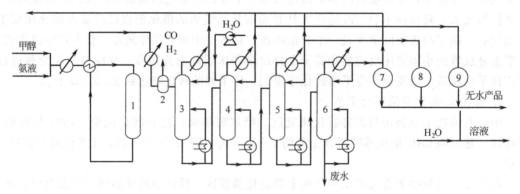

图 15-11　甲醇生产甲胺工艺流程

1—转化器；2—粗产品储罐；3—氨塔；4—三甲胺塔；5—一甲胺塔；6—二甲胺塔；
7—二甲胺储罐；8—一甲胺储罐；9—三甲胺储罐

　　工业级无水液氨与甲醇以 1：2.5 的比例与循环液体混合后，连续通过气化器、热交换器，进入填有活性氧化铝催化剂的转化器 1，甲醇与氨加热后进入转化器，在转化器发生气相反应生成混合胺。反应为放热反应，部分反应热被用来预热进料，生成的混合胺按顺序送入 3、4、5、6 四个蒸馏塔，进行混合产品的分离。在氨塔 3 中，过量的氨从塔顶分离，混合胺由塔底送入三甲胺塔 4。部分三甲胺和氨的共沸物循环，在三甲胺塔 4 中，用水进行萃取精馏从塔顶分离出纯三甲胺，并经过冷却后送至三甲胺储罐 9 或循环。三甲胺塔的底部物料进入一甲胺塔 5，纯一甲胺从该塔塔顶蒸出，冷凝后送入一甲胺储罐 8 或循环，塔底产物送至二甲胺塔 6，塔顶蒸出纯二甲胺送储罐 7 或循环。该工艺过程可根据需要把一甲胺、二甲胺、三甲胺分别作为产品，而不需要的产品进行循环，产品纯度可达 99%，其收率以氨或甲醇均为 95%。

思　考　题

1. 简述甲醇的化学应用。
2. 甲醇如何制备甲醛？甲醛有何工业应用？
3. 甲醇如何制备醋酸？醋酸有何工业应用？
4. 甲醇如何制备甲基叔丁基醚？甲基叔丁基醚有何用途？

参 考 文 献

[1] 俞珠峰.洁净煤技术发展及应用.北京:化学工业出版社,2004.
[2] 赵跃民.煤炭资源综合利用手册.北京:科学出版社,2004.
[3] 张子锋,张凡军.甲醇生产技术.北京:化学工业出版社,2007.
[4] 冯元琦.甲醇生产操作问答.北京:化学工业出版社,2000.
[5] 余经海.工业水处理.北京:化学工业出版社,1998.
[6] 郝临山.洁净煤技术.北京:化学工业出版社,2004.
[7] 张振宇.化工产品检验技术.北京:化学工业出版社,2005.
[8] 贺永德.现代煤化工技术手册.北京:化学工业出版社,2004.
[9] 许祥静.煤炭气化工艺.北京:化学工业出版社,2004.